斜交网格体系超高层钢结构设计分析关键技术

王　震　杨学林　赵　阳　著

中国建筑工业出版社

图书在版编目（CIP）数据

斜交网格体系超高层钢结构设计分析关键技术/王震，杨学林，赵阳著.—北京：中国建筑工业出版社，2022.10.

ISBN 978-7-112-27783-4

Ⅰ.①斜… Ⅱ.①王… ②杨… ③赵… Ⅲ.①超高层建筑-钢结构-结构设计 Ⅳ.①TU974

中国版本图书馆CIP数据核字（2022）第153360号

本书采用理论研究、数值模拟、模型试验和工程实践相结合的方法，针对斜交网格超高层钢结构新型体系的设计分析及关键技术进行了系统研究。内容共分为7章，主要包括：绪论，斜交网格体系整体性能及设计关键技术研究，斜交网格结构形式扩展及优化关键技术研究，斜交网格节点力学性能及破坏模式关键技术研究，斜交网格体系抗震失效及破坏机理关键技术研究，斜交网格体系钢结构安装施工关键技术研究，斜交网格体系性态检测及监测关键技术研究。本书结构严谨，内容翔实，通俗易懂，配有大量理论公式及设计分析图表，旨在帮助读者能够快速而深入了解斜交网格超高层钢结构新型体系在设计、分析和施工过程中的关键技术问题，培养读者解决该类结构体系设计分析的基本能力以及创新能力。

本书可作为高等院校结构工程、建筑学等专业教师与学生的教学及科研参考书，亦可为广大从事超高层建筑结构相关专业领域的技术人员提供参考与借鉴。

责任编辑：张伯熙
文字编辑：沈文帅
责任校对：李美娜

斜交网格体系超高层钢结构设计分析关键技术

王　震　杨学林　赵　阳　著

*

中国建筑工业出版社出版、发行（北京海淀三里河路9号）
各地新华书店、建筑书店经销
北京龙达新润科技有限公司制版
天津翔远印刷有限公司印刷

*

开本：787毫米×960毫米　1/16　印张：13½　字数：271千字
2023年1月第一版　2023年1月第一次印刷
定价：**70.00**元

ISBN 978-7-112-27783-4
(39729)

作 者 简 介

王震，1985年12月生，浙江台州人，工学博士，高级工程师，浙大城市学院土木工程研究所、先进材料增材制造创新研究中心专职教师，主要从事超高层结构、空间结构、复杂钢结构及金属增材制造的教学科研及设计工作。2020年入选杭州市属高校“西湖学者”，现兼任浙江省钢结构行业协会常务理事和专家委员会委员、浙江工业大学硕士研究生导师；曾于2013～2020年在浙江省建筑设计研究院担任建筑结构设计和科研工作。目前，已参与2项国家自然科学基金项目，主持浙江省公益技术应用研究项目及教育厅、建设厅和省重点实验室基金各1项，参与其他市以上科研项目多项。已在《建筑钢结构研究杂志》（*Journal of Constructional Steel Research*）、《薄壁结构》（*Thin-Walled Structures*）、《建筑结构学报》《土木工程学报》等期刊上发表学术论文50余篇，其中被SCI、EI检索论文20余篇。作为第一完成人，已授权国家发明专利14项、实用新型24项和软件著作权12项。参与编制了浙江省钢结构行业“十四五”规划，以及多项中国工程建设标准化协会标准（CECS）和浙江省工程建设标准。研究成果获得浙江省科学技术进步奖三等奖1项（第一完成人）、浙江省建设科学技术奖一等奖2项（第一完成人1项）、工程设计奖项11项（全国级4项、省部级一等奖4项）。

负责或参与完成数十项超高层结构［宁波国华金融中心（206m高斜交网格）、余杭奥克斯未来科技城（280m）、杭州奥体望朝中心（280m）］、大跨空间结构［湖州体育场（220m跨）、大江东体育中心］以及复杂钢结构（浙一医院余杭院区行政楼、杭州运河大剧院、委内瑞拉大剧院）等大型公共地标性建筑的设计和分析工作，在复杂钢结构设计、分析和施工技术领域均具有较好的研究基础和经验积累。作为第一完成人的研究成果《斜交网格体系超高层钢结构设计分析及关键技术研究》，经中国工程院院士董石麟等权威专家鉴定，达到国际先进水平，并获得2019年浙江省建设科学技术奖一等奖1项；作为第一完成人的研究成果《斜交网格超高层钢结构体系关键技术及应用》获得2021年浙江省科学技术进步奖三等奖1项。

联系地址：浙江省杭州市拱墅区湖州街51号浙大城市学院土木工程系，邮编：310015；E-mail：wangzhen@zucc. edu. cn，wzjggc@163. com。

斜交网格体系是一种新颖的超高层建筑网状结构体系，在水平荷载作用下，斜柱主要承受轴向力，并通过轴向变形来提供结构抗侧刚度，具有抗侧和抗扭刚度大、抗风和抗震性能较好的优点。国内外对于斜交网格体系的理论研究和工程实践尚不完善，对于该类结构体系的设计分析和施工关键技术问题以及在地震区的适用性、抗震弹塑性失效模式等均缺乏足够地了解。

基于此，本书以斜交网格超高层钢结构新型体系存在的科学技术问题为导向，在浙江省建设科研项目“斜交网格体系超高层钢结构设计分析及关键技术研究（编号：2015K11）”、浙江省教育厅科研项目“超高层斜交网格体系抗震抗爆力学性能及拓扑优化研究（编号：Y202146072）”等的资助下，依托于宁波国华金融大厦、杭州奥体望朝中心等多项大型工程实践项目，通过理论分析、数值模拟、模型试验和工程实践等方式，系统研究了其设计、分析和施工关键技术，取得了从“数值模拟”“产品研发”到“工程应用”的系列核心技术创新。解决了斜交网格新型体系在整体抗侧性能和设计、斜交优化和网格扩展、节点构造和承载、抗震失效和机理、安装施工以及性态检测监测等方面的多项关键性技术问题。

本书是作者围绕斜交网格体系超高层钢结构设计分析及施工关键技术问题的科研与工程实践的一个深度总结，旨在帮助相关从业者了解斜交网格体系整体和节点性能、网格优化、抗震失效以及安装施工和检测监测相关技术。全书共7章，主要包括：绪论，斜交网格体系整体性能及设计关键技术研究，斜交网格结构形式扩展及优化关键技术研究，斜交网格节点力学性能及破坏模式关键技术研究，斜交网格体系抗震失效及破坏机理关键技术研究，斜交网格体系钢结构安装施工关键技术研究，斜交网格体系性态检测及监测关键技术研究。

在本书的撰写过程中，得到了中国工程院院士董石麟、浙江省工程勘察设计大师陈志青以及冯永伟教授级高工等人的指导、建议和帮助，在此表示衷心的感谢！并特别感谢浙江省建筑设计研究院瞿浩川等、中建三局第一建设工程有限责任公司许翔、胡雄等、中建科工集团有限公司季泽华、潘功赟等在资料收集、图表绘制及计算分析等方面的辛勤劳动。同时对本课题的相关工程技术人员和合作单位，在此一并表示衷心的感谢。

本书的分工如下：第 1 章、第 2 章由王震、杨学林撰写；第 3 章、第 5 章、第 6 章、第 7 章由王震撰写；第 4 章由赵阳撰写。书中引用了大量的参考文献，包括各类学术期刊和专著，但难免会有疏漏之处，在此敬请谅解和表示感谢！由于作者水平、能力及可获得的资料有限，书中难免存在不妥之处，敬请各位专家、同行和读者批评指正。

王震

2022 年 4 月于浙大城市学院

目录

第 1 章　绪论 …… 1
1.1　研究背景 …… 1
1.2　国内外研究现状 …… 2
1.2.1　现有工程案例 …… 2
1.2.2　研究现状及不足 …… 3
1.3　研究的目的及意义 …… 7
1.3.1　研究的目的 …… 7
1.3.2　研究的意义 …… 7
1.4　主要内容 …… 7
第 2 章　斜交网格体系整体性能及设计关键技术研究 …… 10
2.1　工程概况 …… 10
2.1.1　工程介绍 …… 10
2.1.2　设计参数 …… 11
2.2　结构体系及性能化设计 …… 13
2.2.1　结构体系 …… 13
2.2.2　结构性能化设计 …… 18
2.3　塔楼整体设计及性能分析 …… 20
2.3.1　小震弹性分析 …… 20
2.3.2　小震弹性时程分析 …… 28
2.3.3　静力弹塑性推覆分析 …… 29
2.3.4　动力弹塑性时程分析 …… 33
2.4　深基础设计及性能分析 …… 38
2.4.1　塔楼筏板基础设计分析 …… 38
2.4.2　基础沉降及设计措施 …… 41
2.5　关键构件设计和性能分析 …… 42
2.5.1　斜交网格构件 …… 42

2.5.2 节点层抗拉周边梁…… 44
2.5.3 底部斜柱转换构件…… 44
2.5.4 其他关键构件…… 47

第3章 斜交网格结构形式扩展及优化关键技术研究 …… 49

3.1 斜交网格结构的基本形式…… 49
3.2 不同斜交角度的影响…… 51
3.2.1 模型参数的选取…… 51
3.2.2 结果分析和比较…… 52
3.3 不同高宽比的影响…… 56
3.3.1 模型参数的选取…… 56
3.3.2 结果分析和比较…… 57
3.4 不同平面形状的影响…… 59
3.4.1 模型参数的选取…… 59
3.4.2 结果分析和比较…… 61
3.5 不同立面变化的影响…… 62
3.5.1 模型参数的选取…… 62
3.5.2 结果分析和比较…… 64

第4章 斜交网格节点力学性能及破坏模式关键技术研究 …… 66

4.1 斜交网格节点有限元模型的建立…… 66
4.1.1 节点几何形式及构造…… 66
4.1.2 三维有限元模型的建立…… 71
4.2 斜交网格节点的设计原则 …… 72
4.2.1 基本设计原则…… 72
4.2.2 组成构件的壁厚选取…… 72
4.3 有限元数值分析及结果…… 72
4.3.1 中部平面斜交网格节点…… 72
4.3.2 角部空间斜交网格节点…… 76
4.3.3 底部转换斜交网格节点…… 80
4.3.4 节点性能及失效模式…… 85
4.4 斜交网格节点的制作工艺…… 85
4.4.1 节点的焊接工艺…… 85
4.4.2 内部混凝土的浇灌工艺…… 87

第5章　斜交网格体系抗震失效及破坏机理关键技术研究 …………………… 89

5.1　中美规范地震作用计算对比………………………………………………… 89
5.1.1　美国结构设计规范概述………………………………………………… 89
5.1.2　中美规范地震作用对比………………………………………………… 92
5.2　基于中美抗震规范的超高层框架-剪力墙结构体系弹性分析 ………… 97
5.2.1　结构体系及刚度折减…………………………………………………… 97
5.2.2　弹性分析方法…………………………………………………………… 97
5.2.3　框剪体系的抗震弹性分析……………………………………………… 98
5.3　基于中美抗震规范的超高层斜交网格体系弹性分析 ………………… 106
5.3.1　工程概况及地震设计参数 …………………………………………… 106
5.3.2　结构体系及刚度折减 ………………………………………………… 108
5.3.3　斜交网格体系的抗震弹性分析 ……………………………………… 109
5.4　斜交网格体系的弹塑性分析与失效模式 ……………………………… 112
5.4.1　抗震性能研究方法 …………………………………………………… 112
5.4.2　非线性结构模型建立 ………………………………………………… 113
5.4.3　弹塑性时程分析结果 ………………………………………………… 118
5.4.4　结构失效模型分析 …………………………………………………… 126

第6章　斜交网格体系钢结构安装施工关键技术研究 ……………………… 131

6.1　主要钢构件及典型节点详图 …………………………………………… 131
6.1.1　主要钢构件及局部模型 ……………………………………………… 131
6.1.2　典型节点详图 ………………………………………………………… 133
6.2　安装施工重难点分析 …………………………………………………… 135
6.2.1　重难点概述分析 ……………………………………………………… 135
6.2.2　具体技术难点及解决方案 …………………………………………… 135
6.3　安装施工关键技术方案 ………………………………………………… 136
6.3.1　外框箱形柱倾斜就位无支撑安装 …………………………………… 137
6.3.2　外框梁无牛腿安装 …………………………………………………… 139
6.3.3　异形焊接操作平台设计研发 ………………………………………… 142
6.3.4　斜交网格体系高空安装精度控制 …………………………………… 146
6.4　典型工程应用案例 ……………………………………………………… 146
6.4.1　宁波国华金融大厦项目 ……………………………………………… 147
6.4.2　杭州奥体望朝中心项目 ……………………………………………… 157

第7章　斜交网格体系性态检测及监测关键技术研究 …… 160

7.1　施工阶段的无损质量检测 …… 160
7.1.1　常规超声波检测方法 …… 160
7.1.2　声波CT无损检测方法 …… 165
7.2　混凝土密实度检测 …… 168
7.2.1　钢管混凝土斜柱足尺试验模型 …… 168
7.2.2　试验模型检测结果分析 …… 176
7.2.3　斜交网格体系检测布置方案 …… 182
7.2.4　工程应用处理 …… 184
7.3　钢结构焊缝质量检测 …… 185
7.3.1　斜交网格节点缩尺试验模型 …… 185
7.3.2　实际斜交网格节点焊接流程 …… 191
7.3.3　斜交网格体系检测方案及结果 …… 196
7.4　使用阶段的健康监测 …… 197
7.4.1　监测总体设计思路 …… 197
7.4.2　监测项目类别及布置方案 …… 198

参考文献 …… 200

第1章　绪　论

1.1　研究背景

随着城市化的迅速发展和建筑用地日益紧张，超高层建筑获得了广泛应用。对于超高层建筑结构，水平外力作用（地震作用、风荷载等）是主要控制因素，其对结构产生的侧向影响则随着建筑高度的增加而迅速增大，对应整体体系的侧向位移又将引起附加重力二阶效应，因此整体体系需具有足够的抗侧力刚度以确保其侧向位移在其正常工作的限值范围内。

斜交网格体系作为一种新颖的超高层建筑结构体系，是由双向交叉连续环绕建筑外表面的斜柱所组成的网状结构，适用于筒体结构的外框筒。水平荷载作用下，斜柱主要承受轴向力，并通过轴向变形来提供结构的抗侧刚度，因而具有侧向刚度大、抗风和抗震性能较好的优点。外筒的巨大抗侧刚度使其能够承受极大的水平荷载，这为内筒或内框架刚度的有效减小提供了可能，进而为建筑内部的功能布置带来了更大的自由空间。

国内外对于斜交网格体系的理论研究和工程实践尚不多，且缺乏系统性，对于该类结构体系的关键设计问题也缺乏足够地了解，至于该类结构体系的抗震弹塑性失效模式及倒塌破坏的相关研究更少。因此，深入分析该类结构体系的力学承载性能以指导其设计及施工，将带来非常重要的工程价值和实用效果。

本书首先从宏观上研究了超高层斜交网格体系的整体结构性能，通过参数化分析，对其网格形式的扩展及优化进行了探讨；接着从微观上研究了斜交网格节点的承载性能及破坏机理；进而针对斜交网格体系的抗震弹塑性失效及破坏机理进行了研究，同时分析了中美抗震规范在其应用上的差异性；然后针对超高层斜交网格新型体系的钢结构安装施工技术方案进行了研究，并提出合理有效的解决措施；最后对施工阶段的箱形钢管混凝土斜柱及斜交网格节点的内部混凝土质量检测和斜交网格节点的焊接焊缝检测进行了试验研究，并就使用阶段的应力应变、水平位移等健康监测项目展开了探讨。研究成果将为该类新型结构体系的工程设计、施工和应用提供依据和参考。

1.2 国内外研究现状

1.2.1 现有工程案例

高层斜交网格结构体系的建筑主要集中出现在21世纪开始10年里，且体型较大、高度较高，属于一种比较新颖的建筑结构体系。斜交网格结构体系是由斜柱与水平环梁围合而成的筒体结构，这与“竖柱平梁”的常规结构形式在立面上有较大区别，从而给建筑外立面带来较大新意[1-3]。根据其建筑平面形式的不同，一般可分为类圆形平面（如：北京保利国际广场、广州新电视塔、瑞士再保险大厦、卡塔尔多哈旋风大厦），类矩形平面（如：纽约赫斯特大厦、深圳中信金融中心），类三角形平面（如：广州西塔）和异形平面（如：阿联酋首都之门）[4-7]，见图1.2-1。

(a)　(b)　(c)

(d)　(e)　(f)

图1.2-1　斜交网格结构体系（一）

(a) 北京保利国际广场；(b) 瑞士再保险大厦；(c) 广州新电视塔；
(d) 纽约赫斯特大厦；(e) 深圳中信金融中心（在建）；(f) 广州西塔

(g) (h)

图 1.2-1 斜交网格结构体系（二）
(g) 卡塔尔多哈旋风大厦；(h) 阿联酋首都之门

斜交网格结构体系具有较大的抗侧刚度，作为筒中筒结构的外筒甚至能够提供 60%以上的抗侧刚度，斜交构件则通过轴向受力模式同时承担竖向和水平作用，因而在超高层建筑结构中获得广泛应用[8-11]。国内的广州新电视塔、广州西塔工程等均采用了这一类型，越来越多的投标方案中也可以看到这类结构的影子。然而对于斜交网格结构体系的研究还相当少，且缺乏系统性[12-15]。而对于在地震区采用这一结构形式是否合理，以及在地震区该类型结构体系设计的关键因素等，由于目前该新型结构体系既没有经受过大震检验，也没有丰富的工程实践经验，因此国内外对其抗震性能的相关研究比较少，有待进一步的研究。

1.2.2 研究现状及不足

对于斜交网格结构体系的相关研究主要涉及以下几个方面：

1. 斜交网格体系整体性能及设计

对于斜交网格体系主要集中于斜交网格结构不同形式及整体性能的研究。斜交网格体系这一概念是由美国学者 Moon KS 于 2005 年在其博士学位论文中首次提出，并于 2007 发表文章[16]，主要研究了带角柱的斜交网格结构体系在不同的斜交角度下的侧向位移，以寻求最优化的角度。Leonard J[17] 在 Moon 的研究基础上，主要针对斜交网格结构的剪力滞后效应做了一些计算分析，研究了不同斜柱角度与不同斜柱间距下结构的侧向位移以及底层与中间层处的剪力滞后影响。周健等[18] 通过静力、弹性反应谱和静力弹塑性等分析方法，对高层斜交网格结构体系的基本元素——平面斜交网格、斜交网格筒体结构和斜交网格外筒与各种内核结构的组合体系的基本静动力特性进行了研究，并与传统结构体系进行结果对比。王传峰等[19] 对斜交网格结构体系的应用现状和发展前景进行了综述性研究，指出该类结构体系的破坏模式是脆性破坏，提高延性是一个重要性的课题。史庆轩等[20] 采用 SAP2000 建立不同几何参数的高层斜交网格筒结构模型，研究其在水平荷载作用下剪力滞后效应的产生机理，并与框筒结构的剪力滞后效应进行了对比和分析。

上述研究表明，该结构体系的优势是侧向刚度大，缺点是延性较差，因而适用于有低抗震、高抗风要求的地区；而对于高烈度地震区需谨慎选用，同时尽量提高中震、大震作用下结构体系的延性和耗能能力。

2. 斜交网格结构形式扩展及优化

对于斜交网格结构形式扩展及优化，主要集中于建筑平面和网格立面形式扩展的研究。刘成清等[21] 研究了仅斜交网格外框筒、斜交网格外框筒-核心筒以及增设楼板这三种结构模型，在竖向荷载作用下的结构侧移规律。张崇厚等[1] 根据高层斜交网格结构同时承受竖向力和侧向力的受力特点，研究了该体系的基本组成和网格形式，并提出了可在实际工程中应用的若干空间几何形式。继而在文献［10］中研究了斜交网格体系抗侧性能的相关影响因素，包括斜柱角度、相邻主环梁间距、结构高宽比等几何参数以及斜柱与环梁的相对刚度、角柱、杆件的连接形式等结构因素对结构抗侧性能的影响。张崇厚等[22] 针对扭曲体型的高层网筒结构体系，研究了扭曲旋转角、主环梁层间距、结构高宽比等对结构抗侧性能的影响。

根据建筑平面需要，斜交网格的空间平面外形主要有光滑曲线平面和多边形平面；考虑网筒结构竖向承重和抗侧力双重性，网格立面一般采用斜交斜放网格形式；斜交网格的立面形状主要有斜交斜放和蜂窝形；当节点之间采用曲线构件时，形成曲线空间网格体系；斜交网格的立面变化主要有立面缩进和立面扭曲。

3. 斜交网格节点力学性能及破坏模式

对于斜交网格节点的研究，主要体现在节点有限元分析和试验验证研究。典型斜交网格节点如图 1.2-2 所示。刘尚伦等[23] 采用 ABAQUS 对望京国际广场巨型斜交网格节点进行有限元分析，获得节点的极限承载力和安全评估，并与试验结果进行对照比较，从而优化节点几何构造。刘成清等[24] 以钢管混凝土斜交交点为原型，采用 ANSYS 建立三维实体模型，对其进行往复荷载作用下的非线性分析；通过分析在不同加载阶段时各部件的应力分布情况，研究斜交网格节点的水平力-位移滞回曲线及横向刚度的退化。韩小雷等[25] 为考虑广州西塔巨型斜交网格空间相贯节点的平面外影响，在改进加强环-衬板平面相关节点构造基础上提出空间相贯节点构造，并通过缩尺模型进行试验，验证了其符合节点承载力大于构件承载力的强节点设计原则。曹正罡等[26] 基于中石油大厦斜交网格 X 形节点，制作了相似比为 1∶5 的 4 个 X 形节点并进行节点模型试验，主要试验参数为试件节点区体积配箍率和加载方式，同时进行数值模拟结果的对比。季静等[27] 提出“强节点”的钢管混凝土空间相贯节点构造，并进行了试验研究获得节点破坏形态。李祚华等[28] 针对深圳市创投大厦的斜交网格外筒角部节点复杂区域，建立现场应力监测系统，实测了相关构件施工工程中的应力变化，并与有限元结果进行对比分析，研究了在竖向和侧向荷载作用下该节点区域的传力路径和内力分布特点。

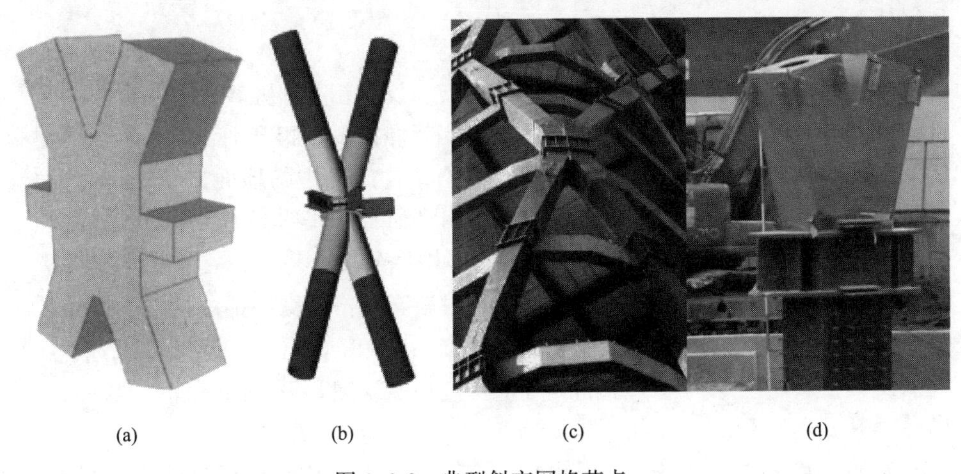

(a) (b) (c) (d)

图 1.2-2 典型斜交网格节点

(a) X 形平面节点；(b) X 形相贯节点；(c) X 形空间节点；(d) Y 形底部节点

4. 斜交网格体系抗震失效及破坏机理

对于斜交网格体系抗震失效模式的研究，主要体现在弹塑性破坏分析、耗能构件分布、中美规范差异性及其应用等方面。黄超等[29] 基于结构整体性能指标进行了斜柱最优角度的研究；韩小雷等[14] 通过对高层钢管混凝土斜交网格体系进行弹塑性分析，分析体系刚度退化等抗震性能，讨论了在高烈度区的适用性；傅学怡等[9] 以卡塔尔多哈某实际工程项目为背景，进行体系失效连续倒塌分析；方晓丹等[27, 30] 对广州西塔网格圆管相贯节点进行了试验研究；史庆轩等[31] 从结构耗能角度对体系进行弹塑性分析，提出主要耗能构件与不同类型耗能构件的分布规律；郭伟亮等[15] 基于体系屈服路线讨论了结构抗侧刚度退化的主要原因。

中美抗震规范的差异性及其应用，主要局限于常规的框筒结构体系，其在斜交网格体系的应用尚未有相关文献。美国规范作为在世界范围内认可度和使用度较高的规范在境外工程中被广泛使用。美国主要使用的抗震设计规范是《建筑物和其他结构最小设计荷载》ASCE 7-10（以下简称 ASCE 7）[32] 中的抗震设计章节，而《新建筑和其他结构的推荐抗震规定》FEMAP-1050 报告则为抗震设计领域的前沿研究成果，为之后的抗震设计发展指明了方向。我国混凝土结构抗震设计的主要依据为《建筑抗震设计规范》GB 50011—2010（以下简称《抗规》）[33]。两国抗震设计规范异同的研究不仅对境外项目的设计有指导意义，也对我国抗震规范的发展有积极作用。左琮等[34] 对比美国规范，对我国规范基底剪力系数进行了研究；纪晓东等[35] 对中美两国规范下混凝土剪力墙抗震设计进行对比；胡好等[36] 通过算例对高烈度地区框架-核心筒结构的弹性地震响应进行对比。

5. 斜交网格体系钢结构安装施工

斜交网格体系超高层的非常规钢结构安装技术相关研究较少，主要集中于斜柱构件及斜交网格节点的制作加工、现场安装焊接以及爬升平台设计等。徐建彬等[37] 针对镇江苏宁广场项目中的斜交网格结构施工中的地面拼装、构件吊装、矫正焊接、安全防护及操作平台进行了分析和研究。张明亮等[38] 对长沙滨江金融大厦 T1 塔楼的巨型钢管混凝土斜柱网格构件分段、吊装、安装技术措施进行了论述，解决了施工难题。郝红福等[39] 对斜交网格超高层钢结构施工操作平台的设计和应用进行了研究，以实现快速安装拆卸和循环利用等目的。骆松等[40] 对斜交网格超高层结构施工中的爬升平台进行了论述，设计出一种安全、高效的整体爬升式操作平台。

然而，关于斜交网格超高层体系的安装施工技术均是针对具体的项目展开，并未形成统一合理有效的技术措施及施工方法。因而，有必要进行深入研究和汇总归纳，并总结一套行之有效的通用技术措施。

6. 斜交网格体系性态检测及监测

对于斜交网格体系的检测及监测的研究，主要体现在施工阶段的质量检测和使用阶段的健康安全监测。李静宇等[41] 介绍了非破损检测在建筑工程质量评估中的应用范围，介绍了非破损检测的分类、优缺点，并通过试验说明了各种方法的精度。郭锋等[42] 采用声波 CT 技术检测混凝土结构内部缺陷及密实度，结合试验梁模型，测试试验梁混凝土内部缺陷和密实度。陈斌[43] 介绍了高层民用建筑钢结构的超声波焊缝探伤检测，探讨了具体使用时为确保焊缝状况质量可靠性需要超声波检测的一些注意点。熊海贝等[44] 给出了超高层结构健康检测的重要性、发展历程、特点以及应用情况，并阐述了健康监测系统的功能、设计原则、主要监测项目以及各组成系统的功能、特点和实现方法。李宏男等[45] 对土木工程结构的健康监测的研究现状和进展进行了较为系统地研究。

针对本书所研究的斜交网格体系超高层钢结构，施工阶段的质量检测主要关注其中对结构安全较为关键的内容，包括：钢管及斜交网格节点内部的混凝土密实度检测；钢结构的焊接焊缝及组装质量检测。使用阶段的健康安全监测主要关注的关键内容包括：斜交网格节点关键位置的应力变形监测；塔楼顶部的水平位移监测。

1.3 研究的目的及意义

1.3.1 研究的目的

（1）获得斜交网格结构体系的整体性能，包括刚度比、位移比、位移角等；（2）获得斜交网格体系和节点的构造措施、形式扩展和优化设计等；（3）通过等效面积设计原则和节点有限元分析获得斜交网格节点的受力性能，包括变形、应力分布和破坏模式等；（4）获得中美规范设计反应谱下斜交网格体系的结构弹性阶段响应差异，继而获得其弹塑性阶段结构响应、能量耗散及构件屈曲失效顺序等；（5）获得斜交网格体系钢斜柱构件的倾斜就位无支撑安装施工、外框梁无牛腿安装施工、异形焊接操作平台设计、斜交网格高空安装精度控制等关键技术方案及解决措施；（6）获得钢管斜柱及节点内部混凝土密实度控制及检测方法、斜交网格节点焊接焊缝及拼装顺序，以及健康监测关键内容和布置。

1.3.2 研究的意义

本书研究成果将为该类新型结构体系的工程设计和应用提供依据和参考。

通过斜交网格结构体系的整体分析可获得该类斜交体系的刚度比、位移比、位移角等整体性能及截面尺寸、浇灌混凝土与否等因素的影响；通过斜交网格体系和节点的形式扩展及优化设计研究，为该类结构形式的应用提供设计参考；通过斜交网格节点的等效面积设计原则和节点有限元分析，可获得该类节点形式的变形、应力分布和破坏模式等；通过中美规范设计反应谱下斜交网格体系的弹性阶段响应对比，以及弹塑性阶段响应分析，获得该类体系的能量耗散、构件屈曲失效顺序等；通过斜交网格体系钢结构安装施工重难点分析，获得钢斜柱就位无支撑安装、外框梁无牛腿安装、异形焊接操作平台设计和高空安装精度控制等关键技术方案及解决措施；通过斜交网格结构在施工阶段的质量检测和在使用阶段的健康监测分析，获得钢管斜柱及节点内部混凝土密实度控制及检测方法、斜交网格节点焊接焊缝及拼装顺序，以及健康监测关键内容和布置。

1.4 主要内容

本书采用理论分析、数值模拟和模型试验相结合的方法，利用结构设计分析软件 PKPM 和 ETABS、有限元分析软件 ANSYS 和 SAFE 等，首先从宏观上系统研究了斜交网格体系的整体结构性能，并对网格体系的形式扩展和优化设计进行探讨；接着从微观上分析了斜交网格节点的受力性能和破坏模式；进而基于中美抗震规范，研究其弹性阶段响应、弹塑性阶段响应以及构件屈曲失效顺序等；然后针对超高层斜交网格新型体系的钢结构安装施工技术方案进行了研究，并提出合理有效的解决措施；最后对施工阶段的现场质量检测进行了试验研究，并对使用阶段的健康监测进行探讨。

研究的主要内容包括：斜交网格体系整体性能及设计关键技术研究（第 2 章）、斜交网格结构形式扩展及优化关键技术研究（第 3 章）、斜交网格节点力学性能及破坏模式关键技术研究（第 4 章）、斜交网格体系抗震失效及破坏机理关键技术研究（第 5 章）、斜交网格体系钢结构安装施工关键技术研究（第 6 章）、斜交网格体系性态检测及监测关键技术研究（第 7 章）等。

1. 斜交网格体系整体性能及设计关键技术研究

采用结构设计分析软件 PKPM、ETABS 和有限元软件 SAFE 进行整体性能设计分析：

（1）斜交网格体系整体模型建立、结构体系分析及抗震性能化设计；

（2）斜交网格体系小震弹性、弹性时程、静力弹塑性推覆和动力弹塑性时程分析；

（3）深基础设计及性能分析、关键构件设计和性能分析。

2. 斜交网格结构形式扩展及优化关键技术研究

采用结构设计分析软件 PKPM 进行结构体系形式扩展分析：

（1）斜交网格结构基本形式及扩展，包括斜交角度、平面形状和立面变化等；

（2）不同斜交角度、高宽比、平面形状和立面变化等因素对结构抗侧刚度及性能影响。

3. 斜交网格节点力学性能及破坏模式关键技术研究

采用有限元分析软件 ANSYS 对斜交网格节点进行有限元分析：

（1）斜交网格节点有限元模型建立，包括典型边节点、角节点和底部节点等；

（2）典型斜交网格节点的变形和应力分布，以及受力破坏模式和薄弱部位分析；

（3）斜交网格节点的焊接工艺及节点内部混凝土的浇灌工艺。

4. 斜交网格体系抗震失效及破坏机理关键技术研究

采用非线性分析软件 PERFORM 3D 和设计分析软件 ETABS 进行数值模拟分析：

（1）中美规范地震作用计算对比；

（2）超高层框-剪体系分析、弹性分析及动力响应；

（3）超高层斜交网格体系分析、弹性分析及动力响应；

（4）斜交网格体系弹塑性分析、失效模式、构件屈曲失效顺序及设计目标设定。

5. 斜交网格体系钢结构安装施工关键技术研究

结合工程案例进行分析：

（1）主要钢构件及典型节点形式；

（2）安装施工的重难点分析；

（3）钢斜柱就位无支撑安装、外框梁无牛腿安装、异形焊接操作平台设计等技术措施；

（4）典型工程应用案例。

6. 斜交网格体系性态检测及监测关键技术研究

采用方案设计和模型试验相结合的方法进行分析：

（1）钢管混凝土斜柱足尺模型混凝土密实度试验、斜交网格体系的钢管混凝土密实度检测布置方案；

（2）斜交网格节点缩尺模型的焊缝质量及拼装顺序试验、斜交网格体系焊缝检测布置方案；

（3）使用阶段的监测设计思路、监测项目类别及布置方案。

第2章　斜交网格体系整体性能及设计关键技术研究

斜交网格体系是一种新颖的超高层建筑网状结构体系，在水平荷载下，斜柱主要承受轴向力，并通过轴向变形来提供结构抗侧刚度，具有侧向刚度大、抗扭刚度大、抗风和抗震性能较好的优点[46-50]。目前对于斜交网格体系的理论研究和工程实践并不完善，对于该类结构体系的整体力学性能和关键设计问题也缺乏足够的了解。因而，深入分析该类体系的整体力学承载性能，从而指导其设计及施工，将带来非常重要的工程价值和实用效果。

本章基于宁波国华金融大厦等典型超高层斜交网格体系项目，对其体系组成、性能化设计、构造连接以及抗风抗震等整体性能的设计和关键技术问题的分析进行了展开和探讨，并研究了基于抗侧性能的斜交网格体系超高层钢结构优化设计方法[51]。

2.1　工程概况

2.1.1　工程介绍

宁波国华金融大厦项目位于宁波市东部新城中央商务区的延伸区域，东临宁波市中心约 6km。设计方案为一栋带裙楼的超高层塔楼结构，塔楼与裙楼相互独立并通过钢结构连廊进行连通，总建筑高度为 206.1m，总建筑面积约为 15 万 m^2。塔楼地上共 43 层，主要功能为办公，结构主屋面高度为 197.8m，平面外轮廓尺寸为 61.8m×35.7m，建筑面积约为 9.6 万 m^2，典型层高为 4.3m；地下室共 3 层（含 1 个夹层），主要功能为停车库和设备用房。塔楼外立面为斜交网格结构形式，每 4 层形成一个斜交网格节点，塔楼中部设有两个空中花园层，建筑效果图见图 2.1-1。该项目的建筑设计方案由美国 SOM 建筑设计事务所完成。

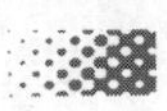

图2.1-1　建筑效果图

2.1.2　设计参数

该项目主体结构的设计基准期和使用年限均为50年，建筑结构安全等级为二级，结构重要性系数为1.0。抗震设防烈度为6度（0.05g），设计地震分组为Ⅰ组，场地类别为Ⅳ类，建筑抗震设防类别为标准设防类（丙类）。

1. 风荷载

采用《建筑结构荷载规范》GB 50009—2012（以下简称《荷规》）[52] 中风荷载进行结构设计。塔楼位移验算时，基本风压 w_0 按50年一遇标准取为0.50kN/m^2。塔楼从首层到主屋面高度为197.8m，至女儿墙高度为206.1m。构件强度设计时，按照《高层建筑混凝土结构技术规程》JGJ 3—2010（以下简称《高规》）[53] 第4.2.2条对风荷载比较敏感的高层建筑基本风压放大1.1倍，考虑到场地上周围拟建建筑的群体效应再将基本风压放大1.1倍，因而实际基本风压取为0.605kN/m^2。风压高度变化系数根据B类地面粗糙度采用，风荷载体型系数取为1.4。

2. 地震作用

（1）水平地震作用

浙江省工程地震研究所提供的《地震安全性评价报告》（以下简称《安评》）的小震反应谱（即：场地反应谱）和《抗规》提供的小震反应谱（即：规范反应谱）的对比如图2.1-2所示，其中水平地震影响系数分别为0.0758和0.04。

该项目综合考虑这两种小震反应谱后，进行塔楼结构的小震弹性分析和设计。结合《超限高层建筑工程抗震设防专项审查技术要点》[54] 的相关要求，中震和大震则采用规范地震动参数进行分析。小震计算时考虑周期折减系数为0.8，中震和大震时周期不折减；阻尼比在小震和中震时取0.04，大震时取0.05。规范地震作用的相关参数如表2.1-1所示。

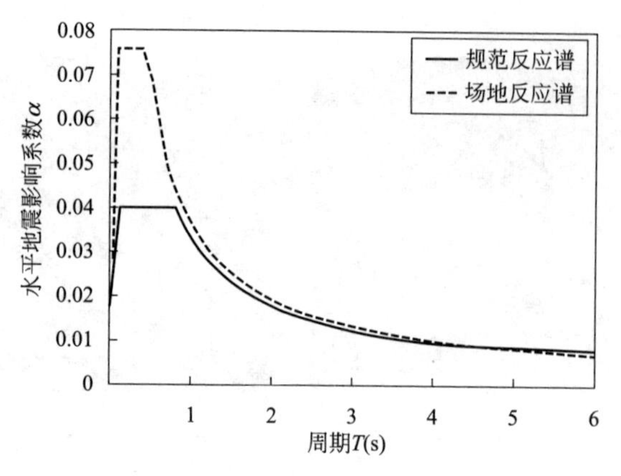

图 2.1-2　场地反应谱与规范反应谱的对比

规范地震作用的相关参数　　**表 2.1-1**

项目	50 年设计基准期超越概率	烈度重现期(年)	地面加速度峰值 PGA(cm/s^2)	水平地震影响系数最大值 α_{max}
多遇地震	63%	50	18	0.04
设防烈度	10%	475	50	0.12
罕遇地震	2%～3%	1600～2400	125	0.28

（2）竖向地震作用

《抗规》要求抗震设防烈度为 8 度和 9 度时，高层建筑需考虑竖向地震作用计算，项目抗震设防烈度为 6 度，典型构件在设计中无需考虑竖向地震作用。但对于中庭钢连廊等局部的大跨度和长悬臂结构构件还需计入竖向地震作用的影响。采用 10%重力荷载作为竖向地震作用，并按工况“1.2（恒荷载+0.5 活荷载)+1.2 水平地震作用+0.5 竖向地震作用”进行组合验算。

3. 作用组合

荷载或作用的效应组合分项系数如表 2.1-2 所示。

荷载或作用的分项系数　　**表 2.1-2**

组合	恒荷载		活荷载		风荷载	地震作用	
	不利	有利	不利	有利		水平	竖向
恒荷载+活荷载	1.35	1.0	0.7* ×1.4	0.0	—	—	—
恒荷载+活荷载	1.20	1.0	1.4	0.0	—	—	—
恒荷载+活荷载+风荷载	1.20	1.0	0.7* ×1.4	0.0	1.0×1.4	—	—
恒荷载+风荷载	1.20	1.0	—	—	1.0×1.4	—	—
重力荷载+水平地震作用+风荷载	1.20	1.0	0.5×1.2	0.5	0.2×1.4	1.3	—

注：活荷载>$4kN/m^2$ 时，* 则取 0.9。

其他荷载包括楼面荷载、雪荷载，楼面荷载按照《荷规》中对应建筑功能要求选取。雪荷载考虑 50 年一遇的基本雪压取为 0.30 kN/m^2。在第一阶段（弹性）抗震设计进行构件承载力验算时，其荷载或作用的分项系数按表 2.1-2 考虑，并选取各构件可能出现的最不利组合进行截面设计。根据表 2.1-2 所述的组合系数，在上部结构的强度和使用极限设计中根据规范采用相应的荷载组合效应。

2.2　结构体系及性能化设计

2.2.1　结构体系

塔楼结构体系由抗侧力系统和重力支撑系统组成。抗侧力系统包括外围连续的钢结构斜交网格体系和内部的钢筋混凝土核心筒，形成筒中筒结构类型。重力支撑系统包括横跨在核心筒与外围斜交网格之间的钢梁以及钢梁支撑的钢筋桁架楼承板，起支撑重力的作用。塔楼三维结构体系模型示意图（PKPM）如图 2.2-1 所示，整体结构模型（含裙楼、地下室）示意图如图 2.2-2 所示。

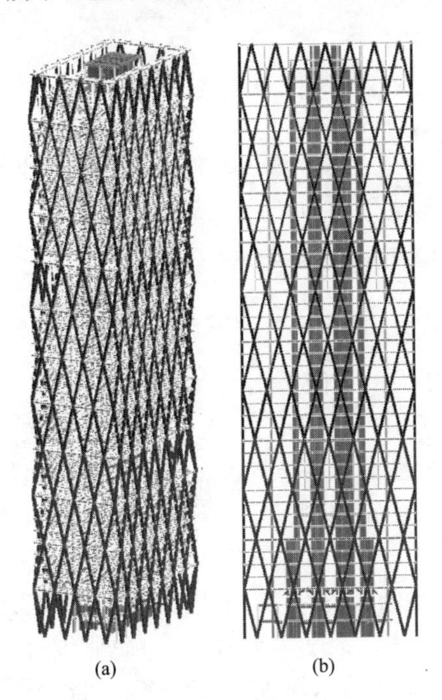

图 2.2-1　塔楼三维结构体系模型示意图（PKPM）
(a) 轴测图；(b) 侧视图

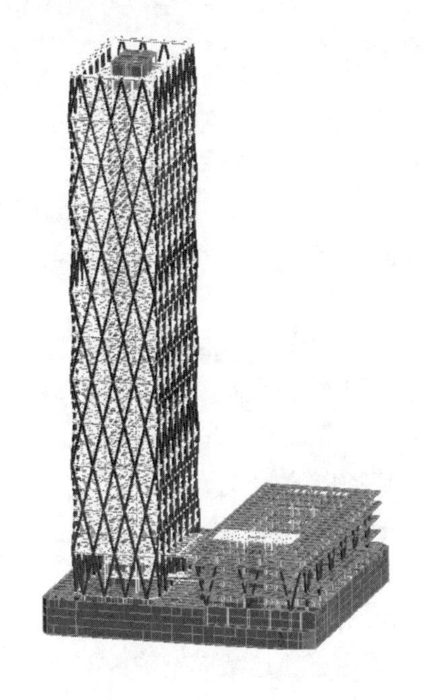

图 2.2-2　整体结构模型示意图（含裙楼、地下室）

1. 钢筋混凝土核心筒

由于斜交网格外框具有较强的抗侧力刚度，核心筒墙体布置可根据建筑功能布置减少，以满足建筑多样化需求。核心筒墙体采用现浇混凝土材料，强度等级从下到上依次为C60～C40递减。根据总建筑高度，底部加强区范围取为1～3层（标高－0.050～21.350m），抗震等级为一级。东西向仅设置两道核心筒外墙，墙身厚度则从底部的1100mm逐步减至顶层的600mm；南北向设置4道剪力墙，外侧和内侧的墙厚分别为800mm和600mm。核心筒墙体在低区和中、高区的典型平面布置图如图2.2-3所示。

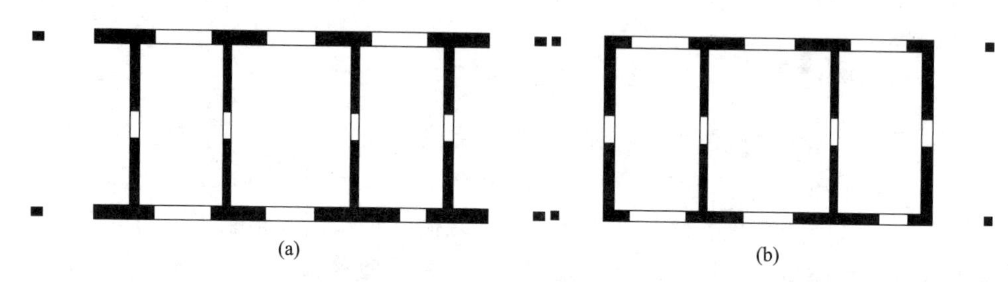

图2.2-3　核心筒墙体在低区和中高区的典型平面布置图

（a）低区；（b）中、高区

该核心筒方案通过连梁来连接各片剪力墙，连梁最大高度为800mm，该方案在满足核心筒抗侧刚度要求的同时，避免了各种设备管线等可能造成的剪力墙开洞，内部也不存在各种小的剪力墙，结构形式简单明确。此外，核心筒和外框架间设置了4根钢管混凝土柱进行过渡连接，截面尺寸从底部的950mm×700mm减至顶部的600mm×400mm，壁厚变化为85～20mm，内部浇灌强度等级递减的混凝土。

2. 斜交网格外框架

外围连续的钢结构斜交网格体系具有较大的抗侧力刚度，考虑每4层为一节点层，节点层的相邻节点水平间距为8.7m；节点层之间为4层通高斜柱构件，其竖向高度为17.2m。斜柱构件截面为焊接箱形截面，尺寸从底部的750mm×750mm减至顶部的500mm×500mm，壁厚为40～20mm，材料为Q345B钢。

为保证结构力学性能同时达到材料最节约的经济目标，通过比较分析，考虑对18层以下箱形截面钢管内部进行混凝土浇灌，强度等级为C60。钢管混凝土斜柱的轴压比和弯矩按照《矩形钢管混凝土结构技术规程》CECS159：2004[55]进行设计，斜交网格外框架示意图如图2.2-1所示。斜交网格外框架在地下室转换为竖向的王字形型钢混凝土柱，传力机制为斜向轴力过渡为竖向压力，并通过局部剪力墙连接加强，塔楼部分地下室柱墙布置图如图2.2-4所示。

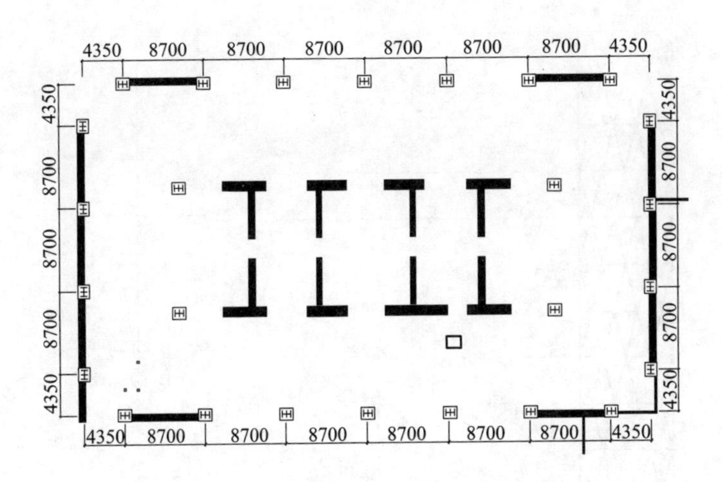

图 2.2-4　塔楼部分地下室柱墙布置图

各节点层的外围钢梁采用刚接形式连接到斜交网格节点上，并与斜柱构件构成稳定的外围斜交网格基本体系；非节点层的外围钢梁则采用铰接形式连接到斜柱构件上，以减小对斜柱构件抗弯的影响。在刚度比、受剪承载力比计算时，每4层校核一次。10～14层、26～30层的空中花园以及42层至女儿墙顶的顶部由于楼面缩进，部分斜交网格构件缺少平面内和平面外侧向钢梁的约束作用，形成4层通高的穿层斜柱构件形式，通过将截面增大至700mm×700mm进行加强。验算外框筒穿层斜柱的压弯承载力稳定性时，也应取4层高作为其平面外计算长度。

所有角部斜交网格构件由于受力较大，按照1.1倍承载力需求验算。根据混凝土浇灌层数的不同，分别进行了几组斜交网格外框架构件材料用量比较，斜交网格框架的材料用量对比图如图2.2-5所示，材料用量比较如表2.2-1所示。可知，当混凝土浇灌至18层时，总的用钢量和混凝土量最为经济合理。其中14～18层的钢管混凝土构件作为下部钢管混凝土构件的转换区，不考虑混凝土部分强度贡献，保守地按照钢管截面的承载力验算。

材料用量比较　　**表 2.2-1**

材料	全钢管	CFT:L1～L6 浇筑混凝土	CFT:L1～L18 浇筑混凝土	CFT:L1～L34 浇筑混凝土	全钢管混凝土
钢材(t)	7104	5705	5010	4195	3806
混凝土(m^3)	0	1883	4963	8394	9172

3. 楼盖支撑系统

基于结构重量、施工以及建筑和机电的综合考虑，塔楼典型办公楼层核心筒

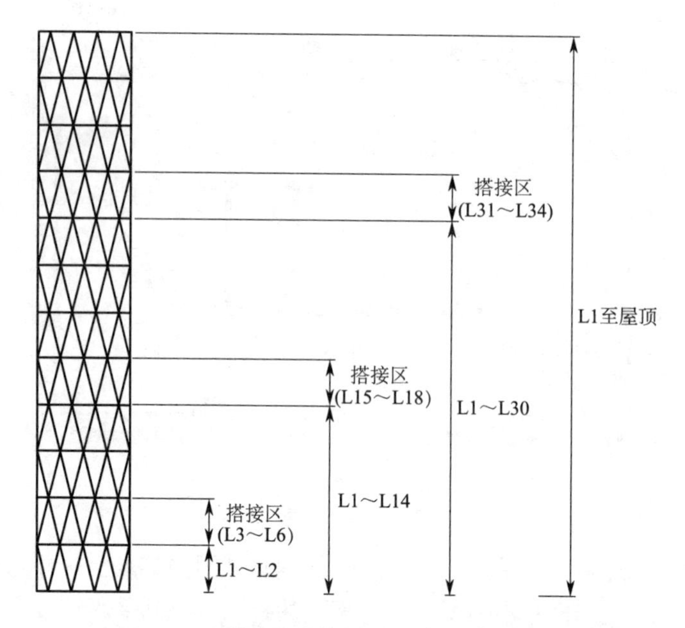

图 2.2-5 斜交网格外框架的材料用量对比图

内采用钢筋混凝土楼盖，楼板厚度为 150mm。核心筒外采用钢梁＋钢筋桁架楼承板系统，典型梁中距为 2.1～3.3m，非节点层楼板厚度为 120mm，节点层楼板厚度 150mm。典型结构平面布置图如图 2.2-6 所示。

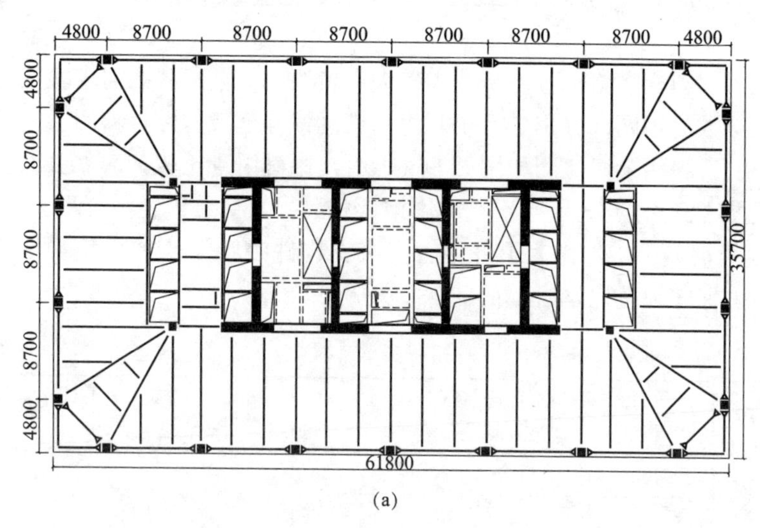

(a)

图 2.2-6 典型结构平面布置图（一）

(a) 节点层

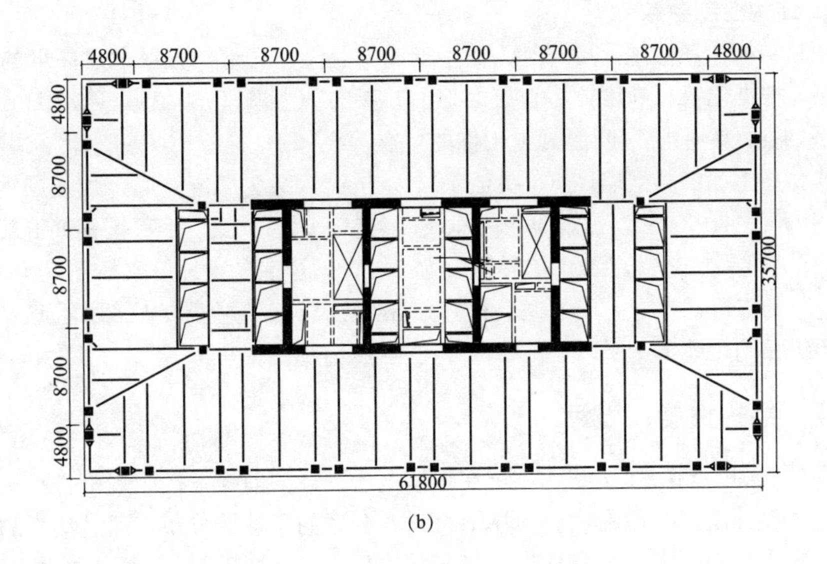

(b)

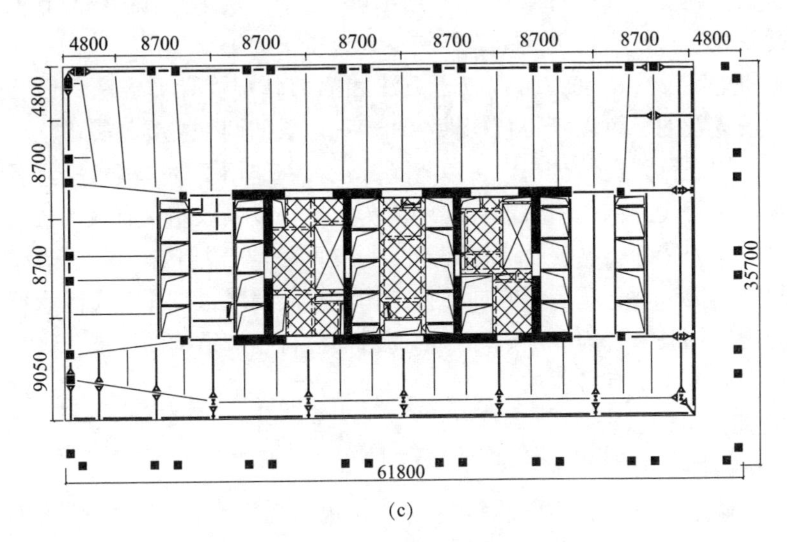

(c)

图 2.2-6　典型结构平面布置图（二）

（b）非节点层；（c）空中花园缩进层

在重力荷载作用下，斜交网格会产生一个向外的在平面内的形变，引起节点层楼板较大的面内拉应力。因而，楼板在节点层，加厚并加大楼板配筋以提高抗拉强度，同时为避免过早开裂，第 2 层、第 10 层、第 18 层和第 26 层的钢筋桁架楼承板混凝土在塔楼结构封顶后浇筑。由于核心筒和斜交网格外框架均具有较大的抗侧刚度，连接内筒和外框架的支撑钢筋桁架楼承板的钢梁采用铰接的形式。空中花园层由于建筑绿化需要，周边存在部分楼板缩进情况，通过增设转换吊柱来实现对楼面系统的支撑。

4. 结构控制参数

项目结构体系按规范可归类为筒中筒结构类型，底部加强区取总高度的 1/10 或两层，根据建筑总高度，将首层至地上 3 层的剪力墙（－0.050～21.450m）设为底部加强区。主要钢筋混凝土构件的抗震等级如下：

典型层钢筋混凝土墙体（3 层至屋顶），抗震等级为二级；底部加强层钢筋混凝土墙体（－1～3 层），抗震等级为一级；空中花园层及上、下一层钢筋混凝土墙体（10～14 层、26～30 层），抗震等级为一级；钢管混凝土外筒（－1 层至屋顶），抗震等级为二级；地下一层的框架和剪力墙的抗震等级与上部的底部加强区结构的抗震等级相同，地下一层以下楼层构件抗震等级应组成降低一级。

2.2.2 结构性能化设计

对于规则的高层建筑结构，可在强调概念设计的前提下按照规范进行抗震设计，这样设计出的结构在大震作用下可以有合理的塑性铰分布，通过集中的塑性变形来吸收地震能量。但对于复杂高层结构，由于无法预知其可能存在的薄弱部位，因此对其进行基于性能的抗震结构设计显得极为重要[54, 56-60]。

现阶段地震反应的动力时程分析方法和静力弹塑性计算方法（Push-Over）是技术比较成熟的、可以获得结构性能和表现定量的两种主要计算方法。通过对复杂高层结构进行弹塑性分析，可以得到其在大震作用下的非线性全过程反应及破坏机制，从而找到结构中可能存在的薄弱部位，以采取切实有效的抗震措施。

项目塔楼为特殊类型混合高层建筑（斜交网格混合结构），存在诸如 4 层通高穿层斜交网格构件、花园层竖向转换结构等超限情况，且相关文献表明斜交网格节点的破坏一般呈现为脆性破坏，因而对其进行相应结构的性能化设计分析以保证结构安全工作是有必要的。

1. 性能化设计目标

（1）抗震性能要求

项目塔楼结构的抗震性能目标定为《高规》性能水准 C。根据《高规》第 3.11 节确定塔楼各构件的性能要求，特别关键构件则对设计性能要求进行提高。各地震水准下塔楼的层间位移变形要求按《抗规》M.1.1-2 中性能要求的性能 3 确定。小震计算时取《抗规》和《安评》计算的包络值，中震和大震时按《抗规》计算。结构各构件性能目标如表 2.2-2 所示。

（2）抗风性能要求

塔楼结构地面到主屋面高度为 197.80m。按照塔楼计算以此高度进行插值，得到在侧向荷载作用下的层间位移角限值为 1/677。因此，设计中层间位移角在规范风荷载作用下不超过 1/677。考虑到场地上周围拟建建筑的群体效应，构件强度设计时除按照《高规》使用 1.1 倍的 50 年一遇风荷载，另外又考虑了 1.1

倍的荷载系数。按照《高规》第3.7.6条的要求，对于高度超过150m的办公、酒店用途建筑在10年一遇的风荷载标准值作用下，结构顶点的顺风向和横风向振动最大加速度不应超过0.25m/s^2。

结构各构件性能目标　　表2.2-2

<table>
<tr><th colspan="2">地震水准</th><th>小震</th><th>中震</th><th>大震</th></tr>
<tr><td colspan="2">性能水准定性描述</td><td>不损坏</td><td>可修复损坏</td><td>无倒塌</td></tr>
<tr><td colspan="2">变形参考值</td><td>$\Delta<(\Delta_{ue})$</td><td>$\Delta<2(\Delta_{ue})$</td><td>$\Delta<4(\Delta_{ue})$</td></tr>
<tr><td rowspan="4">关键构件</td><td>斜交网格</td><td>弹性</td><td rowspan="3">受剪承载力弹性，正截面承载力弹性</td><td rowspan="3">受剪承载力不屈服，正截面承载力不屈服，破坏程度可修复</td></tr>
<tr><td>斜交网格地下室墙</td><td>弹性</td></tr>
<tr><td>节点层抗拉周边梁</td><td>弹性</td></tr>
<tr><td>节点层与首层楼板</td><td>弹性</td><td>楼板受拉配筋不屈服</td><td>—</td></tr>
<tr><td>普通竖向构件</td><td>核心筒墙</td><td>弹性</td><td>受剪承载力不屈服，正截面承载力不屈服</td><td>受剪承载力不屈服</td></tr>
<tr><td>耗能构件</td><td>连梁</td><td>弹性</td><td>受剪承载力不屈服，构件塑形变形满足“防止倒塌”要求</td><td>构件塑形变形满足“防止倒塌”要求</td></tr>
</table>

注：(Δ_{ue})为规范规定的弹性变形限值。

2. 抗震构造措施

（1）斜交网格外框架采用措施：

1）18层以下箱形钢管内部浇灌C60混凝土以获得相对较大的承载力和刚度；

2）斜交网格构件和节点层抗拉周边梁要求大震作用下不屈服；

3）控制斜交网格节点大震作用下为弹性，节点核心区要求大震作用下不屈服；

4）斜交网格外框架全部采用全熔透坡口等强焊接进行组装。

（2）核心筒采用措施：

1）底部加强区和空中花园层剪力墙抗震等级一级，控制底部加强区轴压比不超过0.5；

2）核心筒墙体按照中震不屈服进行设计，抗剪截面条件满足大震不屈服的性能目标。

（3）其他措施：

1）节点层楼板采用弹性膜计算，厚度加大至150mm，配筋根据计算结果进行放大；

2）高层转换吊柱等构件设计时考虑冗余度。

3. 超限应对措施

采用以下超限应对措施：

（1）规范反应谱与场地反应谱振型分解弹性分析；

（2）采用两个独立软件进行建模分析，并对两个软件结果进行对比；

(3) 多遇地震下弹性时程分析;
(4) 罕遇地震下弹塑性时程分析;
(5) 构件设计达到《高规》性能水准C,特别关键构件提高了设计性能要求;
(6) 斜交网格构件要求大震作用下不屈服;
(7) 斜交网格节点进行3D有限元模型分析;
(8) 斜交网格抗拉周边梁大震作用下不屈服;
(9) 高层转换构件设计考虑冗余度;
(10) 底部加强区和空中花园层的剪力墙设计增加抗震等级。

2.3 塔楼整体设计及性能分析

2.3.1 小震弹性分析

1. 结构分析模型

采用结构设计分析软件ETABS建立三维结构分析模型,如图2.3-1所示。结构嵌固端取为±0.000层位置,其中斜柱采用仅受轴力的斜撑构件(杆单元),楼面梁和竖直柱均采用可拉弯、压弯的梁柱单元,楼板采用板单元或壳单元进行模拟。

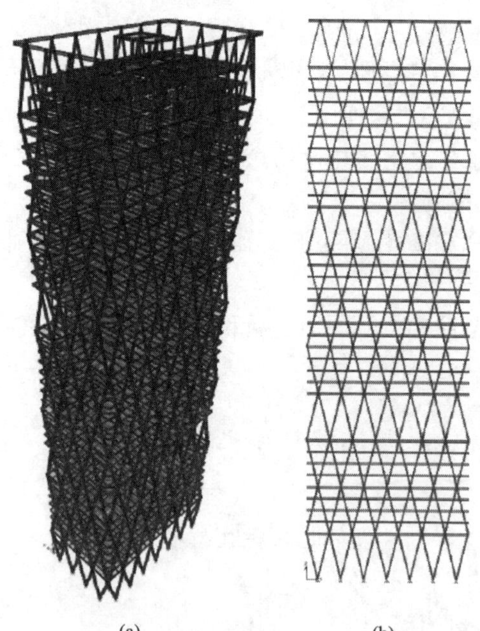

(a) (b)

图2.3-1 ETABS建立三维结构分析

(a) 轴测图;(b) 立面图

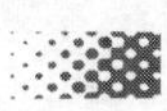

在重力荷载作用下，斜交网格会产生一个向外的在平面内的形变，引起节点层楼板较大的面内拉应力，因而节点层楼板采用膜单元进行模拟，以考虑其对结构受力的影响。分析中考虑 P-Δ 效应。采用按施工次序逐层加载进行加载分析，其中底部大堂、空中花园、屋顶的斜柱构件均涉及 4 层通高设置，因而局部进行同时加载，以获得符合实际的模拟计算结果。

地震作用下有效质量由结构自重、附加恒荷载和部分活荷载计算。其中，结构自重根据定义的构件尺寸和材料容重由软件自行计算，ETABS 和 PKPM 计算获得的地震作用下有效质量对比如表 2.3-1 所示。附加恒荷载和附加活荷载按照面荷载、线荷载和点荷载的形式施加。周边幕墙的荷载通过在梁上施加线荷载进行考虑。风荷载按照《荷规》进行放大后施加，基本可保证结构受力的安全，无需再进行风洞试验获得体型系数。地震作用按《抗规》提供的规范反应谱和《安评》报告提供的反应谱进行综合考虑。分析中考虑了偶然偏心和双向地震作用，振型组合方法采用考虑扭转耦连的 CQC 方法。

地震作用下有效质量对比　　　　**表 2.3-1**

荷载工况	ETABS 有效质量(t)	PKPM 有效质量(t)	PKPM / ETABS
恒荷载	97225	94131	96.8%
活荷载	29655	29431	99.2%
恒荷载＋活荷载	126880	123262	97.1%
恒荷载＋50%活荷载	112053	108847	97.1%

2. 整体指标控制

(1) 周期比和层间位移比

该塔楼为超过 A 级的超高层混合结构，表 2.3-2 分别给出了 ETABS 和 PKPM 计算获得的前 6 阶振型形式及自振周期。可知，两者计算结果相近，第一振型均为 Y 方向平动，第二振型为 X 方向平动，第三振型为扭转振型。

前 6 阶振型形式及自振周期　　　　**表 2.3-2**

周期阶数	ETABS 自振周期(s)	PKPM 自振周期(s)	PKPM / ETABS	备注
第 1 阶	4.369	4.44	101.7%	Y 方向平动
第 2 阶	3.391	3.42	100.9%	X 方向平动
第 3 阶	2.002	2.03	101.4%	扭转振型
第 4 阶	1.147	1.20	104.6%	高阶振型
第 5 阶	1.125	1.16	103.1%	高阶振型
第 6 阶	0.749	0.78	104.1%	高阶振型

按照《高规》第 3.4.5 条规定，对于超过 A 级高度的混合结构，结构扭转为主的第一自振周期与平动为主的第一自振周期之比不应大于 0.85。由表 2.3-2 可知，ETABS 和 PKPM 计算获得的扭转周期比分别为 0.458 和 0.457，满足规范要求。

根据《高规》第 3.4.5 条，使用带 5%偶然偏心的静力地震作用作为给定水平力验算扭转位移比。X 方向、Y 方向分别考虑了 5%的质量偶然偏心影响。在考虑偶然偏心影响规定的水平地震作用下，最大层间位移比不宜大于该楼层平均值的 1.2 倍，不应大于 1.4 倍。本塔楼 X 方向和 Y 方向的各楼层最大层间位移比分别为 1.08 和 1.11，满足规范要求。

（2）层间位移角

分别对地震作用下、风荷载作用下塔楼结构的层间位移角进行了验算。该塔楼主屋面结构高度为 197.8m，根据《高规》第 11.1.5 条和第 3.7.3 条的要求，按照弹性方法计算并采用线性插入法计算得到最大层间位移角限值为 1/667。地震作用下分别验算规范反应谱和场地反应谱，风荷载作用下验算 50 年一遇的规范风荷载，各楼层的层间位移角曲线如图 2.3-2 所示。

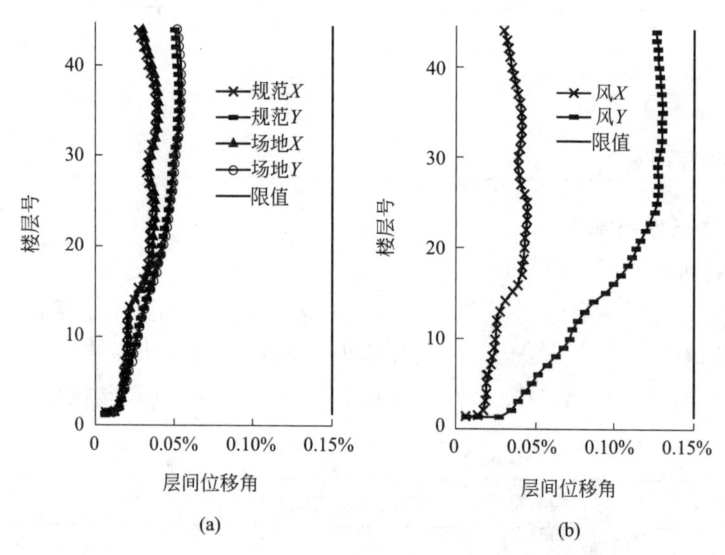

图 2.3-2　各楼层的层间位移角曲线

（a）地震作用；（b）风荷载作用

ETABS 和 PKPM 计算获得的层间位移角对比如表 2.3-3 所示。

由表 2.3-3 可知，ETABS 分析模型时，塔楼在地震作用和风荷载作用下的各楼层最大层间位移角分别为 1/1894 和 1/768；PKPM 模型时，分别为 1/1818 和 1/687。风荷载作用下层间位移角的验算起控制作用，塔楼所有层间位移角均

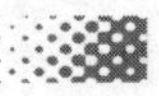

满足规范要求。

层间位移角对比 表 2.3-3

荷载工况	ETABS层间位移角	PKPM层间位移角	PKPM / ETABS	备注
FXDRIFT	1/2604	1/2510	103.7%	X 方向地震作用
FYDRIFT	1/1894	1/1818	104.2%	Y 方向地震作用
WX50	1/2242	1/2063	108.7%	X 方向风荷载
WY50	1/768	1/687	111.8%	Y 方向风荷载

(3) 地震作用下剪重比

根据《抗规》第 5.2.5 条规定，在 6 度设防地区第一自振周期大于 5s 的结构，楼层最小剪力应该不小于该层以上累计地震作用下有效质量的 6%，扭转效应明显或基本周期小于 3.5s 的结构，楼层最小剪力应该不小于该层以上累计地震作用下有效质量的 0.8%，第一自振周期在 3.5～5s 的结构，按线性插入法取值。

该塔楼处于 6 度设防地区，第一自振周期 $T_1=4.36$s，采用线性插入法算得最小地震剪重比为 0.0068。由图 2.3-3 可见，塔楼 X 方向和 Y 方向的各楼层最小地震剪重比分别为 0.0112 和 0.0108，满足规范要求。

(4) 地震剪力比

根据《高规》第 8.1.4 条和第 9.1.11 条规定，框架-剪力墙结构各层框架所承担的地震剪力不应小于结构底部总剪力的 20%和框架部分地震剪力最大值的 1.5 倍二者中的较小值。但当框架部分分配的地震剪力标准值的最大值小于结构底部总地震剪力标准值的 10%，各层框架部分承担的地震剪力标准值应增大到结构底部总地震剪力标准值的 15%，各层核心筒墙体的地震剪力值宜乘以增大系数 1.1。

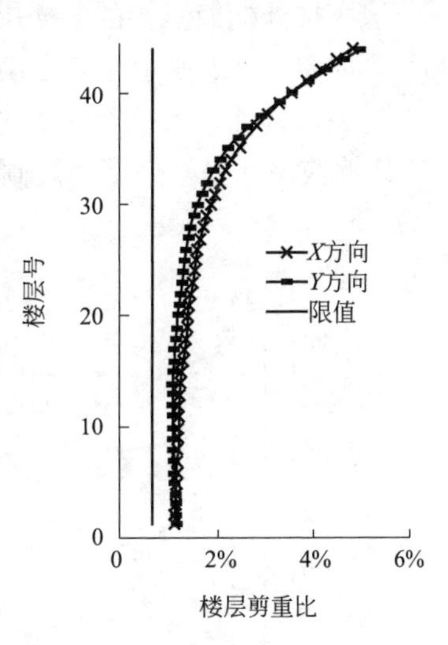

图 2.3-3 地震作用下剪重比

该塔楼斜交网格外框筒的抗侧刚度较大，绝大多数楼层的外框筒承担的地震剪力比大于结构基底剪力的 20%，个别楼层大于 10%，最大达到 91.3%，见图 2.3-4。根据《高规》第 8.1.4 条和第 9.1.11 条，X 方向和 Y 方向外框筒剪力比不足 20%的个别楼层剪力设计值均调整为 20%结构基底剪力，其余无需调整。

ETABS 和 PKPM 计算获得的塔楼底部地震剪力对比如表 2.3-4 所示。两者计算结果基本一致。在两个空中花园层，由于楼板缩进，外框筒承担剪力出现突变性大幅增大，设计时加大截面至 700mm×700mm 进行加强，并保证每 4 层高的刚度比、受剪承载力比及斜柱压弯承载力稳定性满足规范要求。

塔楼底部地震剪力对比 **表 2.3-4**

荷载工况	ETABS 地震剪力(kN)	PKPM 地震剪力(kN)	PKPM / ETABS	备注
FXDRIFT	11024	10853	98.4%	*X* 方向地震作用
FYDRIFT	10482	10387	99.1%	*Y* 方向地震作用
WX50	12570	13450	107.0%	*X* 方向风荷载
WY50	21622	23483	108.6%	*Y* 方向风荷载

(5) 地震倾覆力矩比

根据《高规》第 8.1.3 条规定，结构底层框架部分承受的地震倾覆力矩大于结构总地震倾覆力矩的 10%，但小于 50%时，按框架-剪力墙结构进行设计。当框架部分承受的地震倾覆力矩大于结构总地震倾覆力矩的 50%，但不大于 80%时，仍可按框架-剪力墙进行设计，但框架部分的抗震等级和轴压比限值宜按框架结构采用。

该塔楼外框筒承担的各楼层 *X* 方向和 *Y* 方向的地震倾覆力矩比均在 50%～80%，如图 2.3-5 所示。剪力墙按框架-剪力墙结构进行设计，斜交网格构件部分设为关键构件，其抗震性能应根据性能化设计要求进行提高。ETABS 和 PKPM 计算获得的塔楼底部地震倾覆力矩对比如表 2.3-5 所示。两者计算结果基本一致。

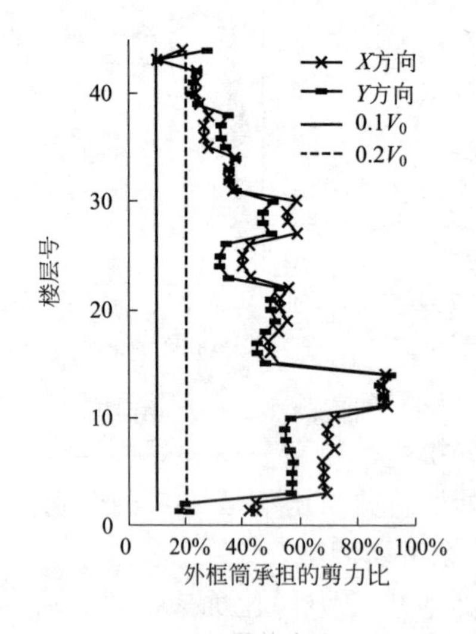

图 2.3-4 地震剪力比

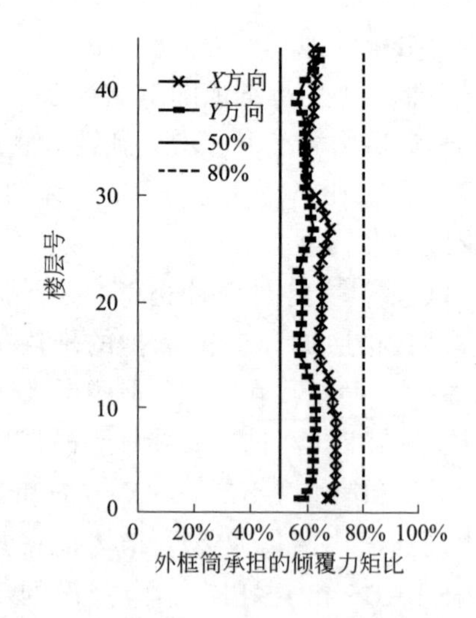

图 2.3-5 地震倾覆力矩比

塔楼底部地震倾覆力矩比较　　表 2.3-5

荷载工况	ETABS 地震倾覆力矩 (kN·m)	PKPM 地震倾覆力矩 (kN·m)	PKPM/ETABS	备注
FXDRIFT	1178017	1158702	98.4%	X 方向地震作用
FYDRIFT	982197	967391	98.5%	Y 方向地震作用
WX50	1873205	1648179	88.0%	X 方向风荷载
WY50	2621676	2876829	109.7%	Y 方向风荷载

(6) 楼层侧向刚度比

由于斜交网格为轴向构件且每 4 层一个节点，节点层的楼板与核心筒紧密连接。所以整体指标的计算应基于节点层到节点层，计算刚度比时根据每 4 层来校核较为合理。

根据《高规》第 3.5.2 条规定，本层与相邻上层的侧向刚度比值不宜小于 0.9，对结构底部嵌固层不宜小于 1.5。图 2.3-6 为本塔楼 X 方向和 Y 方向的随楼层递增的各楼层侧向刚度变化曲线。可知，最小侧向刚度比分别为 1.06 和 1.17，底部楼层侧向刚度比分为 1.60 和 1.97，满足规范要求。

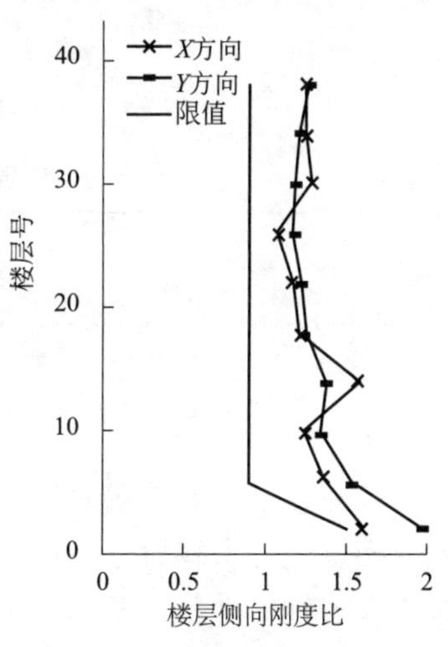

图 2.3-6　各楼层侧向刚度比

由于空中花园层（10～14 层、26～30 层）的楼板缩进且位于上下节点层之间，还需作为转换层，根据《高规》附录 E.0.3 条进行刚度比验算，分别采用单位力 $P=1$kN（ETABS）、$P=1$kN/m（SATWE）进行计算，楼层侧向刚度比计算模型如图 2.3-7 所示。

分别采用 ETABS 和 SATWE 计算，获得的本塔楼转换层下部结构与上部结构的楼层侧向刚度比见表 2.3-6、表 2.3-7。其中，1 组的模型 1 和模型 2 分别是以 10～14 层和 14～18 层建立的模型；2 组的模型 1 和模型 2 分别是以 26～30 层和 30～34 层建立的模型。可见，两者计算结果基本一致，均满足抗震设计时侧向刚度比不小于 0.8 的要求。

楼层侧向刚度比（ETABS 结果）　　表 2.3-6

组别	X 方向			Y 方向		
	模型 1(Δ_1)	模型 2(Δ_2)	刚度比	模型 1(Δ_1)	模型 2(Δ_2)	刚度比
1	0.233×10^{-3}m	0.361×10^{-3}m	1.5494	0.230×10^{-3}m	0.275×10^{-3}m	1.1957
2	0.229×10^{-3}m	0.317×10^{-3}m	1.3843	0.131×10^{-3}m	0.146×10^{-3}m	1.1145

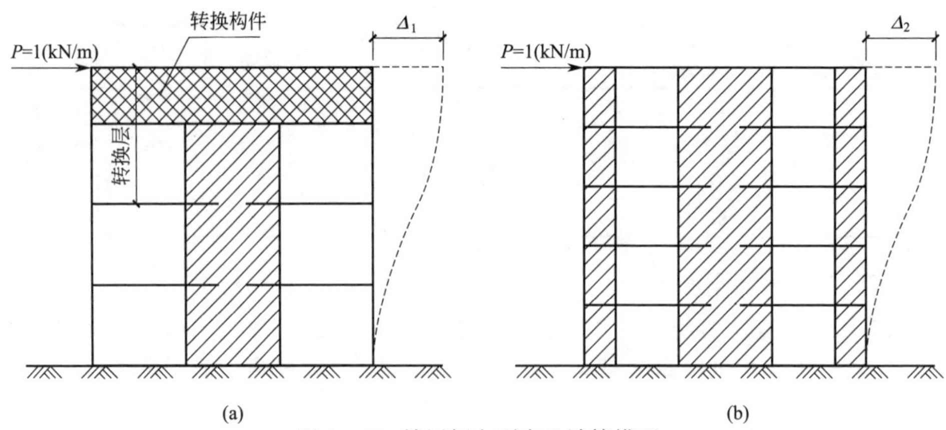

图 2.3-7　楼层侧向刚度比计算模型

(a) 计算模型 1—转换层及下部结构；(b) 计算模型 2—转换层及上部结构

楼层侧向刚度比（SATWE 结果）　　　　**表 2.3-7**

组别	X 方向			Y 方向		
	模型 1(Δ_1)	模型 2(Δ_2)	刚度比	模型 1(Δ_1)	模型 2(Δ_2)	刚度比
1	0.87×10^{-3}m	1.42×10^{-3}m	1.6322	0.89×10^{-3}m	1.07×10^{-3}m	1.2022
2	1.32×10^{-3}m	1.93×10^{-3}m	1.4621	1.09×10^{-3}m	1.23×10^{-3}m	1.1284

（7）楼层受剪承载力比

楼层受剪承载力也根据每 4 层进行校核，其中斜撑的轴向承载力考虑了空中花园层无侧向支撑的长细比。根据《高规》第 3.5.3 条规定，B 级高度高层建筑的楼层层间受剪承载力不应小于相邻上一层的 75%。

图 2.3-8 为各楼层受剪承载力曲线。可知，该塔楼 X 方向和 Y 方向的各楼层最小受剪承载力比分别为 0.81 和 0.92，满足规范要求。

图 2.3-8　各楼层受剪承载力曲线

（8）塔楼嵌固验算

根据《高规》第 5.3.7 条规定，如果地下室一层与塔楼首层刚度比大于 2，在结构整体计算中，可将地下室顶板作为上部结构的嵌固端。本塔楼地上首层和地下室一层的抗剪刚度如表 2.3-8 所示。可知，刚度比为 7.36，大于规范限值 2.0，因而地下室可作为上部结构的嵌固端。

地上首层和地下室一层的抗剪刚度（ETABS） **表 2.3-8**

楼层	地上首层			地下一层		
	剪力墙	斜交网格	合计	剪力墙	斜交网格	合计
等效刚度(MN/m)	33407	14031	47438	283283	65993	349286
刚度比	7.36>2.0，符合嵌固端要求					

（9）刚重比和整体稳定性

近似按三角形分布荷载作用下结构顶点位移相等的原则，将结构的侧向刚度折算为竖向悬臂受弯构件的等效侧向刚度。表 2.3-9 为 ETABS 和 SATWE 计算获得的刚重比和整体稳定性对比。可知，本塔楼 X 方向和 Y 方向的刚重比分别为 5.15 和 2.95（ETABS）、4.33 和 2.79（SATWE），均大于《高规》第 5.4.1 条限值 2.7 和第 5.4.4 条限值 1.4 的规定，满足整体稳定性要求，在 X 方向和 Y 方向均不需要考虑重力二阶效应。

刚重比和整体稳定性对比 **表 2.3-9**

等效侧向刚度比	ETABS	SATWE	规范限值
X 方向	5.15	4.33	>2.7，符合要求
Y 方向	2.95	2.79	>1.4，符合要求

（10）风荷载舒适度验算

根据《荷规》的规范风荷载和《高层民用建筑钢结构技术规程》JGJ 99—2015（以下简称《高钢规》）有关计算方法，本塔楼结构在 X 方向的顺风向、横风向的风振加速度为 0.033m/s^2、0.094m/s^2，在 Y 方向的顺风向、横风向的风振加速度为 0.066m/s^2、0.075m/s^2。根据《高规》第 3.7.6 条，办公类高层建筑的结构顶点风振加速度限值为 0.25m/s^2，满足规范规定的舒适度要求。

3. 主要构件验算

（1）钢管混凝土竖柱

根据《矩形钢管混凝土结构技术规程》CECS 159—2004，对钢管混凝土竖直承重柱在轴压和弯矩作用下的承载力进行验算，其中强度应力比和稳定应力比最大值均小于 0.90，符合规范和经济性的要求。

（2）核心筒剪力墙

根据《高规》第 7.2.13 条的规定，抗震设计时，剪力墙墙肢轴压比不宜超过相应限值。抗震等级为二级的本塔楼剪力墙，轴压比限值为 0.6，底部的 −1～3 层和空中花园的 10～14 层、26～30 层抗震等级为一级，轴压比限值为 0.5。该塔楼剪力墙最大轴压比为 0.43，小于规范限值，符合要求。

根据《高规》第7.2.5条和第7.2.6条的规定，底部和空中花园为一级且应加强处理。剪力设计值应按考虑地震作用组合的剪力计算值的1.6倍采用，而其他部位的剪力设计值，应按考虑地震作用组合的剪力计算值的1.4倍采用。最大剪力设计值与承载力的比值为0.65<1.0，符合规范的要求。

2.3.2 小震弹性时程分析

1. 输入时程波

选用3条天然地震波进行弹性时程分析，该天然地震波的反应谱、规范反应谱和场地反应谱的比较如图2.3-9所示。

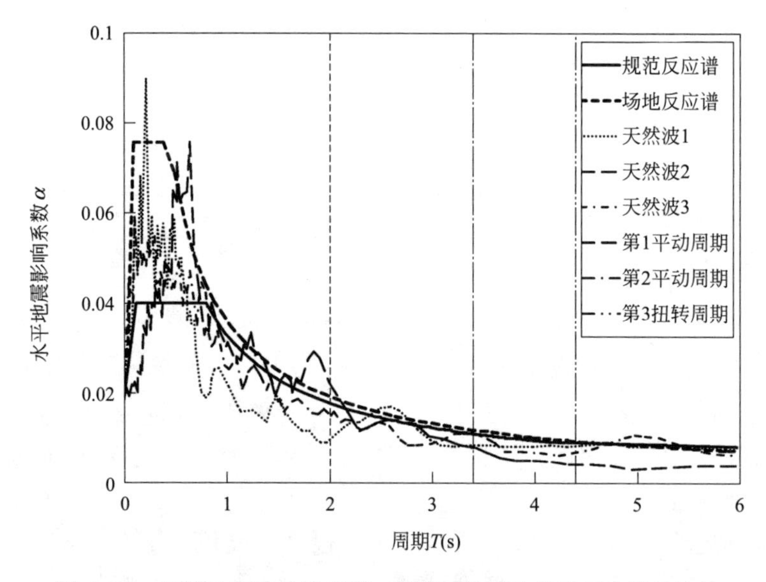

图2.3-9 天然地震波的反应谱、规范反应谱和场地反应谱的比较

2. 基底剪力

弹性时程分析和规范反应谱的对应地震基底剪力比较如表2.3-10所示。由表可知，时程分析所得基底剪力均大于规范反应谱剪力的65%，平均基底剪力大于规范反应谱剪力的80%，满足《高规》第5.1.2条的要求。

3. 楼层剪力和层间位移角

弹性时程分析和规范、场地反应谱的累计楼层剪力和层间位移分别如图2.3-10、图2.3-11所示。可知，所有层间位移角均符合规范要求。其中场地反应谱的计算结果比规范反应谱要高，而时程曲线天然波3在Y方向稍起控制作用。因此，各构件的设计取场地时程分析结果和场地反应谱分析的包络值。

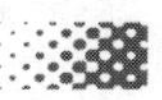

弹性时程分析和规范反应谱的对应地震基底剪力比较　　表 2.3-10

方向	工况	基底剪力(kN)	与规范反应谱比值	平均值与规范反应谱比值
X 方向	规范反应谱	11024	—	—
	天然波 1	10277	93%	104%
	天然波 2	11260	102%	
	天然波 3	12783	116%	
Y 方向	规范反应谱	10482	—	—
	天然波 1	9486	90%	96%
	天然波 2	9822	94%	
	天然波 3	10744	103%	

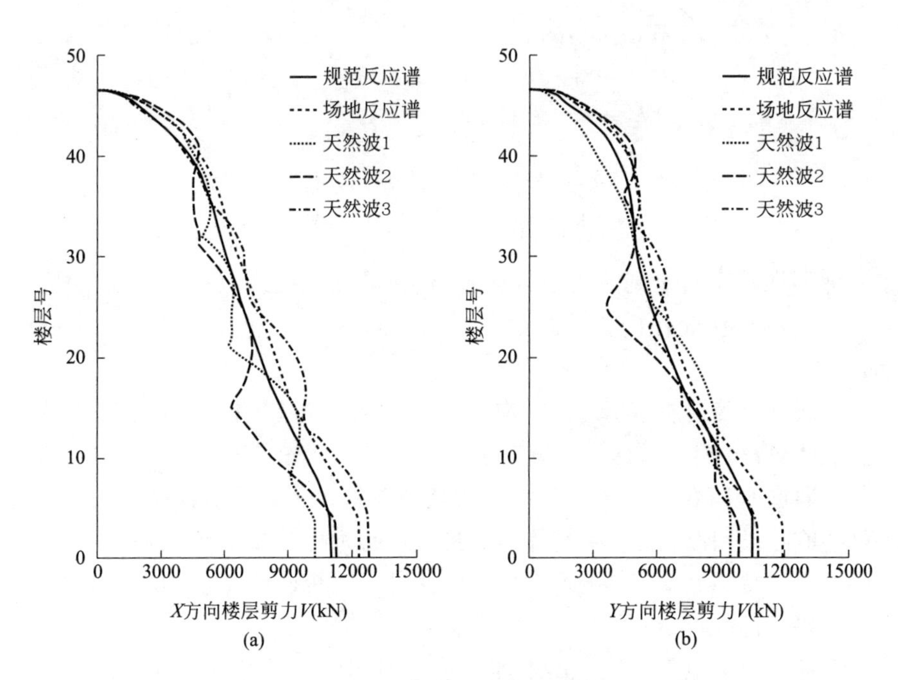

图 2.3-10　弹性时程的楼层剪力

(a) *X* 方向楼层剪力；(b) *Y* 方向楼层剪力

2.3.3 静力弹塑性推覆分析

采用 SATWE 进行静力弹塑性分析（即 Pushover），用以评估结构在罕遇地震作用下的抗震性能。Pushover 分析考虑了构件的材料非线性特点，分析构

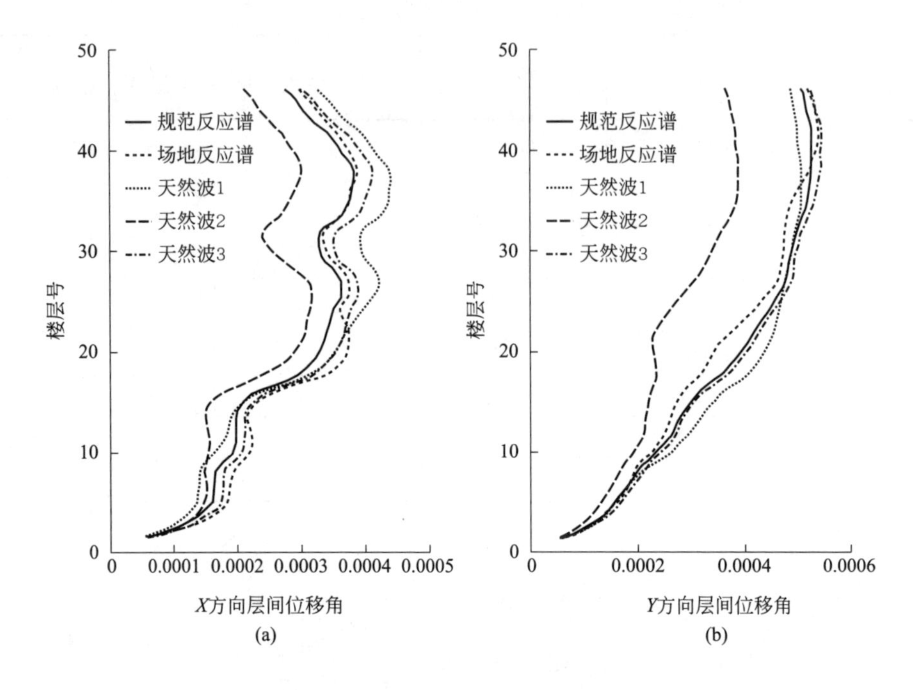

图 2.3-11 弹性时程的层间位移角

(a) X 方向层间位移角；(b) Y 方向层间位移角

件进入弹塑性状态直至到达极限状态时结构响应的方法，是基于性能的抗震设计方法中最具有代表性的方法之一。通过 Pushover 分析，主要可以实现以下目标：

(1) 通过小震性能点下的结构响应分析，在一定程度上校核小震下结构的受力与变形状况；

(2) 通过 Pushover 分析得到结构的能力曲线，并与需求谱曲线比较，判断结构是否能够找到性能点，从整体上满足设定的大震需求性能目标；

(3) 通过性能点状态结构最大层间位移角，判断是否满足“层间弹塑性位移角限值”要求；

(4) 通过模拟地震反应，不断加大过程中构件的破坏顺序（塑性铰展开），考察是否与概念设计预期相符，梁、柱、墙等构件的变形，是否超过构件某一性能水准下的允许变形；

(5) 对薄弱部位及各构件的塑性发展程度进行定性的考察，对确定加强设计的构件提供计算依据。

1. 加载模式

SATWE 的 Pushover 分析基于 FEMA-273 和 ATC-40。在初步设计阶段，

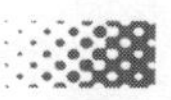

混凝土梁、墙配筋暂按计算配筋，在施工图阶段再按照实际配筋进行复核。在各框架梁的两端设置弯矩铰 My-Mz，在框架柱以及剪力墙两端设置轴力弯矩铰 PMM；Pushover 分析时，侧向荷载的分布模式采用第一振型模式，主节点位移控制，考虑 P-Δ 二阶效应的影响。随着侧推荷载的逐步增大，结构位移逐渐增加，从而得到基底剪力-位移曲线，转化为结构的能力谱。能力谱和需求谱交点即为性能点。该点对应的结构状态应处于目标性能范围之内。

由小震计算结果可知，结构的第一振型和第二振型分别沿 Y 轴和 X 轴平动，分析时以弧长增量为增量控制，分别进行 X 方向和 Y 方向的静力弹塑性分析，考虑竖向地震作用。为模拟建筑物的实际受力情况，在进行 Pushover 分析之前，需要先考虑结构在自重和部分活荷载作用下的初始内力和变形，因此本次计算中结构所承受的初始荷载为：1.0 恒荷载标准值＋0.5 活荷载标准值。

本次计算采用我国建筑抗震设计规范定义的地震影响系数曲线（6 度区地震影响系数最大值小震、中震、大震分别为 0.04、0.12、0.28），得到主楼在罕遇地震条件下的需求谱。抗震规范提供的加速度谱为弹性谱，为适用于大震作用下的弹塑性需求谱需利用等效阻尼折减。

2. 弹塑性结果分析

结构在 6 度罕遇地震作用下相应的能力谱曲线和需求谱曲线如图 2.3-12 所示，包括 X 方向地震作用和 Y 方向地震作用。

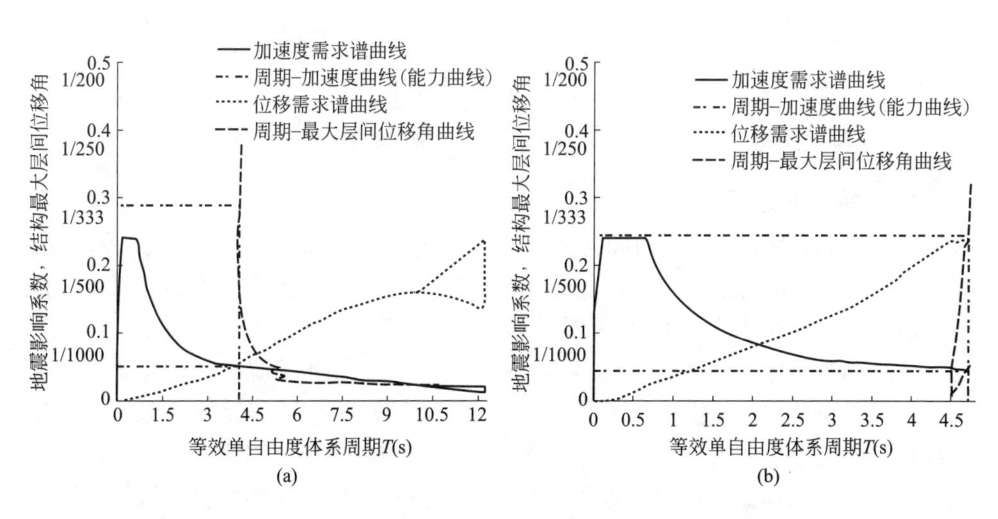

图 2.3-12　6 度罕遇地震作用下相应的能力谱曲线和需求谱曲线

（a）X 方向地震作用；（b）Y 方向地震作用

X 方向性能点对应第 55 个分析步，相应基底剪力为 48623.5kN，顶点位移为312.7mm，等效阻尼比为5%，等效周期为4.040s，性能点对应的最大层间位移角为1/345；Y方向性能点对应第64个分析步，相应基底剪力为41604.6kN，顶点位移为396.5mm，等效阻尼比为5%，等效周期为4.714s，性能点对应的最大层间位移角为1/406。以上数据表明两个方向的分析所得最大弹塑性层间位移角均小于规范规定的1/169弹塑性层间位移角限值。结构整体设计能够做到“小震不坏，大震不倒”。

图2.3-13给出了大震作用下各楼层主、次方向结构侧移曲线。

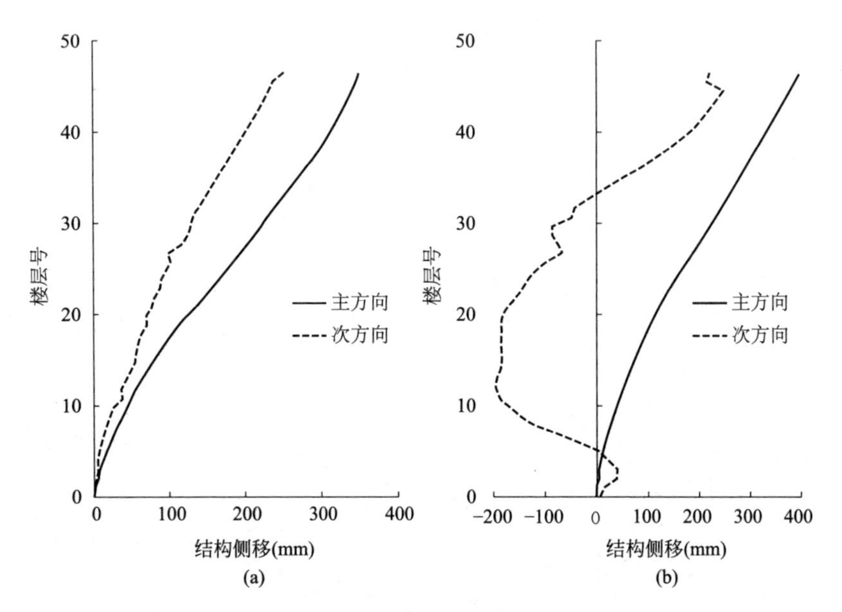

图2.3-13 大震作用下各楼层主、次方向结构侧移曲线
(a) X方向地震作用；(b) Y方向地震作用

3. 出铰情况分析

图2.3-14给出了X方向和Y方向大震作用下性能点对应的结构出铰情况。其中：1—墙体高斯点破坏，主要分布于核心筒上；2—墙体或墙梁钢筋屈服，在剪力墙的部分连梁出现；3—墙元整体破坏；4—杆端塑性铰。

计算结果表明，结构在6度多遇地震作用下，无屈服情况出现，符合小震不坏的抗震设防要求；6度基本烈度地震作用下，结构基本处于弹性状态，主要受力构件（抗震墙、斜柱、梁）均未屈服，仅在剪力墙的部分连梁出现屈服，但屈服程度不深。当达到6度罕遇地震作用时，部分框架梁出现塑性铰，但斜柱构件均未出现塑性铰，符合“强柱弱梁、强墙肢弱连梁”的概念设计原则。剪力墙墙肢钢筋应力均小于钢筋的屈服强度；剪力墙底部混凝土轴向应力小于核心筒混凝土强度标准值，未达到屈服状态。

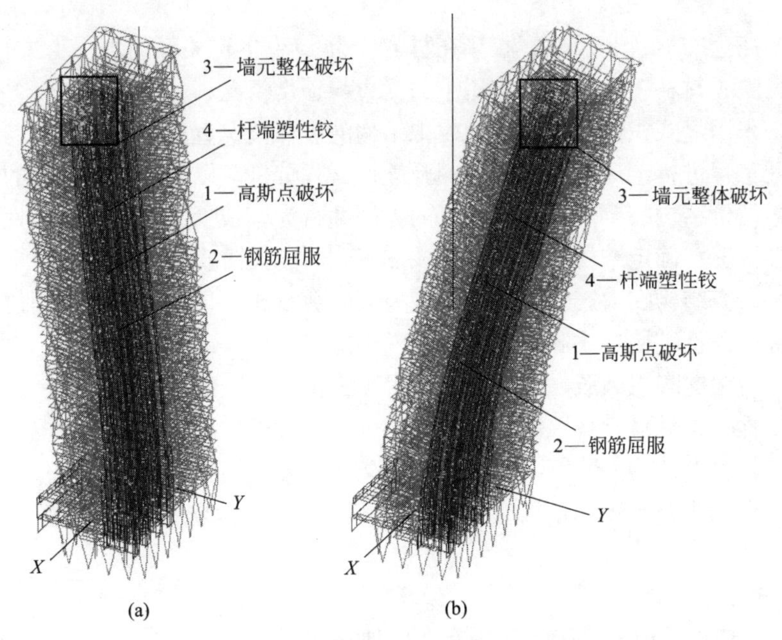

图 2.3-14　大震作用下性能点对应的结构出铰情况

(a) X 方向地震作用；(b) Y 方向地震作用

2.3.4　动力弹塑性时程分析

非线性抗震分析方法分为非线性静力分析方法和非线性动力分析方法，其中前者（静力弹塑性分析）因其理论概念易于理解、计算效率高、整理结果较为容易等原因被设计人员广泛使用。但由于静力弹塑性分析存在反映结构动力特性方面的缺陷、使用的能力谱是从荷载-位移能力曲线推导出的单自由度体系的能力谱、不能考虑荷载往复作用效应等原因，在高层建筑的非线性分析以及需要精确分析结构动力特性的重要建筑物上的应用受到了限制。动力弹塑性分析方法又称步步积分法。此方法将结构作为弹塑性振动体系加以分析，直接按照地震波数据输入地面运动。通过积分运算，求得在地面加速度随时间变化期间内，结构的内力和变形随时间变化的全过程。相比静力弹塑性，动力弹塑性的优点为：

(1) 完全的动力时程特性：直接将地震波输入计算模型进行弹塑性时程分析，可以较好地反映在不同相位差情况下构件的内力分布，尤其是楼板的反复拉压受力状态；

(2) 完全的几何非线性：结构的动力平衡方程建立在结构变形后的几何状态上，可以精确地考虑“P-Δ”效应、非线性屈曲效应、大变形效应等非线性影响因素；

（3）完全的材料非线性：直接在材料应力-应变本构关系的水平上进行模拟，真实地反映了材料在反复地震作用下的受力与损伤情况；

（4）采用显式积分，可以准确模拟结构的破坏情况直至倒塌形态。

对此工程进行罕遇地震作用下的弹塑性时程分析，以期达到以下目的：

（1）评价结构在罕遇地震作用下的弹塑性行为，根据主要构件的塑性损伤和整体变形情况，确定结构是否满足“大震不倒”的设防水准要求；

（2）研究结构在大震作用下的基底剪力、剪重比、顶点位移、层间位移角等综合指标，评价结构在大震作用下的力学性能；

（3）检验混凝土墙肢在大震作用下的损伤情况，钢筋是否屈服；

（4）检验钢骨（管）混凝土及钢结构构件在大震作用下的塑性情况；

（5）检验钢结构大跨度大悬挑转换桁架在大震作用下的塑性情况；

（6）根据上述分析结果，针对结构薄弱部位和薄弱构件提出相应的加强措施。

1. 输入时程波

选用7组地震记录分析了结构在双向地震作用下的反应，包括7组大震时程（5组天然波和2组人工波），该7组大震反应谱和规范反应谱的比较见图2.3-15。因分析中选用了7组时程曲线进行计算，所以结构地需作用效应取时程响应计算结果的平均值参数，以确保符合性能要求。

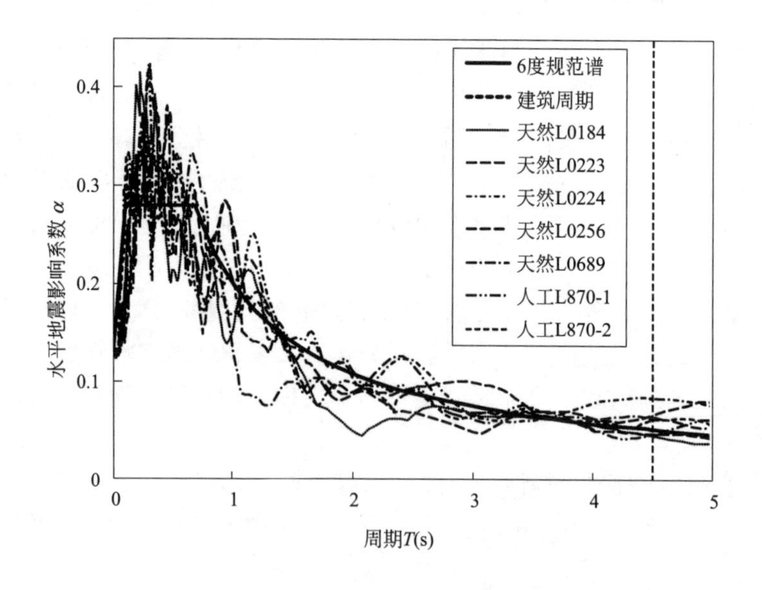

图2.3-15　大震反应谱和规范反应谱的比较

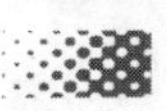

由小震计算结果可知结构第一振型和第二振型分别沿 Y 方向和 X 方向平动，本节采用三向地震分别计算 X 方向、Y 方向主算方向（主、次、竖向峰值加速度比值 1∶0.85∶0.65）时的结构时程响应，6 度罕遇地震时地震加速度时程的最大值为 $125cm/s^2$，采用大震时程波进行罕遇地震作用下结构的动力弹塑性时程分析，计算时将其特征周期调整到罕遇地震作用水平 0.70s；大震时程波的计算波长取为 50s，间隔为 0.02s。动力弹塑性可查询随时间变化的各层剪力、位移、构件内力及塑性铰等结果。

2. 基底剪力

为简便起见，以下仅给出了各时程工况下主方向的分析结果，即地面峰值加速度取 100%的方向。大震弹塑性和大震弹性下结构基底剪力的比较如表 2.3-11 所示。可知，大震弹塑性和大震弹性基底剪力百分比的平均值大于 70%，表明该塔楼在大震作用下非线性特征比较合理，地震能量得到了有效消散。

大震弹塑性和大震弹性下结构基底剪力的比较　　表 2.3-11

方向	工况	大震弹性基底剪力(kN)	大震弹塑性基底剪力(kN)	弹塑性/弹性基底剪力百分比
X 主方向	L0184	53180	42340	79.6%
	L0223	51550	43200	83.8%
	L0224	73930	54560	73.8%
	L0256	57520	45270	78.7%
	L0689	45960	39990	87.0%
	L870-1	75330	49250	65.4%
	L870-2	63810	41550	65.1%
	平均值	60180	45170	75.1%
Y 主方向	L0184	54240	43900	80.9%
	L0223	43760	40280	92.0%
	L0224	82190	56220	68.4%
	L0256	58850	48820	83.0%
	L0689	48670	42300	86.9%
	L870-1	65850	45070	68.4%
	L870-2	65830	48920	74.3%
	平均值	59910	46500	77.6%

3. 楼层位移和层间位移角

大震弹塑性时程分析时，各地震波时程工况下的楼层位移如图 2.3-16 所示。可知，X 方向、Y 方向主算时，结构顶部的最大弹塑性位移分别为 299mm 和 550mm，其中 Y 方向主算时的位移起主要控制作用。

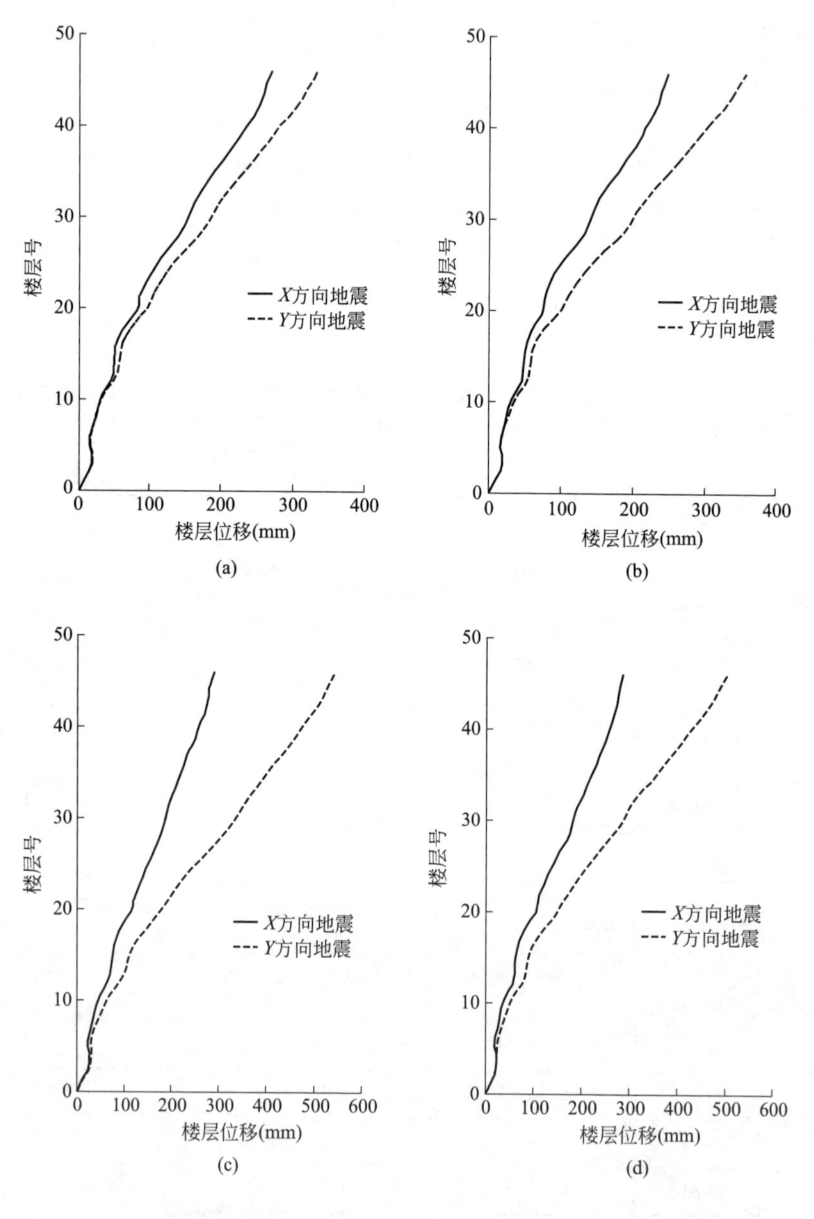

图 2.3-16 大震弹塑性时程分析时，各地震波时程工况下的楼层位移（一）
(a) L0184；(b) L0223；(c) L0224；(d) L0256

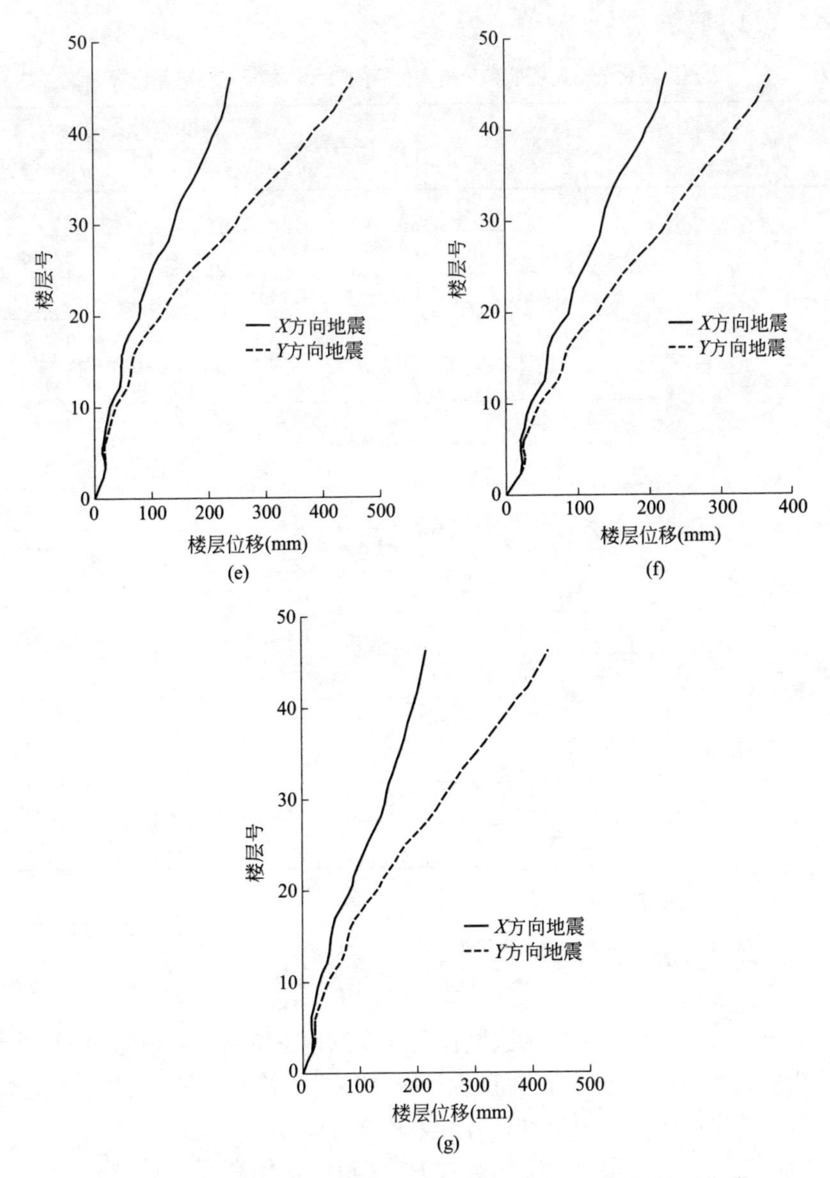

图 2.3-16　大震弹塑性时程分析时，各地震波时程工况下的楼层位移（二）

（e）L0689；（f）L870-1；（g）L870-2

《抗规》第 3.10.4 条的条文说明中给出了弹塑性层间位移角的具体计算方法。该塔楼的大震弹塑性分析调整前和分析调整后的最大楼层层间位移角比较如表 2.3-12 所示。可知，塔楼 X 方向、Y 方向主算时，最不利工况下的分析调整后，最大楼层层间位移分别为 1/437 和 1/311，其中 Y 方向主算时的位移角起主要控制要求，均满足规范要求的位移限值 1/169。结构整体设计能够做到“小震不坏，大震不倒”。

大震弹塑性分析调整前和分析调整后的最大楼层层间位移角比较　表 2.3-12

方向	工况	大震弹塑性楼层层间位移角	
		分析调整前	分析调整后
X 主方向	L0184	1/375	1/437
	L0223	1/423	1/538
	L0224	1/348	1/441
	L0256	1/382	1/479
	L0689	1/450	1/459
	L870-1	1/365	1/513
	L870-2	1/494	1/592
	平均	1/399	1/488
Y 主方向	L0184	1/366	1/311
	L0223	1/315	1/334
	L0224	1/224	1/393
	L0256	1/246	1/346
	L0689	1/252	1/345
	L870-1	1/291	1/361
	L870-2	1/277	1/369
	平均	1/275	1/349

2.4　深基础设计及性能分析

超高层塔楼由于地上结构的嵌固作用和多层地下室结构的埋深要求，其基础深度一般较大（10m 以上），深基础设计时往往采用筏板＋桩基的结构形式，其中满堂布桩常应用于受力集中且具有巨大的核心筒部分。

该项目地下室共 3 层（含 1 个夹层），底板结构标高为－13.8m，整个场地的基础系统包括一个具有不同厚度的钢筋混凝土筏板基础，由钻孔灌注桩支撑。塔楼正下方筏板厚 3.0m，主要采用直径为 800～900mm 的桩；其他区域底板厚 1.0m，主要采用直径为 700mm 的桩。

2.4.1　塔楼筏板基础设计分析

（1）力学建模

塔楼筏板基础结构通过有限元软件 SAFE 进行建模分析，以获得对应内力

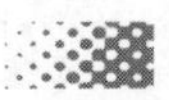

分布情况。桩基础作用采用弹簧模拟，对应弹簧刚度根据 SATWE 计算求得沉降云线图（详见第 2.4.2 节）反推计算获得，不考虑土体对筏板的支撑作用。SAFE 筏板基础结构模型如图 2.4-1 所示。

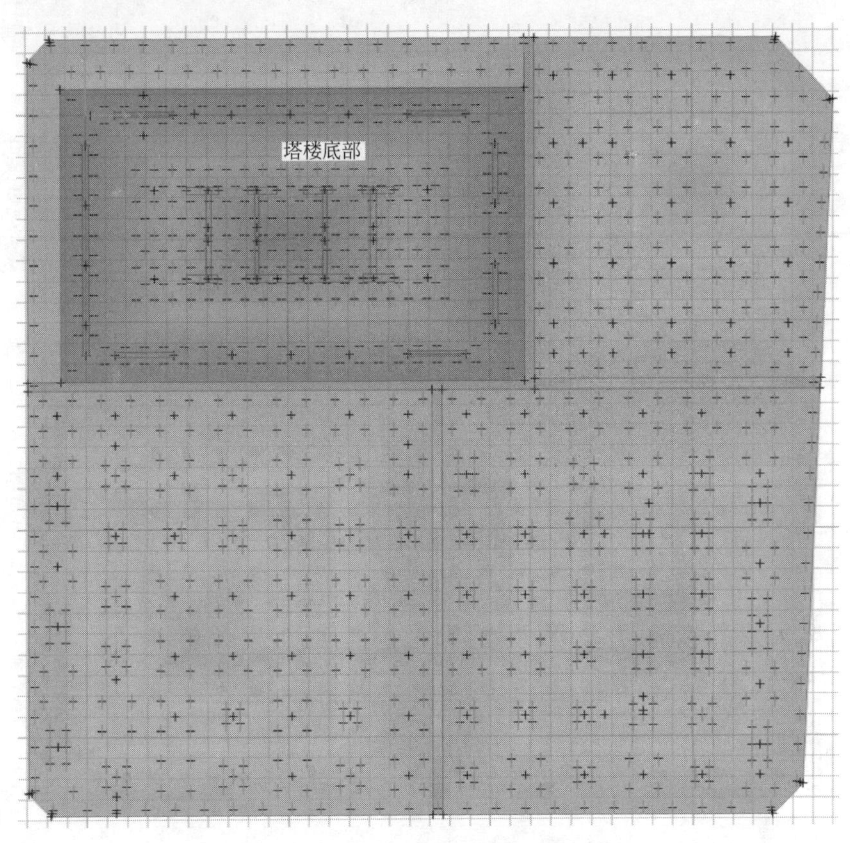

图 2.4-1　SAFE 筏板基础结构模型

(2) 计算结果

图 2.4-2 为选取分析的竖向承载较大的核心筒部分和典型地下室柱的计算平面位置，其对应双向受剪-冲切验算结果、单向受剪承载力和受弯承载力验算结果分别见表 2.4-1、表 2.4-2、表 2.4-3。可知，个别竖向构件的最大承载利用率分别为 87.8%、85.5%，且大部分构件承载利用率均在 70%以下，满足设计要求。

双向受剪-冲切验算　　**表 2.4-1**

构件	控制截面	冲切剪力(kN)	冲切周长(m)	承载力利用率(%)
核心筒	45°冲切	70816	126.00	25.4
	深冲切—不含核心筒 4 根角柱	262156	94.70	47.1
	深冲切—包含核心筒 4 根角柱	320224	120.10	47.9

续表

构件	控制截面	冲切剪力(kN)	冲切周长(m)	承载力利用率(%)
柱 1	45°冲切	24338	16.80	65.6
	深冲切	38601	6.28	69.6
柱 2	45°冲切	51027	34.20	67.6
	深冲切	76795	23.68	39.2
柱 3	45°冲切	22561	16.40	62.3
	深冲切	47348	6.08	87.8

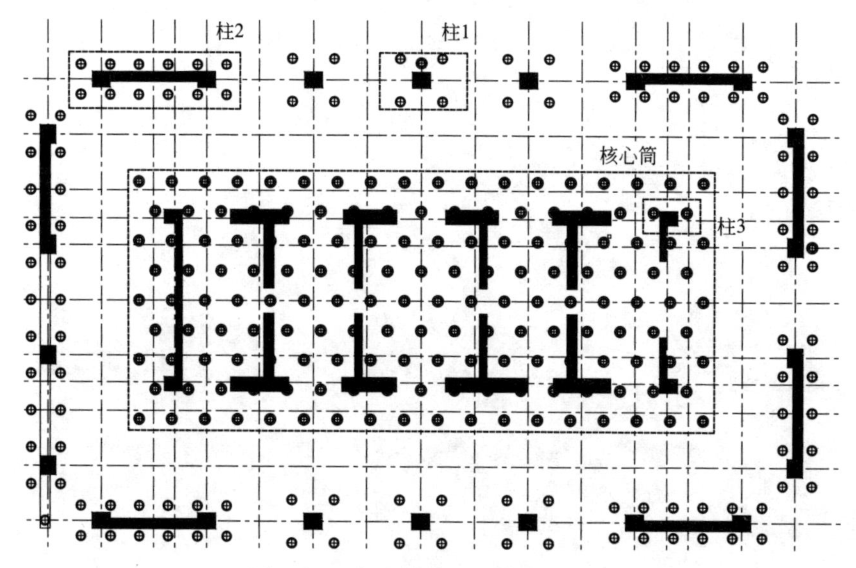

图 2.4-2 竖向构件的计算平面位置

单向受剪承载力验算 **表 2.4-2**

构件	控制截面	冲切剪力(kN)	冲切周长(m)	承载力利用率(%)
核心筒-含核心筒 4 根角柱	受剪截面距离柱边一个板厚(45°X)	20316	16.5	44.6
	截面位于柱与桩之间(深剪 *X*)	45472	23.1	49.9
	受剪截面距离柱边一个板厚(45° *Y*)	76572	44.3	64.2
	截面位于柱与桩之间(深剪 *Y*)	153510	48.3	80.6
核心筒-不含核心筒 4 根角柱	截面位于柱与桩之间(深剪 *X*)	47429	20.0	41.9
	截面位于柱与桩之间(深剪 *Y*)	125657	30.85	85.5
柱 1	截面位于柱与桩之间(深剪 *X*)	12867	2.4	60.3
	截面位于柱与桩之间(深剪 *Y*)	16184	2.9	65.1

续表

构件	控制截面	冲切剪力(kN)	冲切周长(m)	承载力利用率(%)
柱 2	截面位于柱与桩之间(深剪 X)	17769	2.4	80.5
	截面位于柱与桩之间(深剪 Y)	60746	11.6	83.4
柱 3	截面位于柱与桩之间(深剪 X)	18590	2.7	78.3
	截面位于柱与桩之间(深剪 Y)	18473	2.7	82.0

塔楼筏板基础的受弯验算结果如表 2.4-3 所示，可知配筋设计结果符合要求。

受弯验算结果　　**表 2.4-3**

项目	荷载组合	单位宽度内的弯矩(kN)	配筋率(%)
M_x	非地震组合	6850	0.25
	地震组合	6918	0.19
M_y	非地震组合	31098	1.12
	地震组合	25956	0.70

2.4.2　基础沉降及设计措施

采用 SATWE 软件建模进行分析，获得沉降云线图，如图 2.4-3 所示。

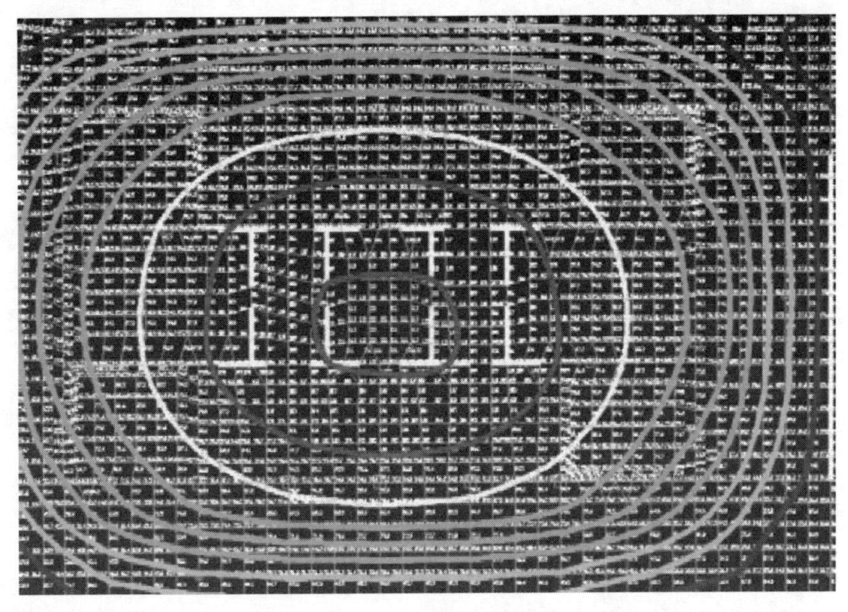

图 2.4-3　沉降云线图

（1）超高层塔楼的深基础设计时一般采用筏板＋桩基的结构形式，其中满堂桩常应用于受力集中且具有巨大的核心筒部分；

（2）塔楼筏板基结构可通过有限元软件 SAFE 进行建模分析，以获得内力分布情况。桩基础作用采用弹簧进行模拟，对应弹簧刚度根据 SATWE 计算求得沉降云线图反推计算获得。

2.5 关键构件设计和性能分析

2.5.1 斜交网格构件

1. 斜交网格地上斜柱

图 2.5-1 为塔楼地上部分的典型 4 层斜交网格结构剖面图。

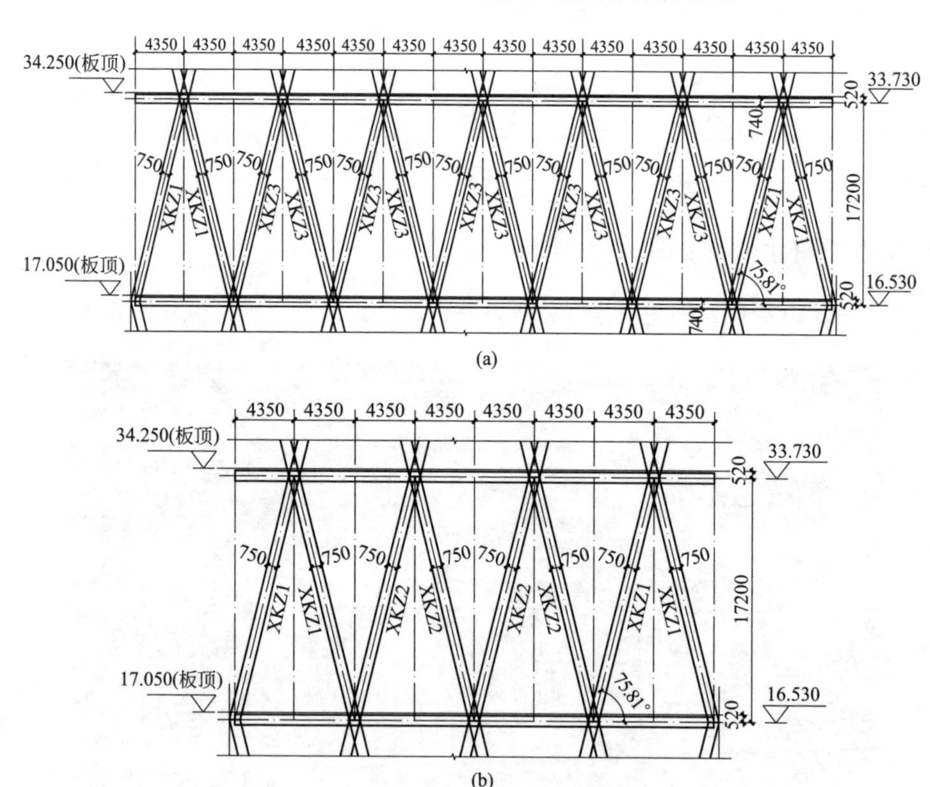

图 2.5-1　塔楼地上部分的典型 4 层斜交网格结构剖面图

（a）长边剖面图；（b）短边剖面图

荷载组合考虑三种情况：重力和风荷载强度设计组合 A、小震弹性强度设计组合 B、中震弹性强度设计组合 C。所有角部斜交网格构件按照 1.1 倍承载力需求验

算，其中15～18层的钢管混凝土构件作为下部钢管混凝土构件的转换区，不考虑混凝土部分的强度贡献，保守地按照钢管截面的承载力进行验算。在关键楼层（首层、第10层花园层和第26层花园层），取典型构件的中震弹性最不利荷载组合进行校核验算。表2.5-1给出了这3种荷载工况组合的斜交网格构件的最大利用率（即应力比），可知最大利用率均小于0.8，在保证安全的同时具有较好的经济性。

各荷载工况时的斜交网格构件最大利用率　　表2.5-1

工况	15层以下的钢管混凝土		15层以上的箱形截面钢管	
	中部	角部	中部	角部
A	0.795	0.785	0.659	0.727
B	0.590	0.552	0.459	0.538
C	0.697	0.585	0.573	0.640

2. 斜交网格地下室柱

斜交网格以下地下室内的柱子采用内置型钢的型钢混凝土柱，以确保从钢管混凝土斜交网格构件的内力能适当传达到地下竖直柱子上，转角位置和短边方向增加剪力墙以提高侧向刚度和承载力，如图2.5-2所示。由于其重要性，根据相关规范的计算公式，分别采用重力荷载组合A、大震不屈服强度设计组合B的工况组合进行校核，典型柱构件的计算结果如表2.5-2所示，均符合规范要求。

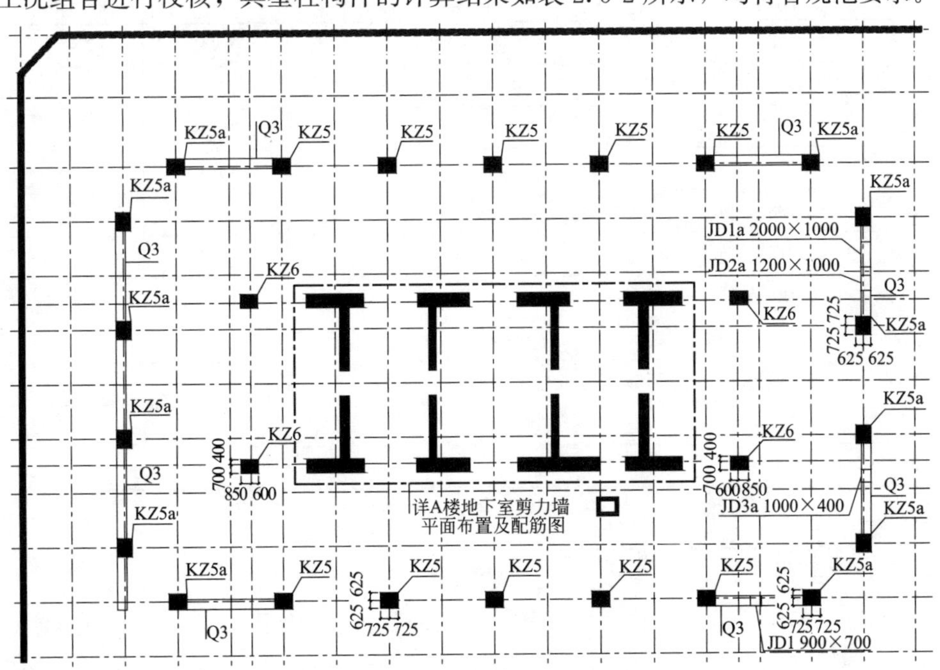

图2.5-2　地下室型钢混凝土柱平面布置图

典型柱构件的计算结果 表 2.5-2

工况	轴压比	X 方向		Y 方向		压弯承载力比
		受压承载力比	受弯承载力比	受压承载力比	受弯承载力比	
A	0.707	0.723	0.949	0.723	0.992	0.826
B	0.490	0.528	0.608	0.513	0.682	0.559

2.5.2 节点层抗拉周边梁

为了获得地震作用下，与斜交网格节点连接的边梁的最大轴力和弯矩，取楼板刚度为其实际刚度的 1%，以消除楼板面内力的影响。节点层抗拉周边梁的设计需符合常遇地震、风力和重力荷载共同作用条件下的受力要求。周边钢梁按照常遇地震和设防烈度地震下保持弹性、罕遇地震下不屈服来设计。节点层钢梁主要截面为 H740×300×35×35 和 H740×300×20×20，为焊接工字形型钢。表 2.5-3 给出了 3 种工况下各节点层边钢梁的压弯稳定验算应力比结果，其中弯矩考虑作用在两个主平面内，结果均符合规范要求。

节点层边钢梁的压弯稳定验算应力比结果 表 2.5-3

节点楼层	常遇地震		设防地震		罕遇地震	
	稳定验算应力比 1	稳定验算应力比 2	稳定验算应力比 1	稳定验算应力比 2	稳定验算应力比 1	稳定验算应力比 2
L2	0.546	0.506	0.807	0.751	0.942	0.879
L6	0.100	0.095	0.140	0.134	0.156	0.149
L10	0.152	0.371	0.616	0.581	0.759	0.719
L14	0.314	0.146	0.243	0.232	0.297	0.283
L18	0.138	0.295	0.494	0.467	0.614	0.583
L22	0.215	0.133	0.228	0.218	0.283	0.271
L26	0.124	0.202	0.352	0.333	0.441	0.419
L30	0.124	0.120	0.226	0.216	0.285	0.272
L34	0.169	0.158	0.236	0.222	0.340	0.320
L38	0.117	0.113	0.287	0.264	0.406	0.377
L42	0.115	0.107	0.275	0.252	0.300	0.273

2.5.3 底部斜柱转换构件

斜交网格体系地上结构底部的斜柱一般需要转换为地下室的直柱，以避免对地下室建筑空间布置的影响，而转角附近有时甚至还需要剪力墙的局部布置来进行竖向荷载的分担。

该项目三层深的地下底部结构是 8.7m×8.7m 的钢筋混凝土柱网，以支撑双向梁板布置的传统钢筋混凝土框架结构。在办公塔楼，地上的周边支撑框架在地下室内转换为由柱和剪力墙构成的系统。周边基础墙系统包含传统的现浇混凝土墙，围绕场地周边整合一个周边防水系统。

1. 地下室剪力墙

斜交网格以下地下室内的柱子采用内置型钢的型钢混凝土柱，转角位置和短边方向增加剪力墙以提高侧向刚度和承载力，地下室剪力墙布置图如图 2.5-3 所示。斜柱的荷载在地下一层通过剪力墙往下传递，因此需要将其作为关键构件进行设计，设计指标为大震不屈服。

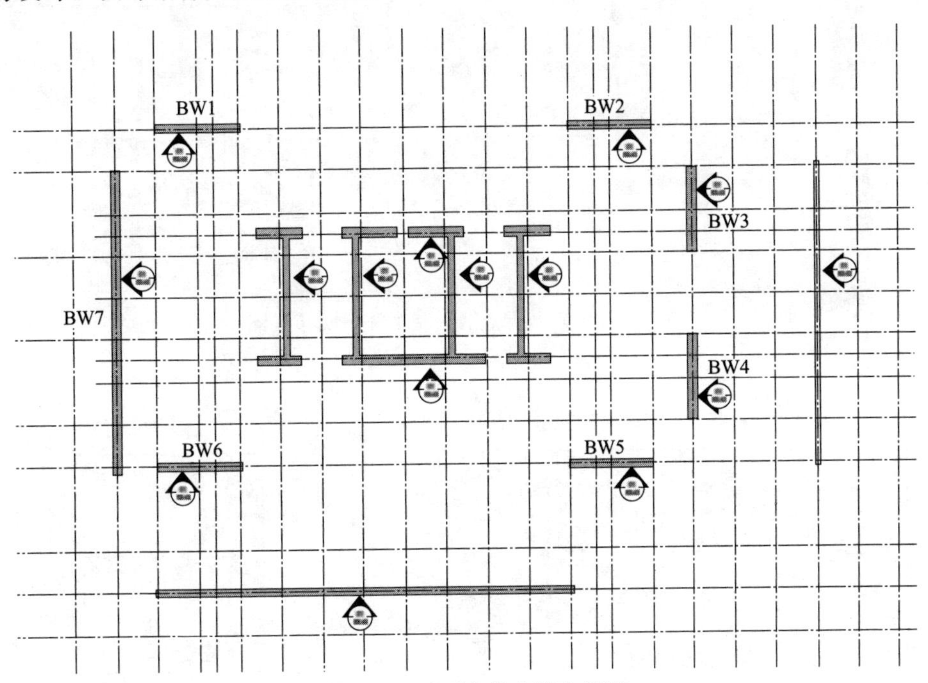

图 2.5-3　地下室剪力墙布置图

2. 地下室转换柱

斜交网格以下地下室内的混凝土重力荷载组合，以及更严格大震不屈服的标准来校核。首层和−1 层塔楼下方的柱子采用内置型钢的型钢混凝土柱，以确保从钢管混凝土斜交网格构件的内力能适当传达到地下竖直柱子上，如图 2.5-4 所示。由于其重要性，根据规范相关计算公式，分别采用重力荷载组合 A、大震不屈服强度设计组合 B 的工况组合进行校核，典型柱构件的计算结果如表 2.5-3 所示，均符合规范要求。

斜柱构件转至地下室后为王字形的型钢混凝土柱，型钢混凝土柱截面如图 2.5-5 所示。

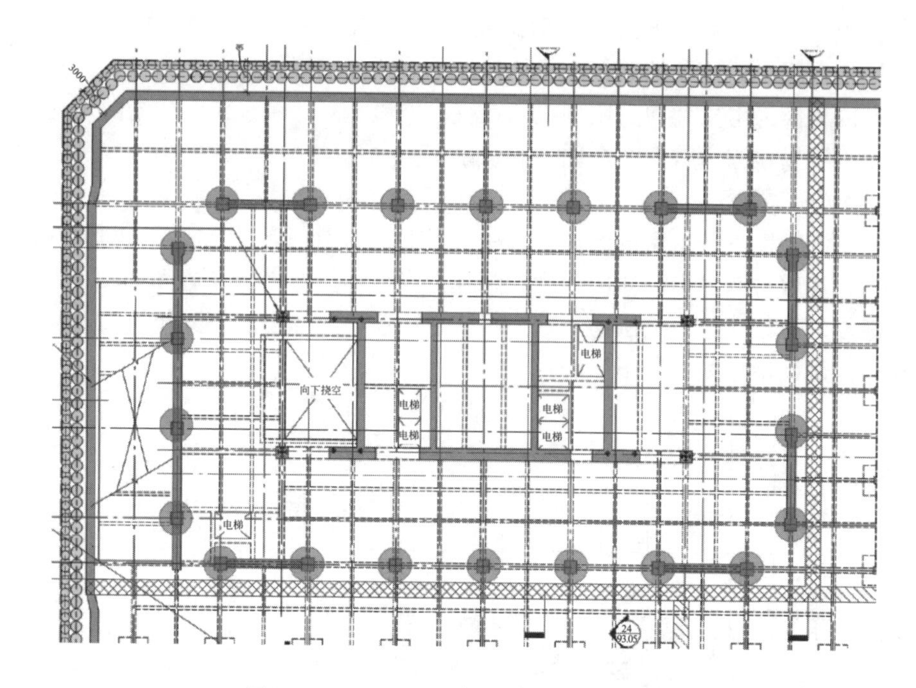

图 2.5-4　地下室型钢混凝土柱平面布置图

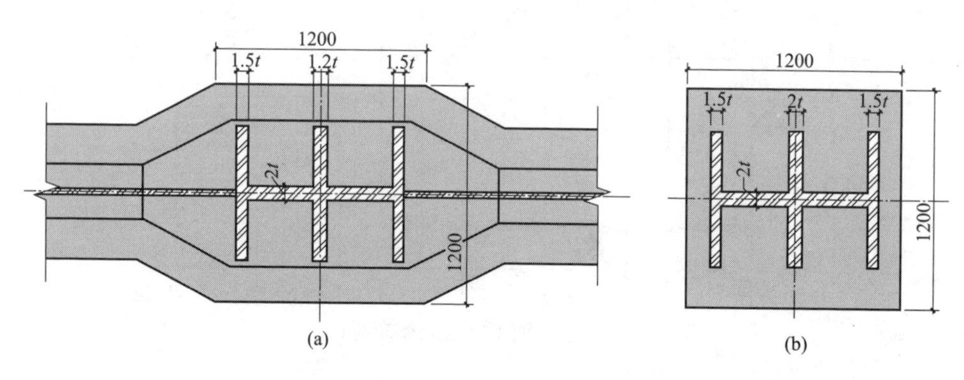

图 2.5-5　王字形型钢混凝土柱截面

（a）典型斜交网格节点的首层节点平面；（b）斜交网格下的地下室型钢混凝土柱

3. 设计措施

（1）斜交网格以下地下室内的柱子采用内置型钢的型钢混凝土柱，转角位置和短边方向增加剪力墙以提高侧向刚度和承载力；斜柱的荷载在地下一层通过剪力墙往下传递，因此需要将其作为关键构件进行设计，设计指标为大震不屈服；

（2）首层和负一层塔楼下方的柱子采用内置型钢的型钢混凝土柱，以确保从钢管混凝土斜交网格构件的内力能适当传达到地下竖直柱子上，分别采用重力荷

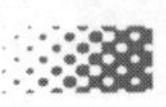

载组合 A、大震不屈服强度设计组合 B 的工况组合进行校核。

2.5.4　其他关键构件

1. 转换吊柱与横梁

转换吊柱采用焊接箱形截面钢管构件，考虑外加 10%的额外重力（竖向地震作用）工况。经压弯构件稳定性验算，其最大稳定应力比为 0.691，并未超过 0.7 的限值，符合其重要性的要求。

横跨于核心筒剪力墙和斜交网格节点之间、支撑转换吊柱的横梁根据重力组合进行内力验算。在使用荷载下，根据规范要求，横梁的挠度不应大于 $L/250$，在活荷载下，横梁的挠度不应大于 $L/350$。表 2.5-4 给出了典型横梁构件的挠度计算结果，均符合规范要求。

典型横梁构件的挠度计算结果　　　　表 2.5-4

工况	斜梁(L=12.7m)	直梁(L=11.0m)
恒荷载(mm)	10.50	15.00
活荷载(mm)	15.30	14.10
总限值(mm)	44.00	48.68
活荷载下限值(mm)	31.43	34.77

2. 节点层楼板校核

周边梁的设计可以抵抗来自斜交网格的内力，但在重力作用下斜交网格仍会产生一个向外的平面内变形。通过在节点层对楼板进行加厚和额外增加钢筋来提高强度，从而缓解楼板在重力作用下正常使用时可能存在的问题。其中节点层第 2 层、第 10 层、第 18 层和第 26 层钢筋桁架楼承板的混凝土在塔楼地上结构封顶后浇筑，以避免由于过大的面内应力而导致开裂。模型计算时，节点层楼板采用弹性膜进行模拟分析，以考虑面内应力的影响。

3. 钢结构连廊

连廊天桥在 6.0m 夹层将主楼与裙楼连接起来，在裙楼连接处设有牛腿将两个结构隔开，并且天桥中部还需承担由钢楼梯传来的竖向荷载，连廊天桥结构平面布置图如图 2.5-6 所示。连廊天桥设计需要验算水平地震作用下桥面板应力、天桥构件在竖向荷载作用下的承载力和变形要求等。

根据《混凝土结构设计规范（2015 年版）》GB 50010—2010（以下简称《混规》）[61]，以 120mm 厚的 C30 混凝土板为例，配筋Φ8@150 为例，斜截面的受剪承载力 V=140kN/m，受拉承载力 T=210kN/m。水平地震作用下，除局部应力集中外，最不利组合时的平面内剪应力和拉应力均符合设计要求。

长跨主钢梁在竖向荷载作用下（1.0 恒荷载＋1.0 活荷载）的挠度为

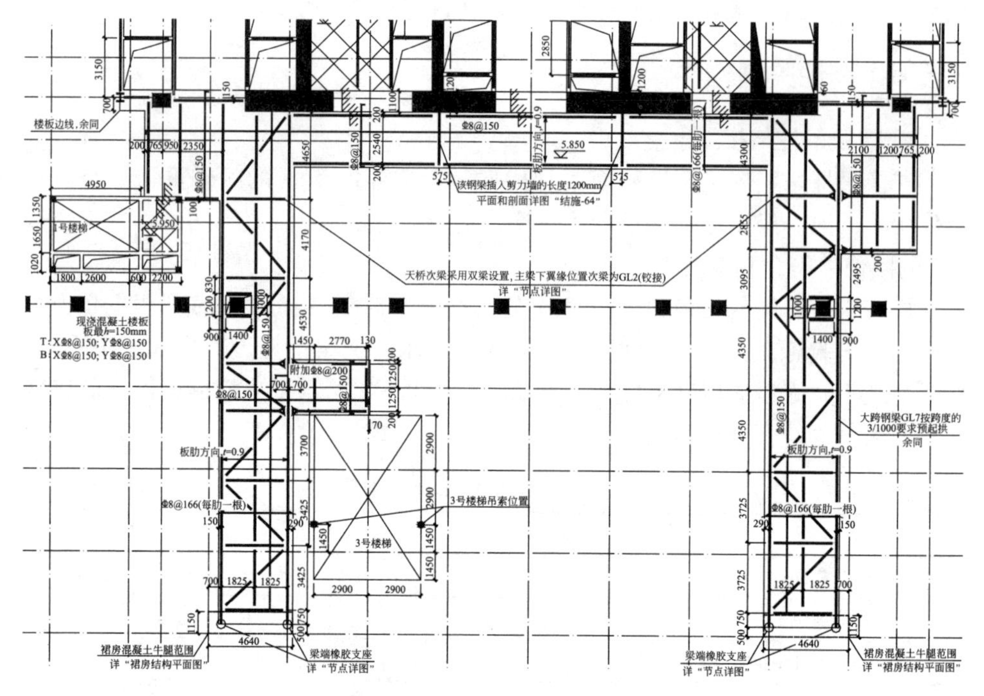

图 2.5-6 连廊天桥结构平面布置图

110mm，长度为 26m，大于限值 $L/400=65$mm，按 $3L/1000$ 进行预起拱以减少挠度对正常工作时的影响。主梁最大内力位置应力比约为 0.90，符合规范中对承载力的设计要求。

第3章　斜交网格结构形式扩展及优化关键技术研究

斜交网格体系由斜交成网格状的斜柱构件所组成，其主要优势在于具有较大的抗侧刚度。国内外对于斜交网格体系的研究主要集中于其整体受力性能的分析[18-20]，系统性地分析不同斜交结构形式对该体系抗侧刚度影响的研究尚不完善[1，21-23，62-64]。对斜交网格结构体系抗侧刚度等整体性能有较大影响的主要因素包括斜交角度、高宽比、平面形状以及立面变化形式等。

本章主要采用PKPM设计分析软件，分别针对不同斜交角度、高宽比、平面形状和立面变化等因素，通过系统的参数化分析，研究了其对斜交网格体系整体抗侧性能的影响，同时为斜交网格形式的扩展和优化设计提供了依据和参考[65]。

3.1　斜交网格结构的基本形式

斜交网格平面形式[1] 见图3.1-1。斜交网格平面形式有圆形、椭圆形平面等；也有矩形、三角形、正多边形等。

考虑网筒结构竖向承重和抗侧力双重性，网格立面一般采用斜交斜放网格形式。斜交网格立面形式主要有斜交斜放和蜂窝形，见图3.1-2。前者应用较多，包括两向斜交斜放网格、设水平环梁或斜向环梁的斜交斜放网格。后者为参照蜂窝形三角锥网架形式，网格立面呈现有规律排列的三角形和六边形，形成独特的建筑立面效果；当节点之间采用曲线构件时，即形成曲线空间网格体系。

斜交网格的立面变化主要有立面缩进和立面扭曲，前者包括上端缩进（如圆台、方台）、中间缩进（如双曲变化）及非缩进（如圆柱、方柱）。后者包括圆柱扭曲、方柱扭曲等。

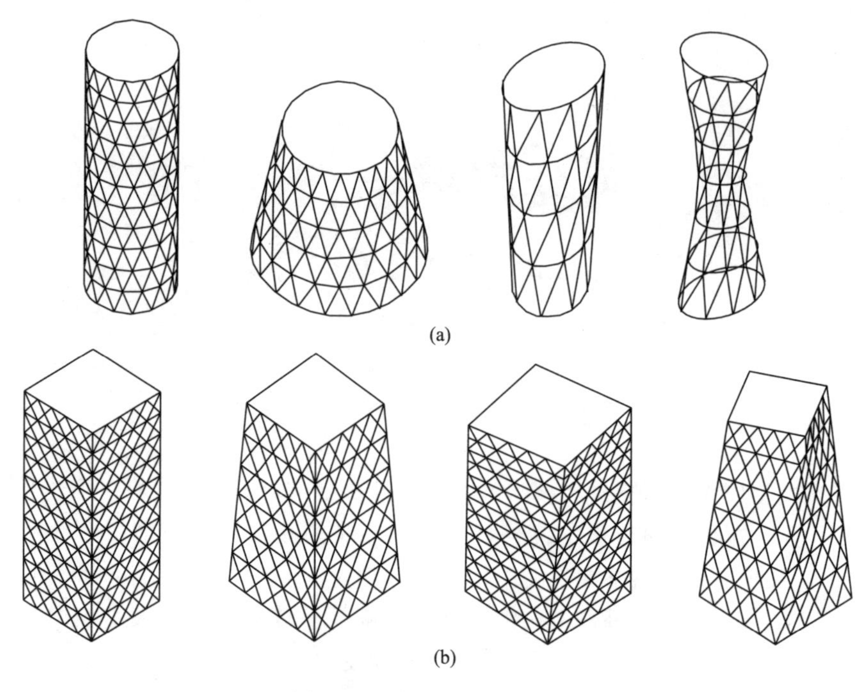

图 3.1-1 斜交网格平面形式

(a) 曲线平面；(b) 多边形平面

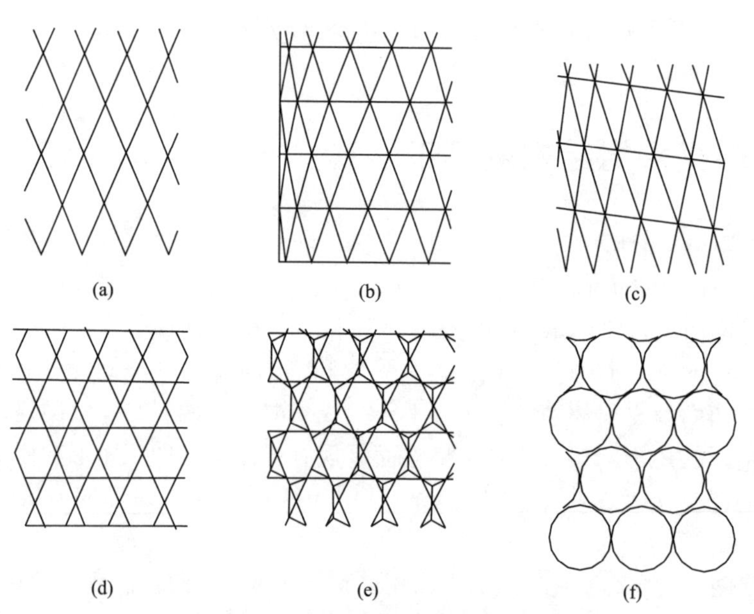

图 3.1-2 斜交网格立面形式

(a) 两向斜交斜放网格；(b) 两向斜交斜放+水平环梁网格；(c) 两向斜交斜放+斜向环梁网格；(d) 单层蜂窝形网格；(e) 双层蜂窝形网格；(f) 曲线网格

3.2 不同斜交角度的影响

斜交角度是斜柱与水平面的夹角，其变化对斜交网格结构性能影响较大。由于施工节点焊接和构件受力承载等因素，斜交网格结构体系的实际斜交角度一般在35°～90°，斜柱构件主要表现为只承受轴力。

3.2.1 模型参数的选取

结构平面取为正方形，平面尺寸为34.8m×34.8m，每边共计4跨，斜交网格间距取8.7m，楼层层高取4.35m，总高度为206.4m；中间为核心筒剪力墙，墙厚取600mm和800mm。斜柱构件尺寸为箱形截面750mm×45mm（角部）、750mm×40mm（边部），采用Q345B钢材，非节点层周边楼层钢梁H550×200×10×16，节点层周边钢梁H740×300×25×35。非节点层楼板板厚120mm，节点层楼板厚150mm；除混凝土楼板自重外，附加恒荷载1.8kN/m^2，活荷载3.0kN/m^2，周边钢梁的幕墙线荷载6.6kN/m^2。另外考虑一种框筒形式，竖柱截面壁厚放大一倍，取为箱形截面750mm×90mm（角部）、750mm×80mm（边部），梁柱连接均为刚接节点，边钢梁截面H550×250×12×20，板厚120mm，荷载同斜交网格形式。地面粗糙度为B类，放大后基本风压为0.605kN/m^2，抗震设防烈度为6度（0.05g），设计地震分组为1组，场地类别为Ⅳ类。

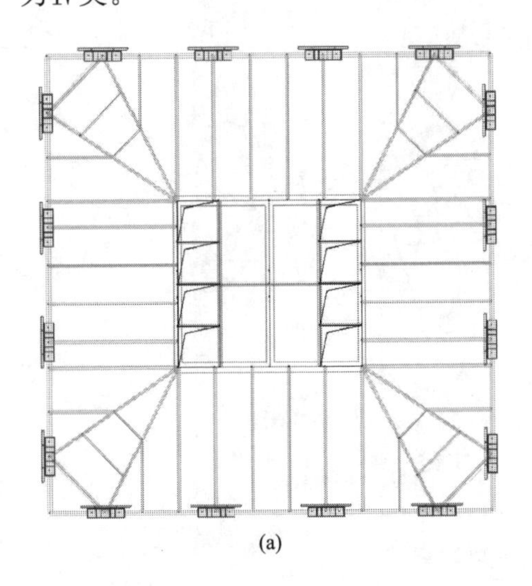

(a)

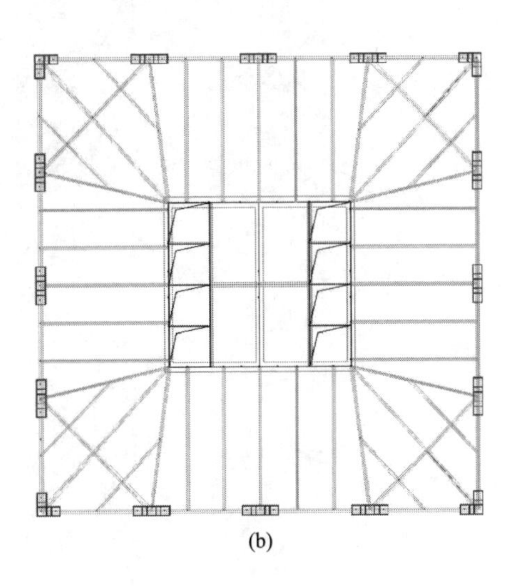

(b)

图3.2-1 典型结构平面布置图

(a) 平面图1；(b) 平面图2

分别考虑每 n=1～8 楼层为一个斜交网格节点层和框筒结构形式的工况进行分析比较，对应斜交角度分别为 44.67°～90°，即每 1 层（44.67°）、每 2 层（63.17°）、每 3 层（71.36°）、每 4 层（75.81°）、每 6 层（80.43°）、每 8 层（82.79°）、框筒（90°）。其中框筒结构形式（即斜交角度 90°）的竖柱截面壁厚考虑增大一倍，梁柱连接均为刚接节点，边钢梁截面 H550×250×12×20，板厚 120mm。

以每 4 层一个斜交网格节点层的工况为例，典型结构平面布置图如图 3.2-1 所示；不同工况时结构模型的立面图比较如图 3.2-2 所示。

3.2.2 结果分析和比较

1. 对整体抗侧刚度的影响

图 3.2-3 给出了水平荷载作用下，不同斜交角度时各结构模型顶部水平位移变化曲线。各模型顶部的水平位移见表 3.2-1。

可知，随着斜交角度的增大，结构模型顶部水平位移先是逐渐减小，再逐渐增大。因而必然存在一个最优斜交角度（本例约 60°），使得顶部水平位移最小，即斜交网格体系的抗侧刚度最大。相对其他斜交角度工况，斜交角度为 90°工况（框筒体系）的顶部水平位移明显要大得多，为其他工况的 2～3 倍，即抗侧刚

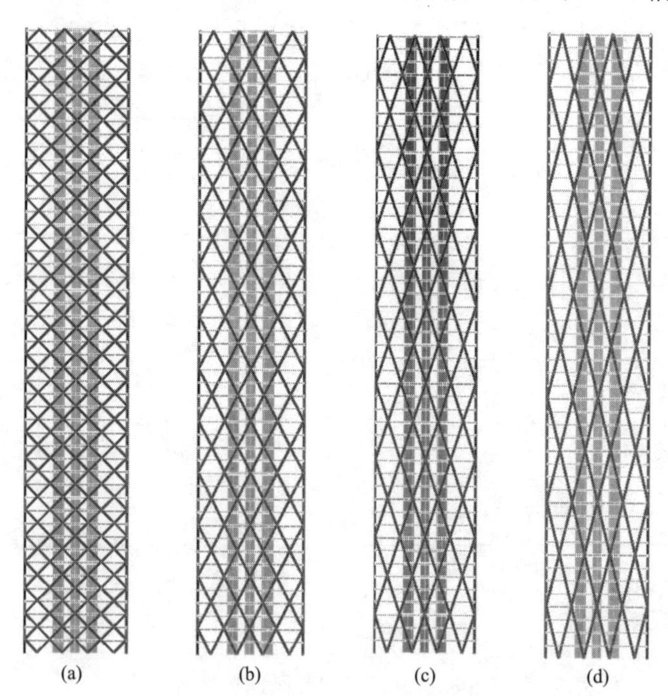

图 3.2-2 不同工况时结构模型立面图比较（一）

（a）n=1；（b）n=2；（c）n=3；（d）n=4

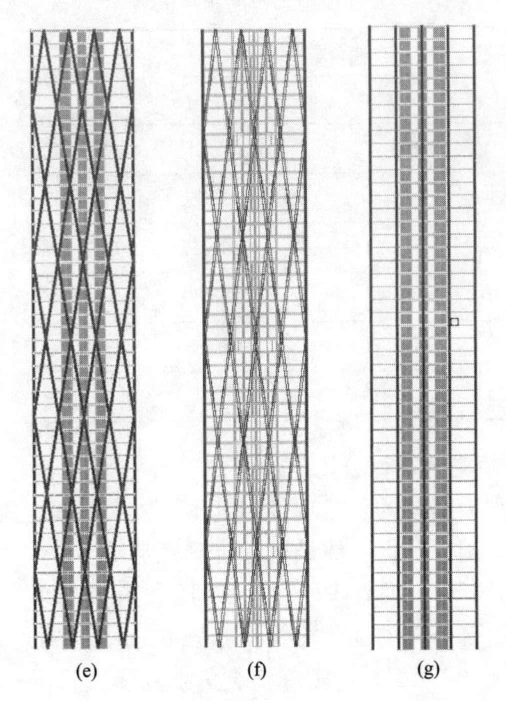

图 3.2-2　不同工况时结构模型的立面图比较（二）
（e）$n=6$；（f）$n=8$；（g）框筒

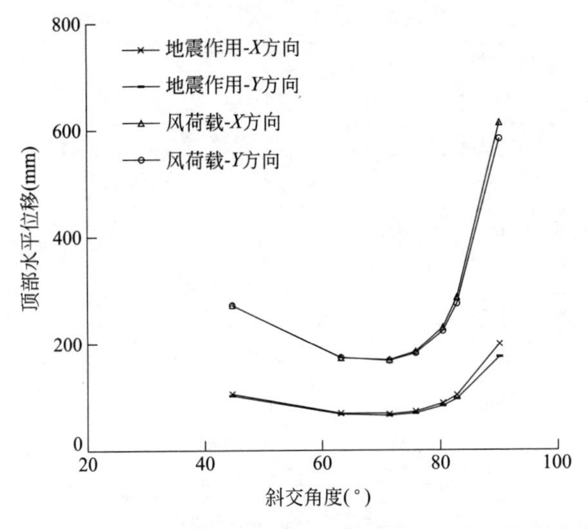

图 3.2-3　不同斜交角度时各结构模型顶部水平位移的变化曲线

度要弱得多；而其他几种工况对结构体系的整体抗侧刚度贡献基本保持在同一水平。

各模型顶部的水平位移　　表 3.2-1

斜交角度(°)	地震作用(mm)		风荷载(mm)	
	X 方向	Y 方向	X 方向	Y 方向
44.67(每1层)	105.32	102.25	271.99	271.86
63.17(每2层)	69.18	67.56	172.77	173.44
75.81(每4层)	72.24	69.16	184.44	181.56
斜交网格平均值	82.25	79.66	209.73	208.95
90(框筒)	198.60	174.55	612.85	582.94
斜交网格平均值/90(框筒)	2.41	2.19	2.92	2.79

2. 内外筒地震倾覆力矩百分比

超高层结构可视为竖向的悬臂构件，其中结构底部的地震倾覆力矩是一项重要的整体指标参数，用于确保整体结构的抗侧稳定性。

图 3.2-4 给出了规定水平力作用下，不同斜交角度时斜交网格外筒和剪力墙内筒的地震倾覆力矩百分比的变化曲线。部分工况对应的具体地震倾覆力矩百分比结果和比较见表 3.2-2。可知，随着斜交角度的增大，斜交外筒的地震倾覆力矩百分比首先是逐渐增大，然后再逐渐减小。对应顶部水平位移的变化趋势，即存在一个最优的斜交角度，使得斜交外筒的地震倾覆力矩百分比最大，即发挥最大的效应。

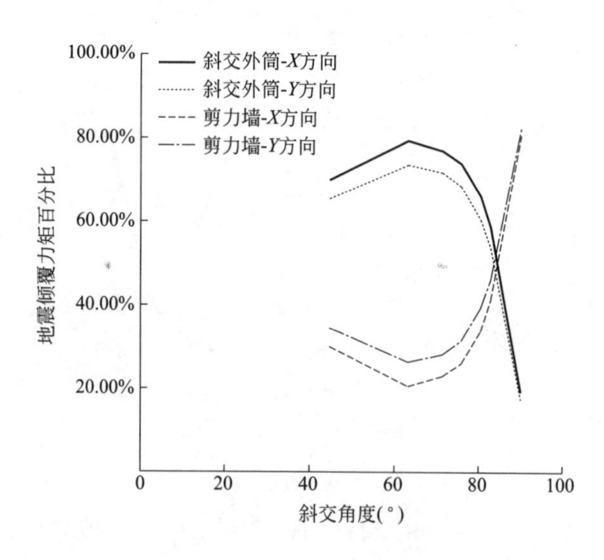

图 3.2-4　地震倾覆力矩百分比的变化曲线

部分工况对应的具体地震倾覆力矩百分比结果和比较　　表 3.2-2

斜交角度(°)	地震倾覆力矩百分比(X 方向)		地震倾覆力矩百分比(Y 方向)	
	斜交外筒	剪力墙内筒	斜交外筒	剪力墙内筒
44.67(每 1 层)	69.97%	30.03%	65.46%	34.54%
63.17(每 2 层)	78.41%	21.59%	73.60%	26.40%
75.81(每 4 层)	73.97%	26.03%	68.50%	31.50%
斜交网格平均值	74.12%	25.88%	69.19%	30.81%
90(框筒)	19.24%	80.76%	17.45%	82.55%
斜交网格平均值/90(框筒)	3.85	0.32	3.97	0.37

3. 水平荷载对构件内力的影响

以风荷载作用下的斜交角度 75.81°（每 4 层）和 90°（框筒）两种工况为例，比较分析斜柱（竖柱）和边钢梁构件的弯矩、剪力和轴力情况。图 3.2-5 和图 3.2-6 分别给出了两种工况时的结构模型的立面内力图。

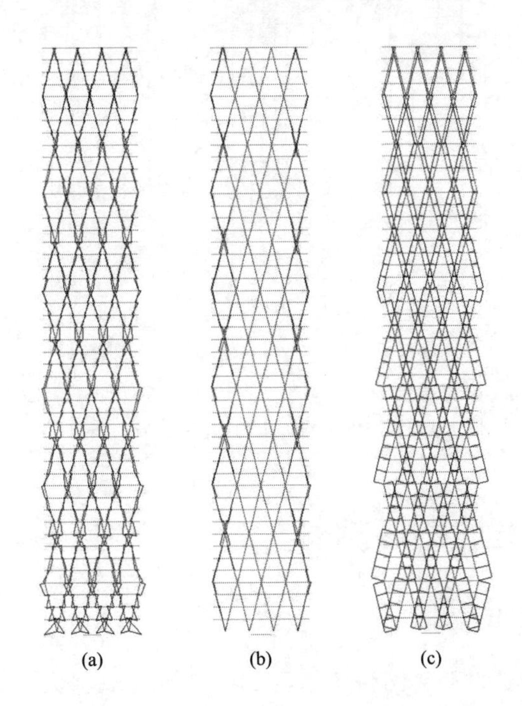

图 3.2-5　斜交角度 75.81°（每 4 层）工况时的结构模型的立面内力图

（a）弯矩图；（b）剪力图；（c）轴力图

可知，水平力作用下，75.81°（每4层）工况时的斜柱构件主要承受轴力作用，弯矩和剪力相对均较小，即结构体系的抗侧力主要通过斜柱构件的轴力来提供。由于该体系的承载方式，决定了其侧向刚度极大，相同截面情况下抗地震作用和抗风荷载性能较好，但其延性相对也较差，设计时应确保斜柱构件具有中震弹性、大震不屈服等较大的承载力，以避免该结构体系的突然坍塌。90°（框筒）工况时的竖柱除承受弯矩外，还承受由地震倾覆力矩引起的轴力作用。每层柱构件的弯矩均成直线，存在反弯点；轴力自上而下逐渐增大，同一楼层的柱子轴力呈两边大、中间小的分布特点。

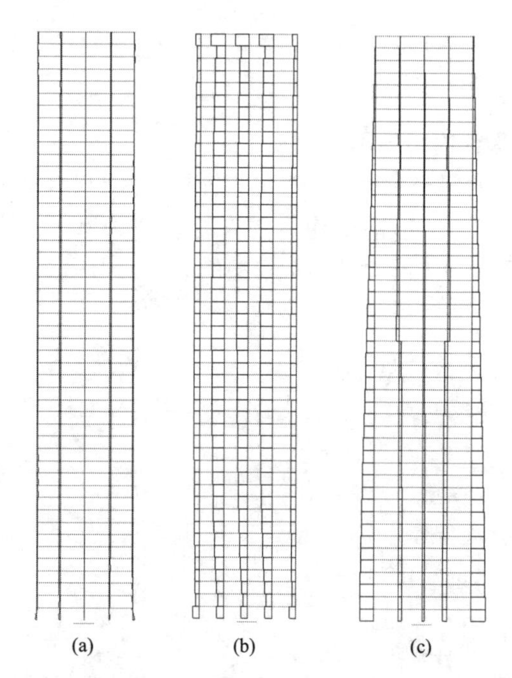

图 3.2-6　斜交角度 90°（框筒）工况时的结构模型的立面内力图

（a）弯矩图；（b）剪力图；（c）轴力图

3.3　不同高宽比的影响

3.3.1　模型参数的选取

以第 3.2 节所述的斜交网格体系算例为基准，取斜交角度为 75.81°（每4层）工况，内部核心筒剪力墙布置不变下，分析不同高宽比（图中 k 为高宽比）对整体结构性能的影响，结构模型立面比较如图 3.3-1 所示。

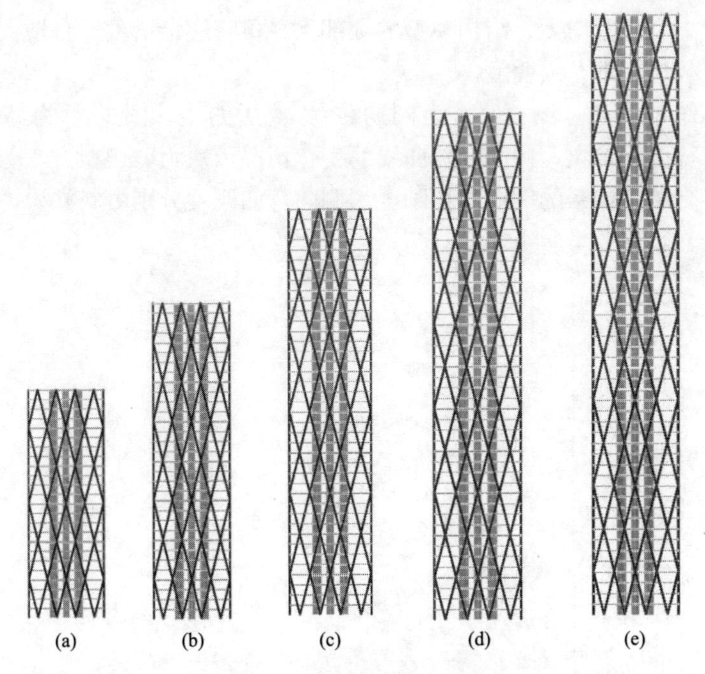

图 3.3-1　结构模型立面比较

(a) $k=3$；(b) $k=4$；(c) $k=5$；(d) $k=6$；(e) $k=7$

3.3.2　结果分析和比较

1. 对整体抗侧刚度的影响

图 3.3-2 给出了水平力作用下，不同高宽比时结构顶部水平位移变化曲线。

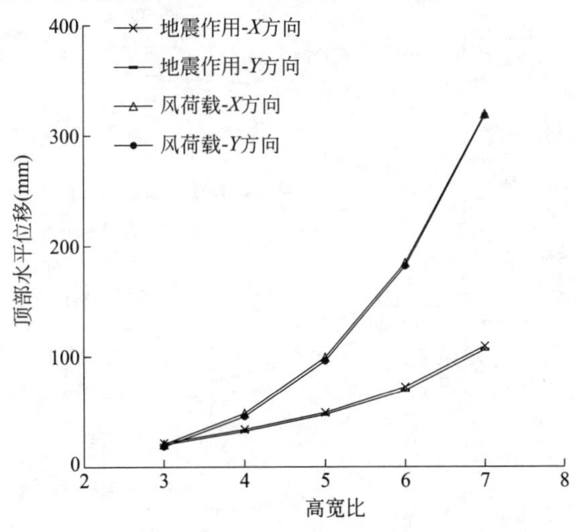

图 3.3-2　不同高宽比时结构顶部水平位移变化曲线

可知，随着高宽比的增大，结构模型的顶部水平位移逐渐增大，且增大趋势逐渐加快，风荷载作用下尤为明显。

以地震作用为例，图 3.3-3 为侧向位移-楼层曲线，图中 k 为高宽比。可知，随着高宽比的增大，侧向变形曲线的变化情况依次为剪切型、弯剪混合型和弯曲型。斜交网格体系的侧向剪切刚度、侧向弯曲刚度分别由斜柱构件轴向刚度的水平分量、竖向分量所决定。

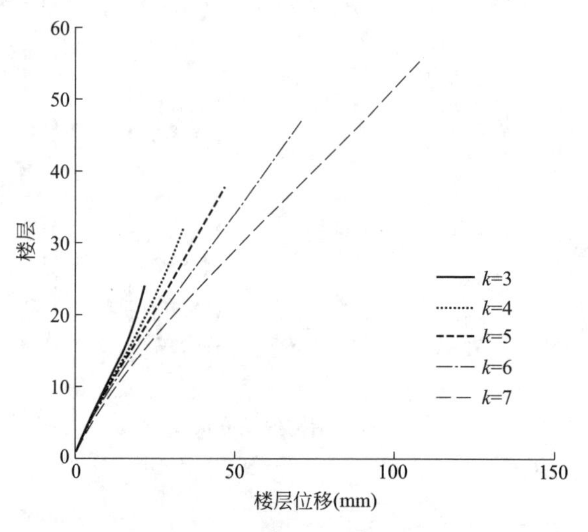

图 3.3-3　侧向位移-楼层曲线

2. 内外筒地震倾覆力矩百分比

超高层结构可视为竖向的悬臂构件，其中结构底部的地震倾覆力矩是一项重

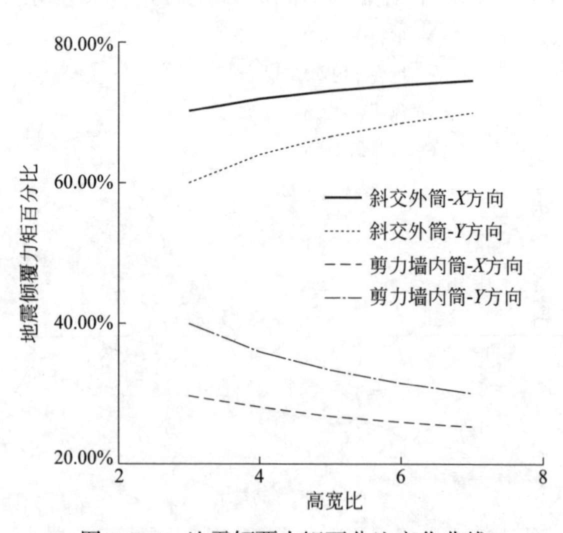

图 3.3-4　地震倾覆力矩百分比变化曲线

要的整体指标参数，用于确保整体结构的抗侧稳定性。

图 3.3-4 给出了规定水平力作用下，不同高宽比时斜交网格外筒和剪力墙内筒的结构底部地震倾覆力矩百分比变化曲线。可知，随着高宽比的增大，斜交外筒的结构底部地震倾覆力矩百分比逐渐增大，对应剪力墙所占比例逐渐减少。即随着建筑高度的增加，斜交网格的整体抗侧刚度体现越来越显著，可发挥更大的效应，同时减轻剪力墙的抗侧负担。在更高的超高层建筑应用中，斜交网格体系具有较好的优势。

3.4 不同平面形状的影响

以第 3.2 节所述的斜交网格体系算例为基准，取斜交角度为 63.17°（每 2 层）工况，总高度 206.4m，对应正方形平面情况时的结构模型高宽比为 5.93。内部核心筒剪力墙布置不变的情况下，分析不同结构平面形状对整体结构性能的影响。

3.4.1 模型参数的选取

结构平面分别考虑正三角形、正方形、正六边形和圆形四种工况进行分析比较。为使四种模型计算结果具有可比性，考虑取不同平面形状但具有相同的回转半径 i，不同平面形状的回转半径见表 3.4-1。

不同平面形状的回转半径 **表 3.4-1**

项目	正三角形	正方形	正六边形	圆形
直径/边长		b		d
回转半径 i	$0.2041b$	$0.2887b$	$0.4564b$	$0.25d$

其中：

1）正方形平面：$i=\sqrt{\frac{I_x}{A}}=\sqrt{\frac{1}{12}b^4/b^2}=\sqrt{\frac{1}{12}}\cdot b=0.2887b$，$b$ 为正方形边长；

2）圆形平面：$i=\sqrt{\frac{I_x}{A}}=\sqrt{\frac{1}{64}\pi d^4/\frac{1}{4}\pi d^2}=\sqrt{\frac{1}{16}}\cdot d=0.25d$，$d$ 为圆形直径。

式中，I_x 是绕 x 轴的截面转动惯量，A 是截面面积。相同回转半径时，正方形平面边长 $b=34.8$m，对应三角形边长、正六边形边长和圆形直径分别为 49.225m、22.013m、40.184m。其他参数同第 3.2 节算例。典型结构平面布置图如图 3.4-1 所示；结构模型轴测图如图 3.4-2 所示。

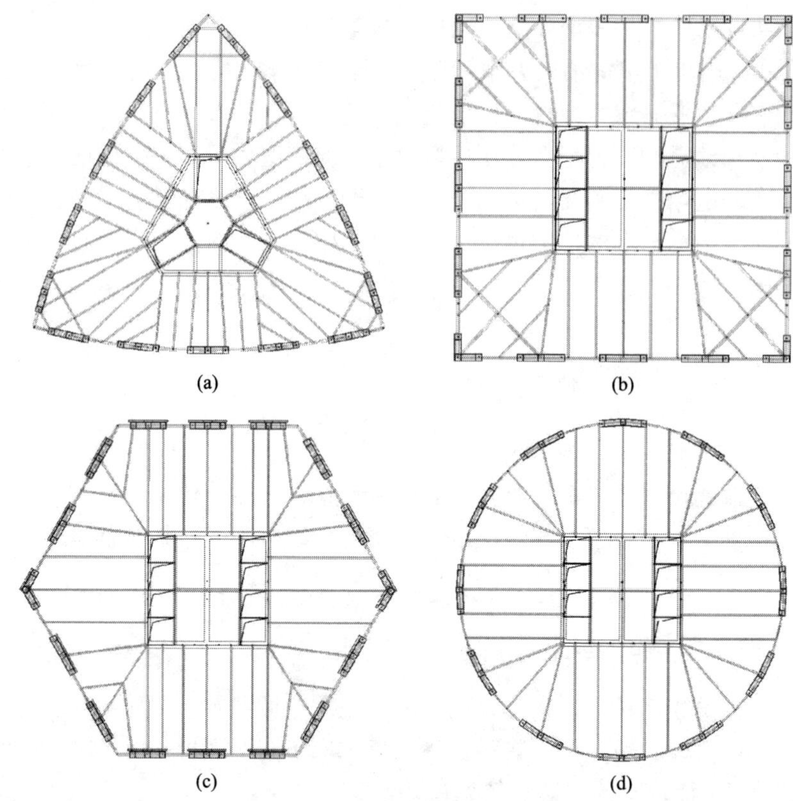

图 3.4-1 典型结构平面布置图

(a) 正三角形平面 ；(b) 正方形平面；(c) 正六边形平面；(d) 圆形平面

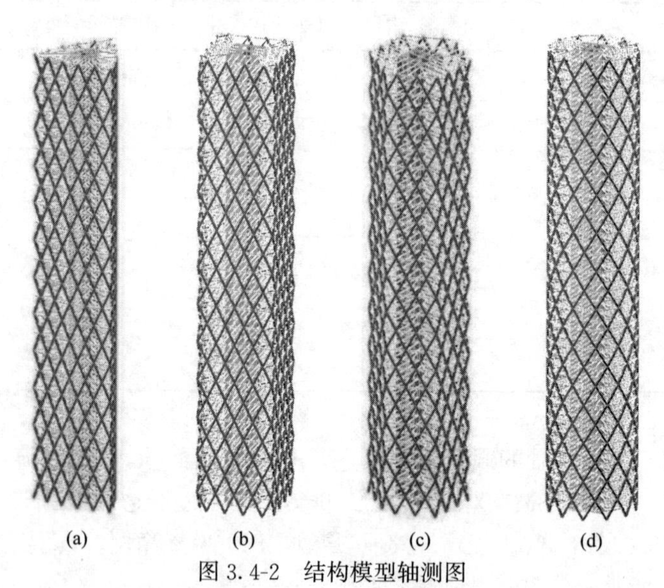

图 3.4-2 结构模型轴测图

(a) 正三角形平面；(b) 正方形平面；(c) 正六边形平面；(d) 圆形平面

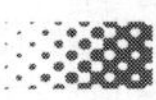

3.4.2 结果分析和比较

1. 对整体抗侧刚度的影响

图 3.4-3 给出了水平力作用下，不同平面形状时结构顶部水平位移-平面形状曲线，其中圆形以每 8 层表示。各模型顶部的水平位移见表 3.4-2。可知，地震作用下，不同平面形状时的结构顶部水平位移变化不大，即平面形状对结构抗侧刚度影响不大。风荷载作用下，结构顶部水平位移均比地震作用下大得多；除三角形平面外，多边形结构顶部水平位移相差不多，最大约为 15%。超高层结构中，风荷载起主要作用；风荷载作用下，正方形平面的顶部水平位移最小，即抗侧刚度相对要好一些。

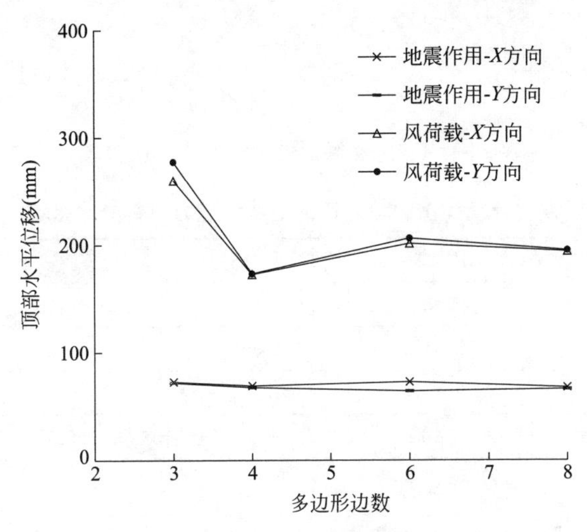

图 3.4-3 顶部水平位移-平面形状曲线

各模型顶部的水平位移 **表 3.4-2**

平面形状	地震作用(mm)		风荷载(mm)	
	X 方向	Y 方向	X 方向	Y 方向
正方形平面	69.18	67.56	172.77	173.44
圆形平面	67.65	66.08	194.07	195.07
圆形平面/正方形平面	0.98	0.98	1.13	1.13

2. 内外筒地震倾覆力矩百分比

图 3.4-4 给出了规定水平力作用下，不同平面形状时斜交网格外筒和剪力墙内筒的地震倾覆力矩百分比百分比变化曲线。斜交外筒和剪力墙内筒的地震倾覆力矩百分比比较见表 3.4-3。可知，平面形状对斜交外筒的地震倾覆力矩影响不大。超高层结构中，风荷载起主要作用；风荷载作用下，对应顶部水平位移的变

化趋势，即正方形平面的抗侧刚度相对要好一些。

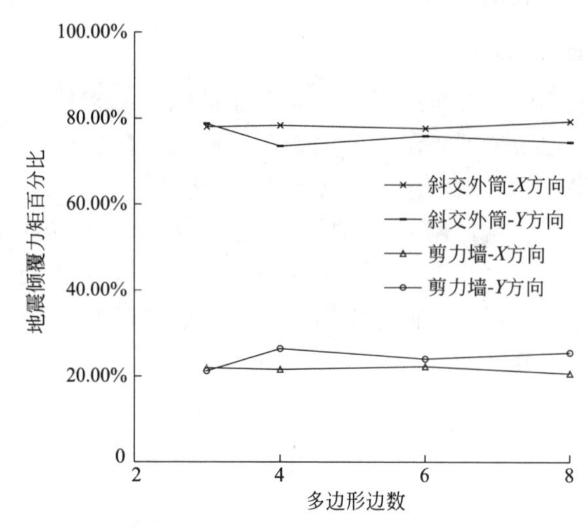

图 3.4-4　地震倾覆力矩百分比变化曲线

斜交外筒和剪力墙内筒的地震倾覆力矩百分比比较　　表 3.4-3

平面形状	地震倾覆力矩百分比(X 方向)		地震倾覆力矩百分比(Y 方向)	
	斜交外筒	剪力墙内筒	斜交外筒	剪力墙内筒
正方形平面	78.41%	21.59%	73.60%	26.40%
圆形平面	79.35%	20.65%	74.52%	25.48%
圆形平面/正方形平面	1.01	0.96	1.01	0.97

3.5　不同立面变化的影响

以第 3.4 节所述圆形平面的斜交网格体系算例为基准，取斜交角度为 63.17°（每 2 层）工况，内部核心筒剪力墙布置不变的情况下，分析不同立面变化对整体结构性能的影响。

3.5.1　模型参数的选取

结构立面分别考虑圆柱、扭转圆柱、双曲和圆台四种工况进行分析比较。其中扭转圆柱、双曲和圆台的底部平面与圆柱相同，圆台顶端、双曲中间位置最大径向缩进为 6.0m，扭转圆柱取每层的平面扭转角度为 2.5°，其他参数同第 3.2 节算例。不同工况时结构模型的典型平面图和立面图如图 3.5-1 和图 3.5-2 所示。

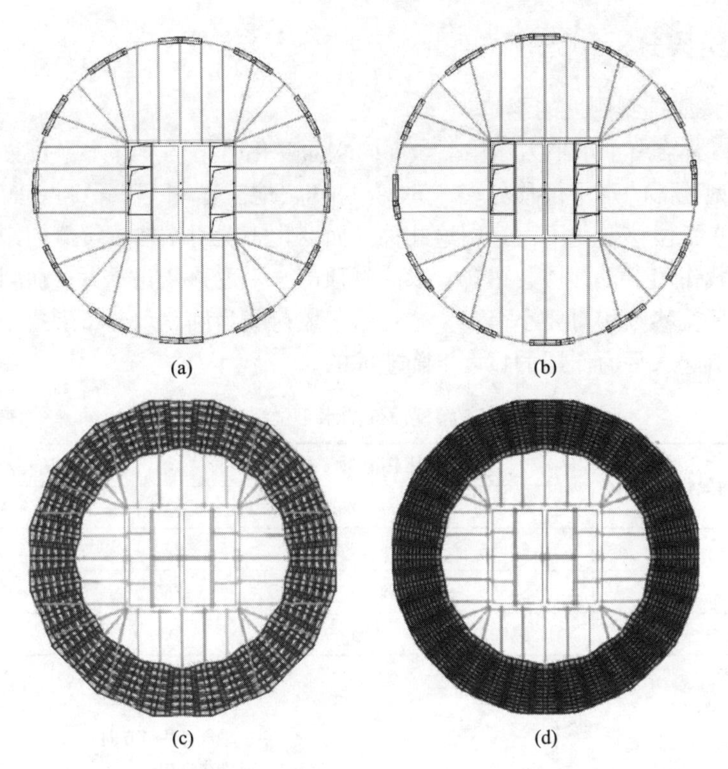

图 3.5-1　不同工况时结构模型的典型平面图
（a）圆柱；（b）扭转圆柱；（c）双曲；（d）圆台

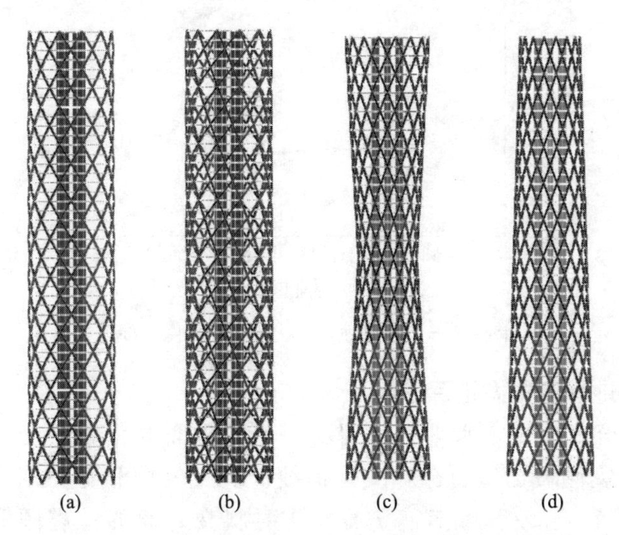

图 3.5-2　不同工况时结构模型的典型立面图
（a）圆柱；（b）扭转圆柱；（c）双曲；（d）圆台

3.5.2 结果分析和比较

1. 对整体抗侧刚度的影响

图 3.5-3 给出了水平力作用下，不同立面变化时结构顶部水平位移的变化曲线。各模型顶部的水平位移见表 3.5-1。可知，地震作用下，不同立面变化时的结构顶部水平位移变化不大，即这几种立面变化工况对结构抗震侧向刚度影响不大。风荷载作用下，圆柱、扭转、双曲时顶部水平位移变化不大；而圆台工况时的顶部水平位移则相对要小得多，这是由于风荷载为倒三角分布形式，顶部迎风面的缩小引起水平力作用的显著下降造成的。

各模型顶部的水平位移　　表 3.5-1

立面变化	地震作用(mm)		风荷载(mm)	
	X 方向	Y 方向	X 方向	Y 方向
圆柱	86.16	84.06	264.71	266.12
扭转圆柱	85.50	83.40	263.59	264.99
扭转圆柱/圆柱	0.992	0.992	0.996	0.996

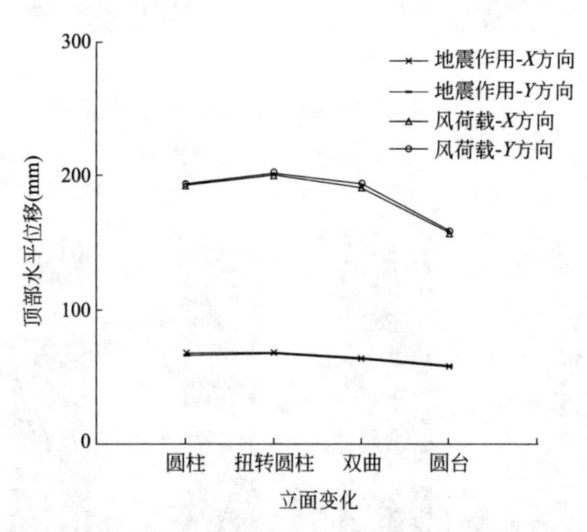

图 3.5-3　顶部水平位移-立面变化曲线

2. 内外筒地震倾覆力矩百分比

图 3.5-4 给出了规定水平力作用下，不同立面变化时斜交网格外筒和剪力墙内筒的地震倾覆力矩百分比变化曲线。斜交外筒和剪力墙内筒的地震倾覆力矩比较见表 3.5-2。可知，立面变化对斜交外筒的地震倾覆力矩百分比影响不大。

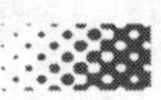

斜交外筒和剪力墙内筒的地震倾覆力矩比较　　表 3.5-2

立面变化	地震倾覆力矩百分比(X 方向)		地震倾覆力矩百分比(Y 方向)	
	斜交外筒	剪力墙内筒	斜交外筒	剪力墙内筒
圆柱	73.23%	26.77%	68.06%	31.94%
扭转圆柱	73.18%	26.82%	67.96%	32.04%
扭转圆柱/圆柱	0.999	1.002	0.998	1.003

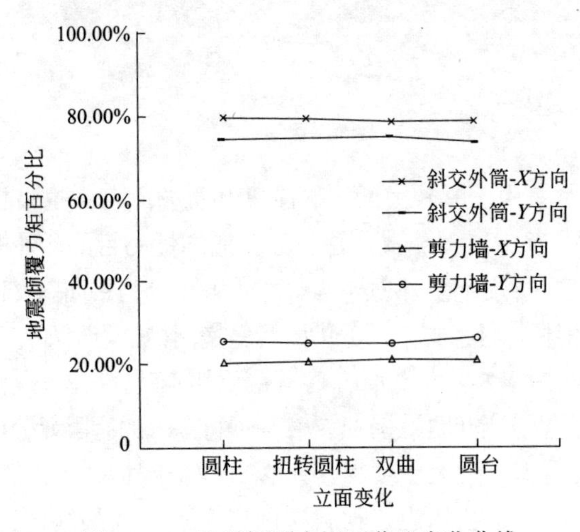

图 3.5-4　地震倾覆力矩百分比变化曲线

第4章 斜交网格节点力学性能及破坏模式关键技术研究

斜交网格结构体系由于其较大的抗侧刚度和抗扭刚度，越来越广泛地应用于超高层钢结构建筑中[18, 66]。为达到高层建筑办公通透性的目的，外框筒一般由巨型斜交网格节点和斜柱构件所组成。根据节点形式一般可分为平面斜交网格节点和空间斜交网格节点，根据斜柱构件形式也可分为圆管斜交网格节点（如广州西塔）和箱形斜交网格节点（如宁波国华金融大厦）[67-69]。斜交网格节点存在节点构造复杂、受力变形复杂以及制作工艺复杂等问题，有必要对其进行深入的有限元分析[29, 70-73]。

本章基于宁波国华金融大厦项目，研究其斜交网格节点的设计原则、有限元受力分析以及节点制作工艺，为该类斜交网格节点形式的结构设计及其应用提供依据和参考[74]。

4.1 斜交网格节点有限元模型的建立

宁波国华金融大厦项目的总建筑高度为206.1m，地上43层，平面外轮廓为61.8m×35.7m，塔楼外立面采用斜交网格结构体系，每4层构成一个斜交网格节点。

4.1.1 节点几何形式及构造

斜交网格节点主要由斜柱构件节点接头部分、中间竖向加劲板、上下翼缘加劲板、四周竖向壁板、连接钢梁的竖向腹板以及内部竖向分隔板所组成；其中中间竖向加劲板为最主要的受力构件，将节点分成左右两部分，斜柱构件主要承受轴力并汇交于斜交网格节点区域。

斜柱构件采用箱形截面钢管混凝土[75]，截面边长为500～750mm，壁厚为20～40mm，其中18层以下内部浇灌混凝土进行加强。根据斜交网格节点的位置，典型节点形式主要包括中部平面斜交网格节点、角部空间斜交网格节点和底部Y形转换节点三种。

1. 中部平面斜交网格节点

中部平面斜交网格节点由 4 个斜柱构件和 2 个水平边钢梁所组成，其竖向高度取为 4.3m、水平宽度取为 3.2m，斜柱构件的夹角为 28.39°，中部平面斜交网格节点如图 4.1-1 所示，图中 $t_1 \sim t_4$ 是 4 根斜柱构件的壁厚，$t=\max(t_1,t_2,t_3,t_4\}$ 是最大壁厚；$b_1 \sim b_4$ 是 4 根斜柱的边长，$b=\max\{b_1,b_2,b_3,b_4\}$ 是最大边长，B_1 是 2 根下斜柱构件在节点处汇交后的宽度，B_2 是 2 根上斜柱构件在节点处汇交后的宽度，$B_0=\max\{B_1,B_2\}$是 B_1，B_2 中较大值，$B=b+4t$。

2. 角部空间斜交网格节点

角部空间斜交网格节点由 4 个斜柱构件和 3 个水平钢梁所组成，其竖向高度取为 6.8m、两个水平轴线方向的宽度分别取为 2.15m，斜柱构件的空间夹角为 19.97°，与水平方向轴线的夹角为 75.81°，沿水平轴线方向的边钢梁与节点刚接连接，与水平轴线成 45°的平面钢梁与节点铰接连接，角部空间斜交网格节点

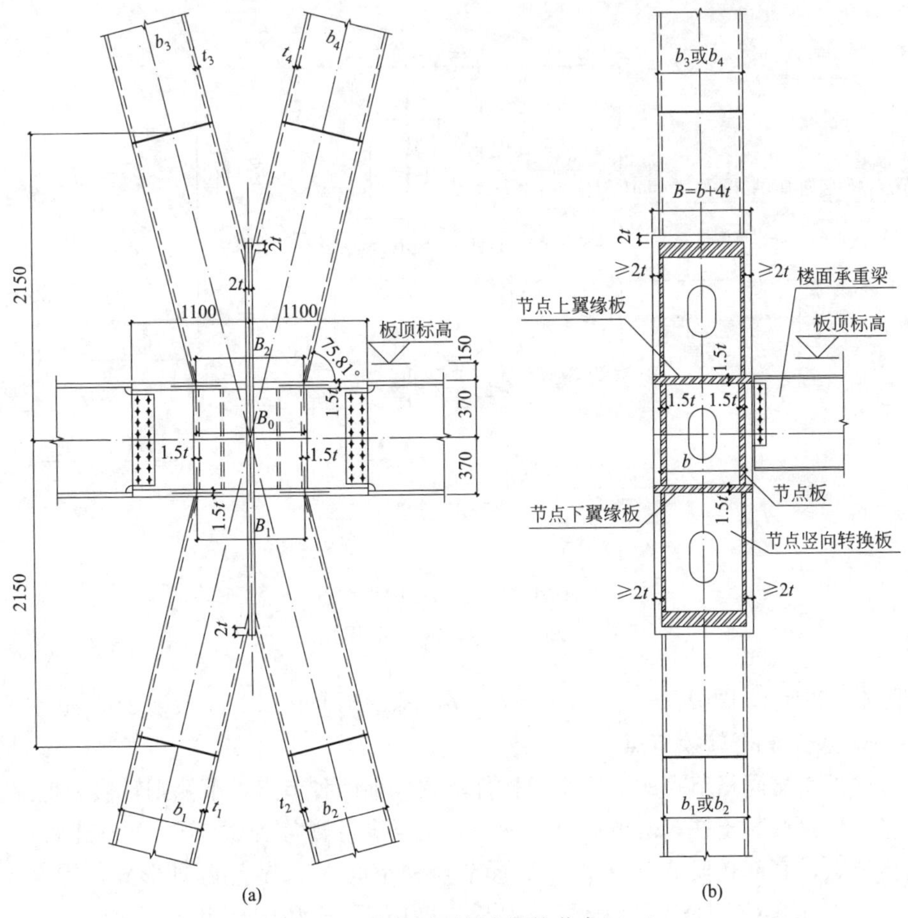

图 4.1-1　中部平面斜交网格节点（一）

(a) 几何形式；(b) 侧视图

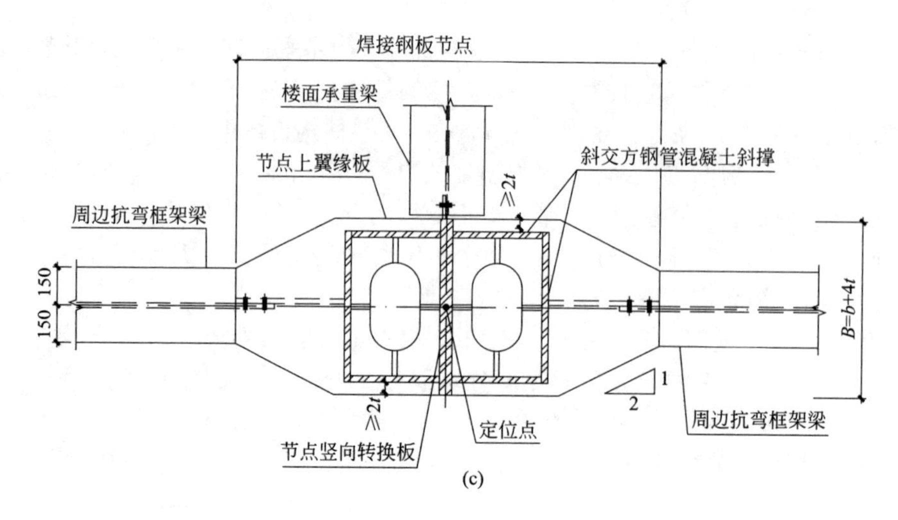

(c)

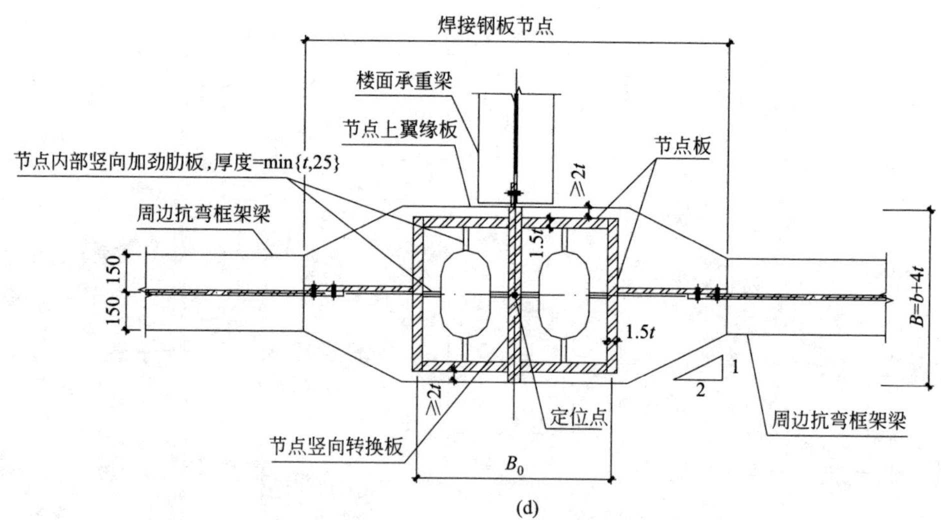

(d)

图 4.1-1 中部平面斜交网格节点（二）
(c) 剖面图（一）；(d) 剖面图（二）

如图 4.1-2 所示，图中 $t_1 \sim t_4$，t，$b_1 \sim b_4$，b，$B_0 \sim B_2$ 同图 4.1-1，$B=\sqrt{2}(b+4t)$。

3. 底部 Y 形转换节点

底部斜交网格节点的上侧组成构件形式同前两种节点，下侧则转换为地下室的竖向型钢混凝土柱，两侧通过型钢混凝土梁进行侧向刚度加强。对应上部斜交网格节点，底部转换节点有平面 Y 形节点和空间 Y 形节点两种形式，图 4.1-3 以平面 Y 形斜交网格节点为例，给出了其几何形式和构造组成，图中 $t_1 \sim t_4$，t，$b_1 \sim b_4$，b，$B_0 \sim B_2$ 同图 4.1-1。

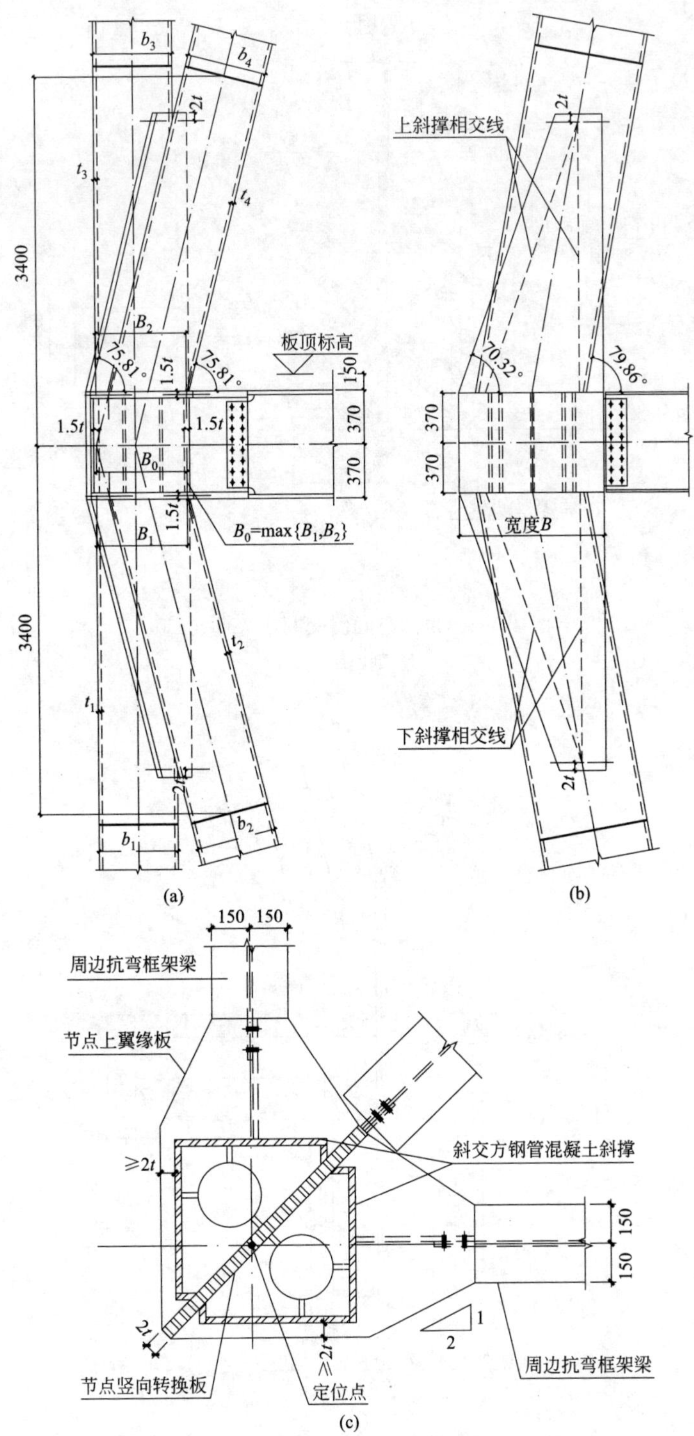

图 4.1-2　角部空间斜交网格节点（一）

(a) 几何形式；(b) 侧视图；(c) 剖面图（一）

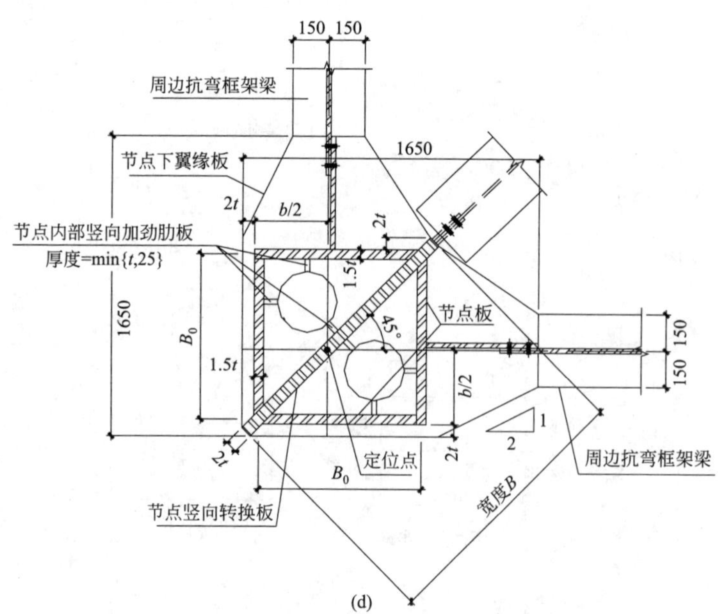

(d)

图 4.1-2　角部空间斜交网格节点（二）

（d）剖面图（二）

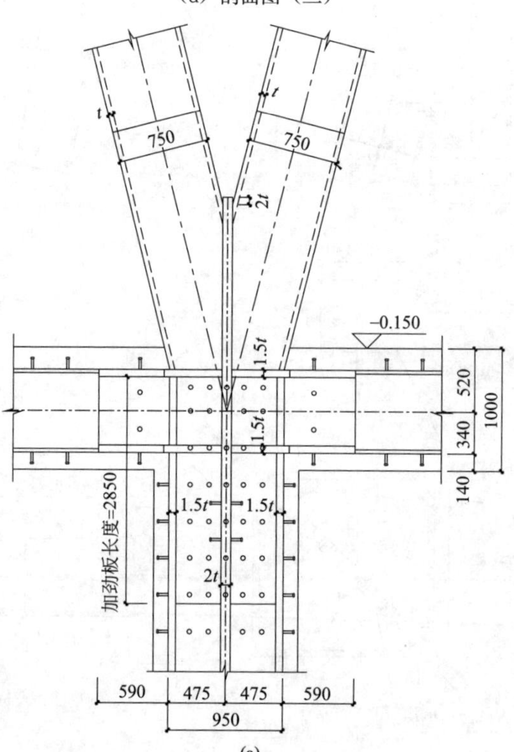

(a)

图 4.1-3　底部 Y 形斜交网格节点（一）

（a）几何形式

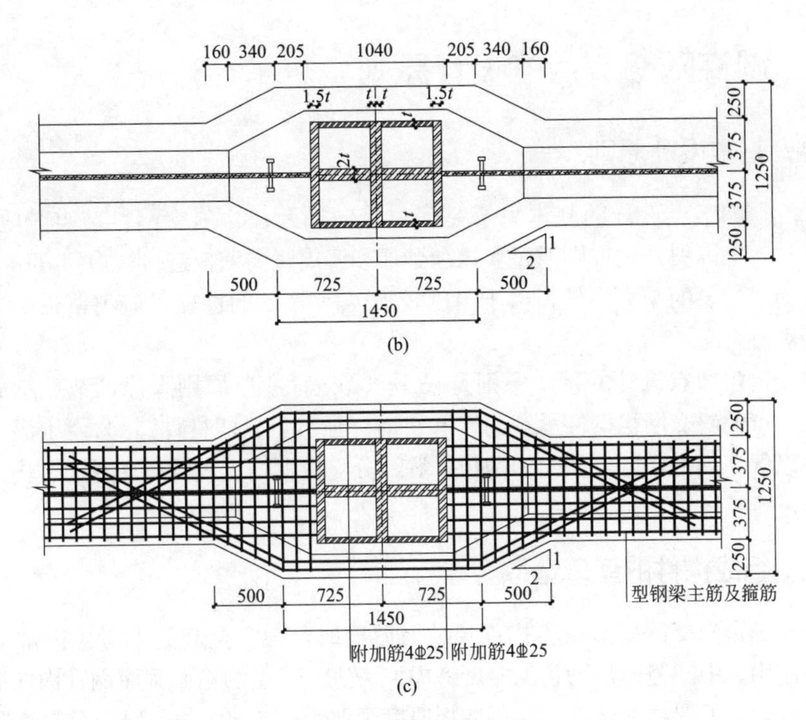

图 4.1-3　底部 Y 形斜交网格节点（二）

（b）剖面图（一）；（c）剖面图（二）

4.1.2　三维有限元模型的建立

斜交网格构件主要承受轴力作用，且底部构件受力最大，为最不利位置。本章节分别以斜交网格体系底部的中部平面斜交网格节点、角部空间斜交网格节点和底部 Y 形转换节点为例，采用大型通用有限元软件 ANSYS，建立其三维有限元分析模型，并进行相应的有限元数值模拟分析。

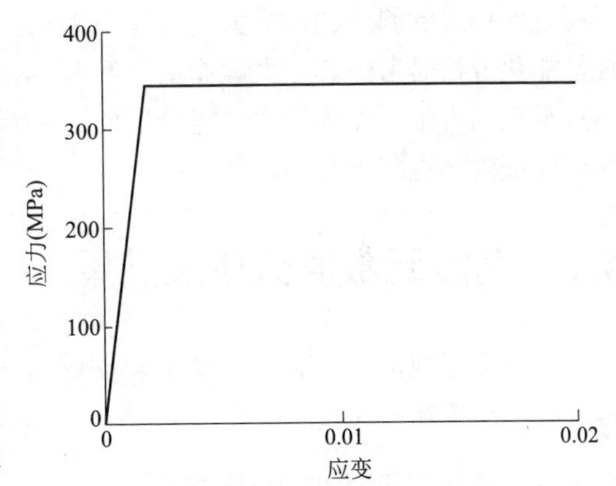

图 4.1-4　理想弹塑性材料模型

由于该节点由多个板件所组成，考虑采用薄壳单元进行模拟，材料则采用理想弹塑性材料模型（图 4.1-4），以考虑塑性变形的影响。其中，Q345B 钢材的屈服强度为 345 MPa。典型斜交网格节点的具体三维有限元模型及分析计算结果详见本章第 4.3 节所述。

4.2 斜交网格节点的设计原则

4.2.1 基本设计原则

斜交网格节点设计的基本思想是通过竖向加劲板将斜交网格节点分隔成左、右两部分，上下斜柱构件则通过翼缘加劲板和四周竖向壁板进行转换。其中，竖向加劲板为最主要的受力构件，由于厚度较大需考虑 Z 向性能，避免钢板沿厚度方向的撕裂。

斜交网格节点设计的基本原则是采用“等效面积”原则来保证节点承载力大于进入节点的斜交网格构件承载力之和，即“强节点、弱杆件”。为便于混凝土自由流通以保证其密实度，竖向加劲板、翼缘分隔板上均设置洞口，并通过内部分隔加劲板进行补强。

4.2.2 组成构件的壁厚选取

初步确定斜交网格节点各构件尺寸及厚度时，为安全起见不考虑内部混凝土的抗压作用。中间竖向加劲板的厚度考虑取为进入节点的箱形截面钢管构件最大壁厚的2倍，上下翼缘加劲板、四周壁板厚度则取为1.5倍，内部竖向分隔板厚度取与相连钢梁腹板相同。在此基础上，还需通过进一步的有限元分析保证斜交网格节点整体应力水平在250 MPa以下，以确保节点核心区在大震作用下不屈服，局部应力集中处可进入塑性。

由于该项目的斜交网格节点形式复杂、内部隔板较多，节点内部混凝土的密实度较难保证，设计时考虑以下措施：(1) 整体分析时，控制多遇地震下考虑内部混凝土作用时的斜柱构件最大应力比小于0.6；(2) 斜交网格节点作为关键构件，在性能化分析时考虑其在大震作用下不出屈服情况，且不计内部混凝土对斜交网格节点承载的贡献（作为受力性能设计余量来考虑）；(3) 采用超声波检测和钻孔压浆以保证内部混凝土密实度。

4.3 有限元数值分析及结果

本节采用数值分析研究了典型斜交网格节点正常工作时的应力变形情况以及极限破坏荷载和破坏效应。

4.3.1 中部平面斜交网格节点

1. 有限元模型

该节点的下斜柱和上斜柱构件分别为箱形截面750mm×40mm和750mm×

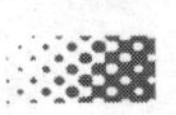

30mm，中间竖向板的壁厚为 80mm，上下翼缘板和四周竖向壁板的壁厚为 60mm，内部竖向分隔板的壁厚为 25mm，斜柱构件的夹角为 28.39°，竖向高度取为 4.3m，水平长度取为 3.2m，中间竖向板和上下翼缘板均开洞以便混凝土浇灌，钢梁截面为 H740×300×25×35，沿两轴线向钢梁 1 和钢梁 2 与节点刚接，与轴线成 90°的平面外钢梁 3 与节点铰接。材料采用理想弹塑性材料，弹性模量为 2.06×10^{11} Pa，屈服强度为 345MPa，泊松比为 0.3。中部平面斜交网格节点各组成构件荷载值见表 4.3-1。采用三角形薄壳单元进行网格划分，中部平面斜交网格节点有限元分析模型如图 4.3-1 所示。

中部平面斜交网格节点各组成构件荷载值　　**表 4.3-1**

构件	轴力(kN)	剪力(kN)	弯矩(kN·m)
下斜柱 1、下斜柱 2	20900	—	—
上斜柱 3、上斜柱 4	20500	—	—
钢梁 1、钢梁 2	−3500	270	500
钢梁 3	—	190	—

注：正值表示受压，负值表示受拉。

图 4.3-1 模型中钢梁 3 构件未建出（水平且垂直于钢梁 1 和钢梁 2），按荷载形式施加。图 4.3-1(a) 为模型的外部轴测图，图 4.3-1(b) 为模型内部隔板的布置示意图。

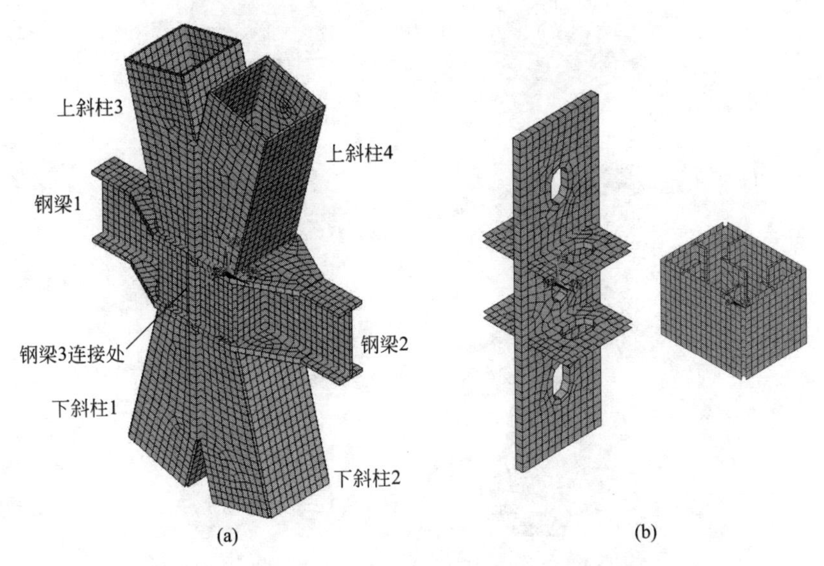

图 4.3-1　中部平面斜交网格节点有限元分析模型

(a) 外部轴测图；(b) 内部隔板的布置示意图

2. 特征值屈曲模态

表 4.3-2 给出了中部平面斜交网格节点前 10 阶特征值屈曲荷载系数，图 4.3-2 为中部平面斜交网格节点前 4 阶屈曲模态形状。可知，线弹性分析时，第 1 阶屈曲模态呈现为单弦波的局部变形形式，对应荷载系数值为 6.8088。

中部平面斜交网格节点前 10 阶特征值屈曲荷载系数　　表 4.3-2

阶数	荷载系数	阶数	荷载系数
第 1 阶	6.8088	第 6 阶	8.7469
第 2 阶	6.8838	第 7 阶	9.0041
第 3 阶	7.0759	第 8 阶	9.0524
第 4 阶	7.1204	第 9 阶	9.6736
第 5 阶	8.6922	第 10 阶	9.7903

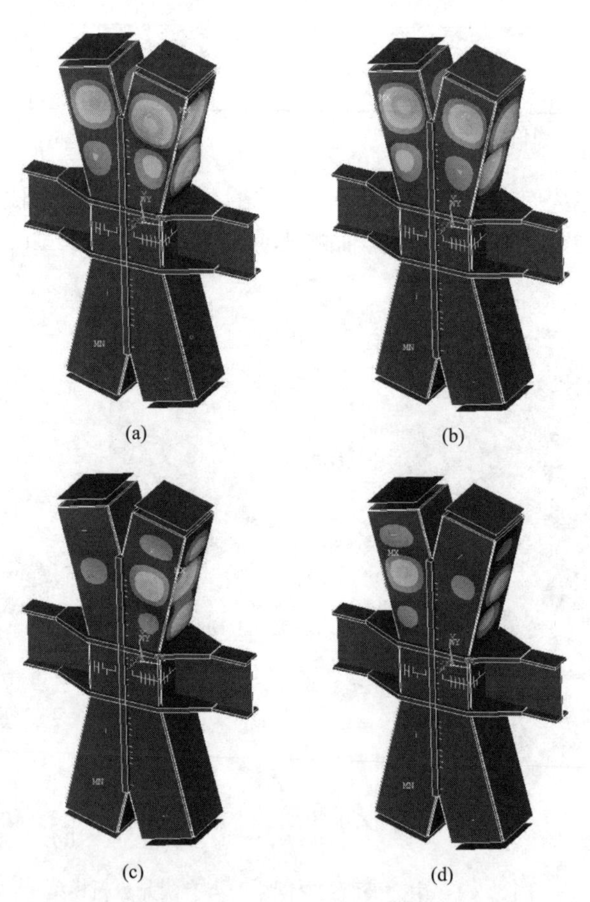

图 4.3-2　中部平面斜交网格节点前 4 阶屈曲模态形状

(a) 第 1 阶；(b) 第 2 阶；(c) 第 3 阶；(d) 第 4 阶

3. 大震作用下正常工作时的应力和位移

图 4.3-3 和图 4.3-4 分别给出了中部平面斜交网格节点应力云图和位移云图。可知，该节点的整体平均应力水平在 250MPa 以下（出现在上斜柱，控制应力为 295MPa，应力比为 0.85），该设计可保证节点核心区在大震作用下不屈服。由于应力集中，斜柱构件与竖向加劲板、翼缘加劲板相交位置以及开洞处的钢材局部进入了塑性。斜柱构件端部的最大位移约为 3.0mm。

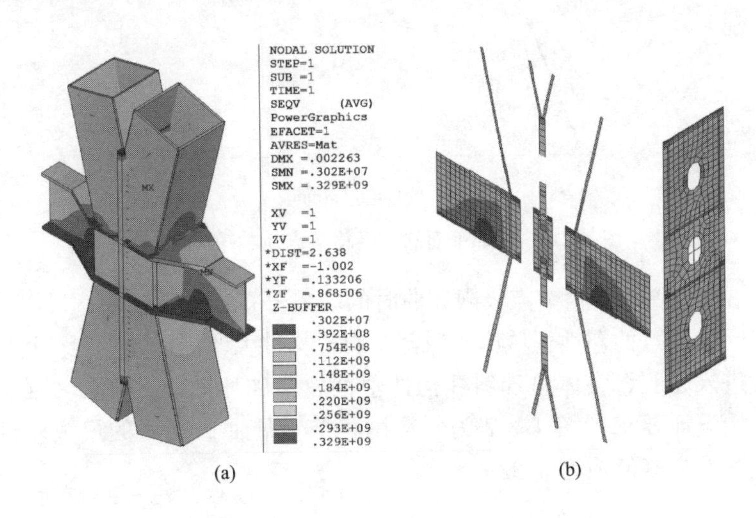

图 4.3-3　中部平面斜交网格节点应力云图

(a) 轴测图；(b) 剖面图

4. 极限承载力和破坏模式

非线性轴压破坏分析时，斜柱构件端部增加刚性封板，并采用等效均布荷载形式以考虑斜柱构件对该端部的转动约束；下斜柱端作为固定约束端，上斜柱端和钢梁端部作为加载板，采用拟静力方式逐级施加递增的荷载。施加第 1 阶屈曲模态［图 4.3-2(a)，即最可能出现的屈曲变形形式］作为初始几何缺陷，缺陷幅值取 5mm，采用弧长法求解极限轴压荷载系数。

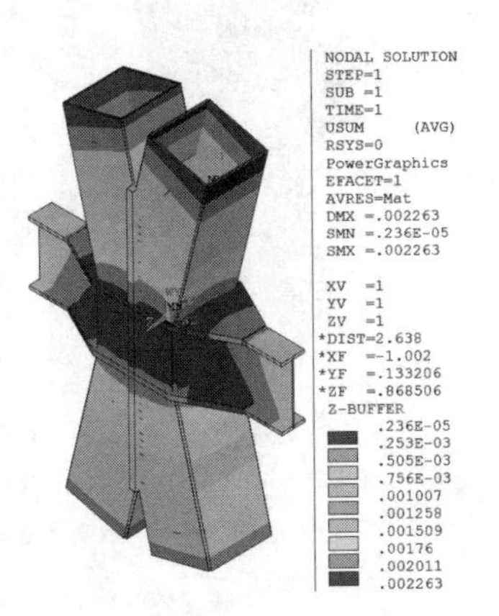

图 4.3-4　中部平面斜交网格节点位移云图

图 4.3-5 为中部平面斜交网格节点荷载-位移曲线。可知，当荷载加大到斜交网格节点的极限承载力后，由于构件的塑性屈曲破坏效应，出现显著的屈曲极值点，屈曲后节点无法继续承载。极限荷载系数约为 1.510，即斜交网格节点的极限承载力约为 30955kN。

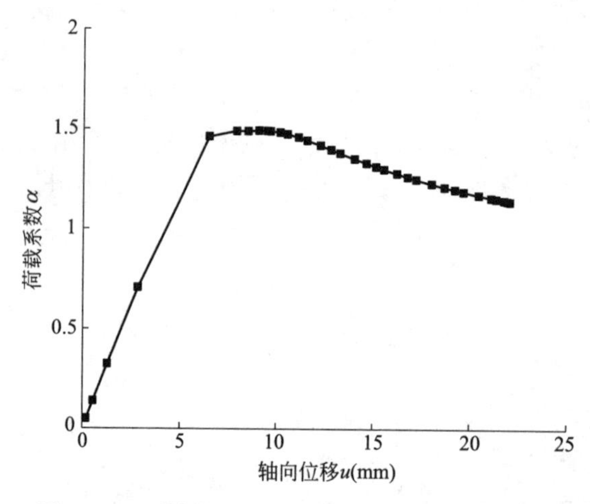

图 4.3-5　中部平面斜交网格节点荷载-位移曲线

图 4.3-6 为斜交网格节点极限屈曲时的应力分布云图。可知，极限荷载作用下，斜交网格节点的塑性区域已扩散至上斜柱构件大范围区域，斜柱构件先于节点加劲板进入屈服，整体呈现斜柱构件塑性屈曲破坏效应，符合“强节点弱杆件”的结构设计要求。图 4.3-7 为斜交网格节点屈曲破坏后的最大塑性应变云图，最大塑性应变值约为 0.227。

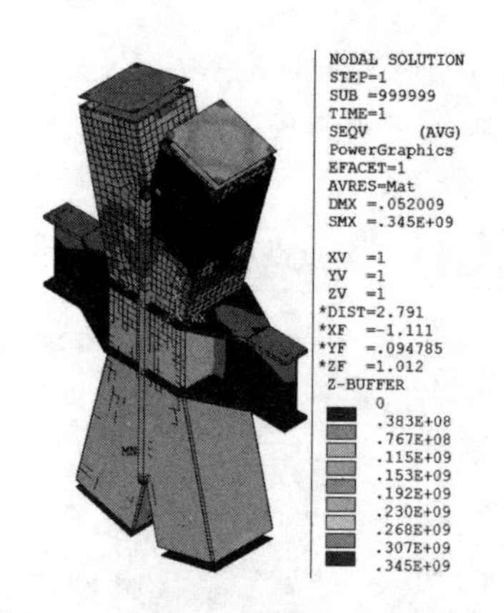

图 4.3-6　斜交网格节点极限屈曲时的应力分布云图

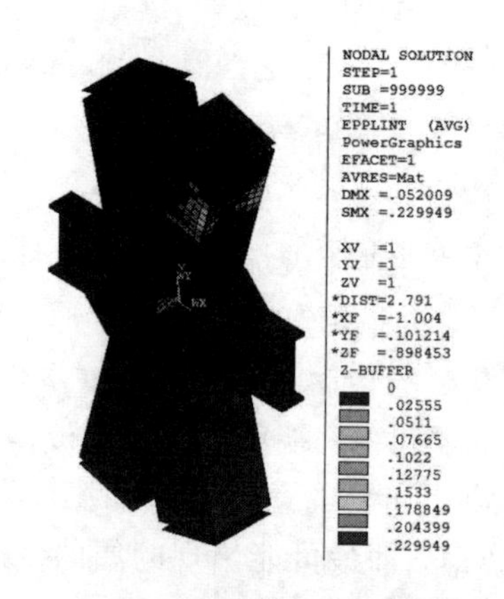

图 4.3-7　斜交网格节点屈曲破坏后的最大塑性应变云图

4.3.2　角部空间斜交网格节点

1. 有限元模型

该节点的下斜柱和上斜柱构件均为箱形截面 750mm×40mm，中间竖向板壁厚为 80mm，上下翼缘板和四周竖向壁板壁厚为 60mm，内部竖向分隔板壁厚

为25mm，斜柱构件的夹角为19.97°，与两侧水平梁夹角均为75.81°，竖向高度取为6.8m，上下翼缘板开洞以便混凝土浇灌，钢梁截面为H740×300×25×35，沿两轴线向钢梁1和钢梁2与节点刚接，与轴线成45°的平面外钢梁3与节点铰接，角部空间斜交网格节点有限元分析模型见图4.3-8。材料采用理想弹塑性材料，弹性模量为2.06×10^{11}Pa，屈服强度为345MPa，钢材泊松比为0.3。约束模型中心点（定位点）附近的网格节点在构件端部施加对应荷载，见表4.3-3。

在构件端部施加对应荷载　　**表4.3-3**

构件	轴力(kN)	剪力(kN)	弯矩(kN·m)
下斜柱1、下斜柱2	21100	—	—
上斜柱3、上斜柱4	20100	—	—
钢梁1、钢梁2	−5500	600	900
钢梁3	−6500	800	—

注：正值表示受压，负值表示受拉。

图4.3-8模型中钢梁3构件未建出（水平且与钢梁1、钢梁2成45°夹角），按荷载形式施加。其中图4.3-8(a)为模型的外部轴测图，图4.3-8(b)为模型内部隔板的布置示意图。

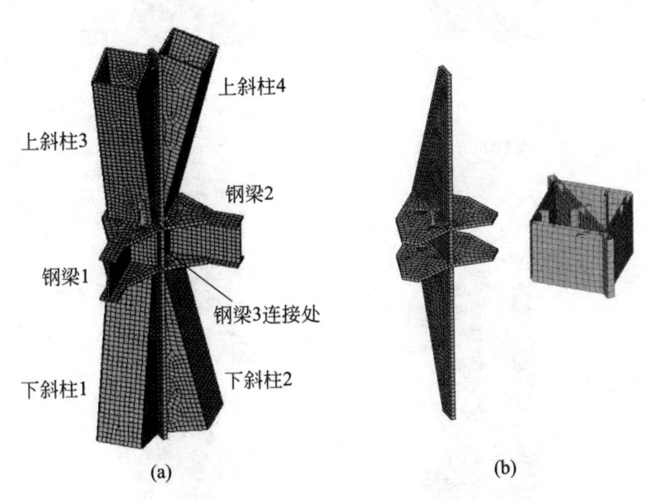

图4.3-8　角部空间斜交网格节点有限元分析模型

(a) 外部轴测图；(b) 内部隔板的布置示意图

2. 特征值屈曲模态

表4.3-4是角部空间斜交网格节点前10阶特征值屈曲荷载系数，图4.3-9为对应的是角部空间斜交网格节点前4阶屈曲模态形状。可知，线弹性分析时，第1阶屈曲模态呈现为双弦波的局部变形形式，对应荷载系数值为14.884。

角部空间斜交网格节点前 10 阶特征值屈曲荷载系数　　表 4.3-4

阶数	荷载系数	阶数	荷载系数
第 1 阶	14.884	第 6 阶	15.416
第 2 阶	15.050	第 7 阶	15.426
第 3 阶	15.120	第 8 阶	15.573
第 4 阶	15.152	第 9 阶	16.766
第 5 阶	15.261	第 10 阶	16.830

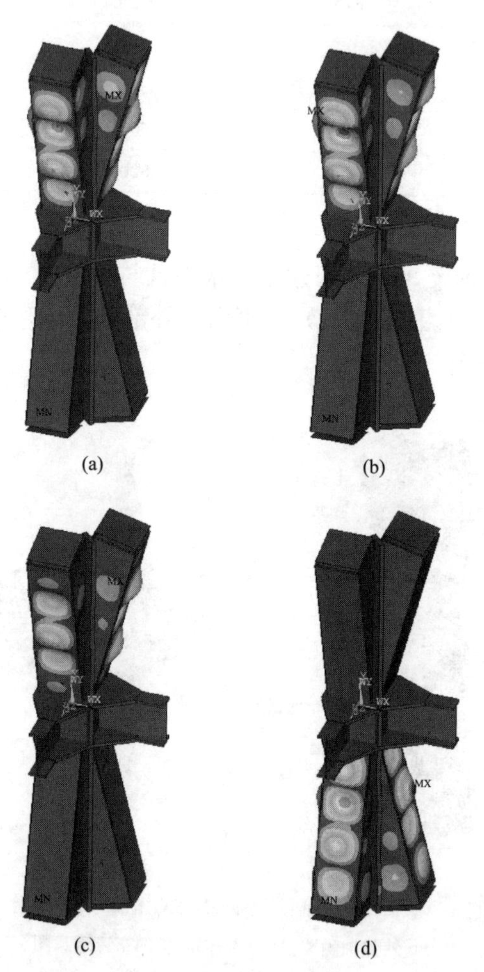

图 4.3-9　角部空间斜交网格节点前 4 阶屈曲模态形状

(a) 第 1 阶；(b) 第 2 阶；(c) 第 3 阶；(d) 第 4 阶

3. 大震作用下正常工作时的应力和位移

图 4.3-10 和图 4.3-11 分别为正常工作时该斜交网格节点的应力云图和位移

 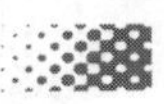

云图。可知，该节点的整体平均应力水平在 200 MPa 以下，该设计可保证节点核心区在大震作用下不屈服。由于应力集中，斜柱构件与竖向加劲板、翼缘加劲板相交位置以及开洞处的钢材局部进入了塑性。斜柱构件端部的最大位移约为 4mm。

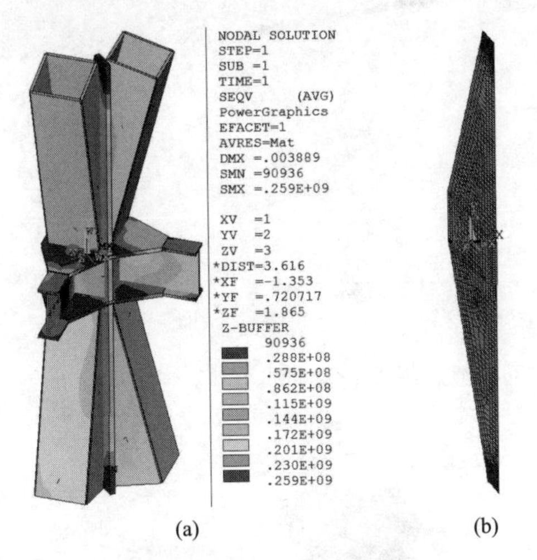

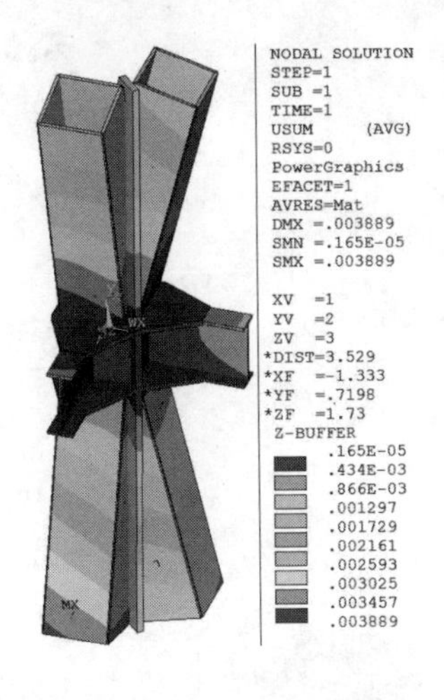

图 4.3-10　正常工作时该斜交网格节点的应力云图
(a) 轴测图；(b) 剖面图

图 4.3-11　正常工作时该斜交网格节点的位移云图

4. 极限承载力和破坏模式

非线性轴压分析时，斜柱构件端部增加刚性封板，其中下斜柱作为约束板，上斜柱作为加载板。施加第 1 阶屈曲模态［图 4.3-9(a)，即最可能出现的屈曲变形形式］作为初始几何缺陷，缺陷幅值取为 5mm，采用弧长法计算获得的极限轴压荷载系数。

图 4.3-12 为角部空间斜交网格节点荷载-位移曲线。可知，当荷载加大到斜交网格节点的极限承载力后，由于构件的塑性屈曲破坏效应，出现显著的屈曲极值点，屈曲后节点无法继续承载。极限荷载系数约为 2.014，即斜交网格节点的极限承载力约为 40480kN。

图 4.3-13 为角部空间斜交网格节点极限屈曲时的应力云图。可知，极限荷载作用下，斜交网格节点的塑性区域已扩散至斜柱构件大范围区域，斜柱构件先于节点加劲板进入屈服，整体呈现斜柱构件塑性屈曲破坏效应，符合“强节点弱杆件”的结构设计要求。图 4.3-14 为角部空间斜交网格节点屈曲破坏后的最大塑性应变云图，最大塑性应变值约为 0.605。

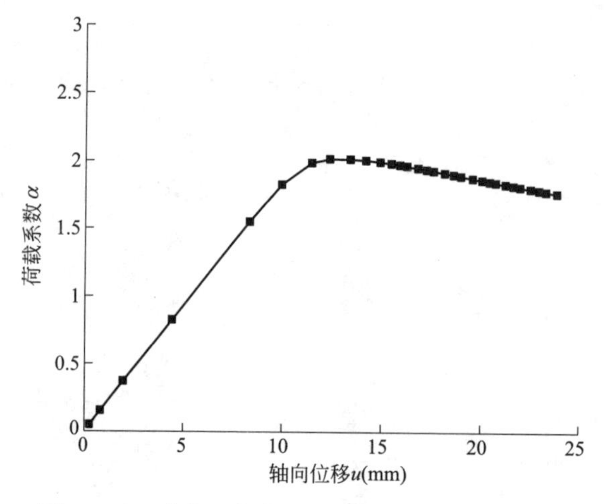

图 4.3-12　角部空间斜交网格节点荷载-位移曲线

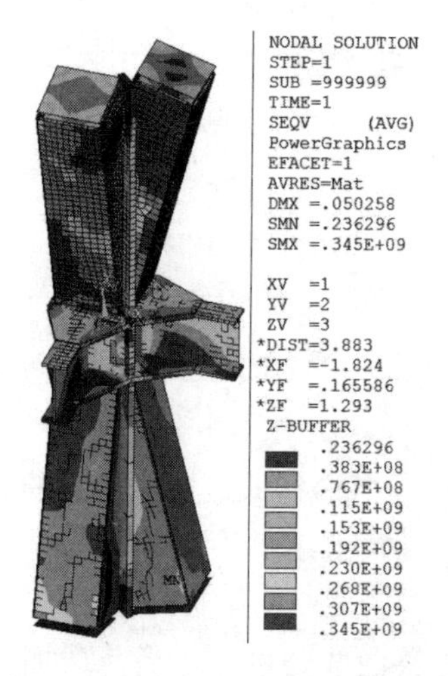

图 4.3-13　角部空间斜交网格节点极限屈曲时的应力云图

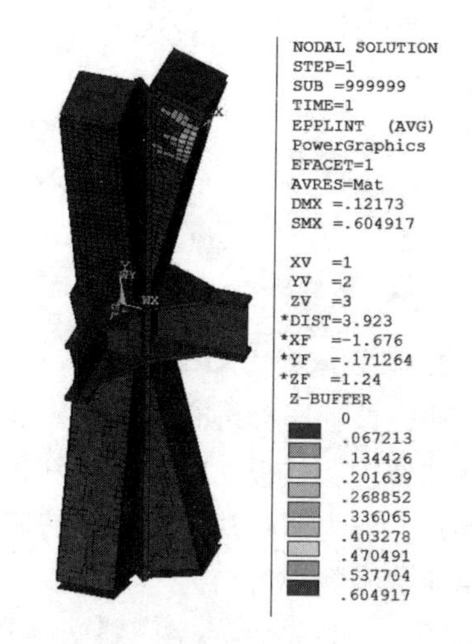

图 4.3-14　角部空间斜交网格节点屈曲破坏后的最大塑性应变云图

4.3.3　底部转换斜交网格节点

1. 有限元模型

该节点的上斜柱构件为箱形截面 750mm×40mm，中间竖向板的壁厚为 80mm，上下翼缘板和四周竖向壁板的壁厚为 60mm，内部十字竖向分隔板的壁厚为 80mm，斜柱构件的夹角为 28.39°，竖向高度取为 4.3m，水平长度取为 3.2m，中间竖向板和上下翼缘板均开洞以便混凝土浇灌，型钢混凝土梁的型钢截面为 H740×300×35×35，沿两轴线向型钢混凝土梁 1 和型钢混凝土梁 2 与节

点刚接，与轴线成 90°的平面外混凝土梁 3 与节点刚接，底部转换斜交网格节点见图 4.3-15。材料采用理想弹塑性材料，弹性模量为 2.06×10^{11} Pa，屈服强度为 345MPa，泊松比为 0.3。约束模型中心点（定位点）附近的网格节点，在构件端部施加对应荷载，见表 4.3-5。采用三角形薄壳单元进行网格划分，有限元分析模型如图 4.3-15 所示。为简化模型，型钢混凝土梁 1、型钢混凝土梁 2 和下竖柱均不考虑混凝土影响，不计混凝土梁 3 的弯矩作用。

底部转换斜交网格节点构件端部施加对应荷载　　表 4.3-5

构件	轴力(kN)	剪力(kN)	弯矩(kN·m)
下竖柱 1	44300	—	—
上斜柱 3、上斜柱 4	22000	—	—
钢梁 1、钢梁 2	−4000	650	800
钢梁 3	—	350	—

注：正值表示受压，负值表示受拉。

图 4.3-15 模型中钢梁 3 构件未建出（水平且垂直于钢梁 1、钢梁 2），按荷载形式施加。其中图 4.3-15(a) 为模型的外部轴测图，图 4.3-15(b) 为模型内部隔板的布置示意图。

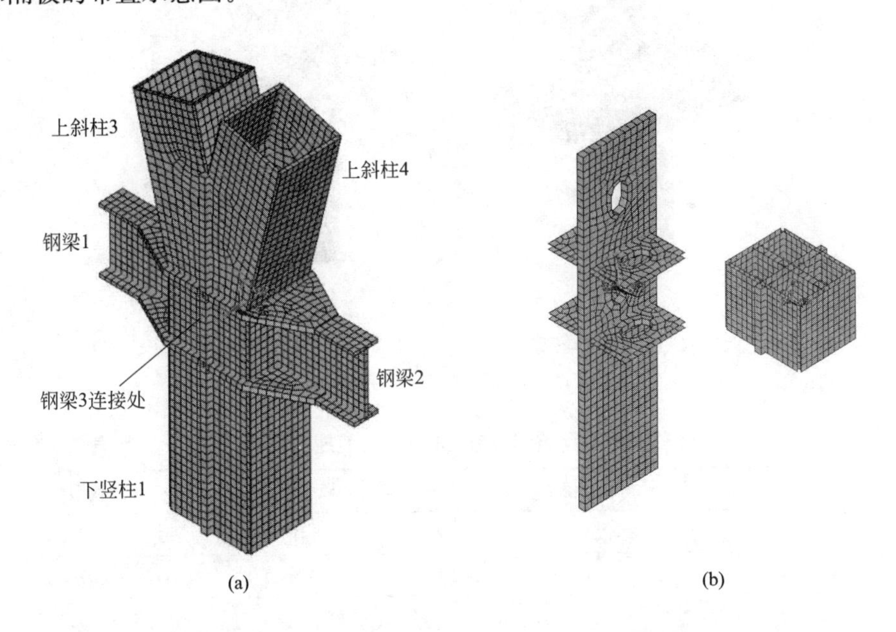

图 4.3-15　底部转换斜交网格节点有限元分析模型
(a) 外部轴测图；(b) 内部隔板的布置示意图

2. 特征值屈曲模态

表 4.3-6 给出了底部转换斜交网格节点前 10 阶特征值屈曲荷载系数，图 4.3-16 为底部转换斜交网格节点前 4 阶屈曲模态形状。可知，线弹性分析时，第 1 阶屈曲模态呈现为单弦波的局部变形形式，对应荷载系数值为 14.360。

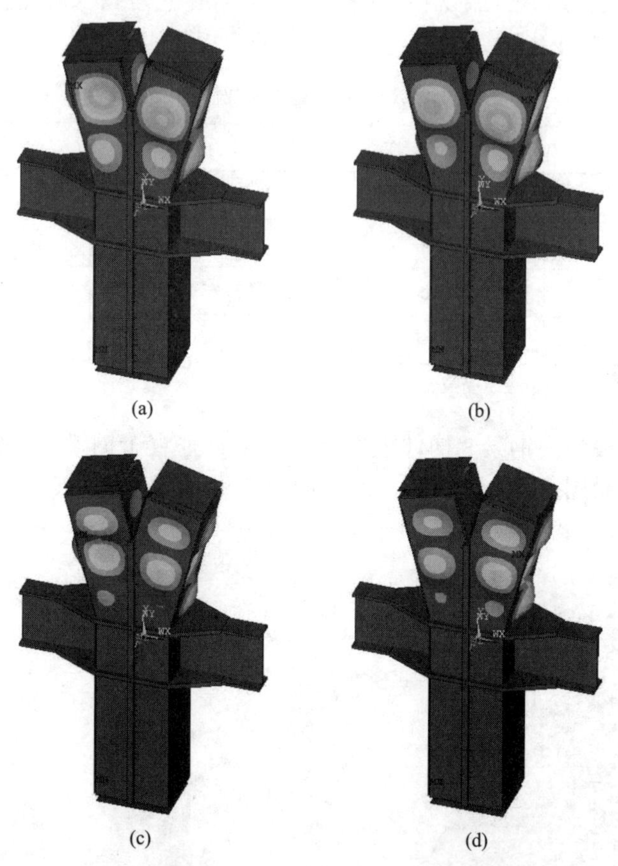

图 4.3-16　底部转换斜交网格节点前 4 阶屈曲模态形状

(a) 第 1 阶；(b) 第 2 阶；(c) 第 3 阶；(d) 第 4 阶

底部转换斜交网格节点前 10 阶特征值屈曲荷载系数　　表 4.3-6

阶数	荷载系数	阶数	荷载系数
第 1 阶	14.360	第 6 阶	18.278
第 2 阶	14.695	第 7 阶	18.750
第 3 阶	14.845	第 8 阶	18.911
第 4 阶	14.980	第 9 阶	19.715
第 5 阶	18.091	第 10 阶	19.973

3. 大震作用下正常工作时的应力和位移

图 4.3-17 和图 4.3-18 分别为底部转换斜交网格节点应力变化云图和位移云图。可知，该节点的整体平均应力水平在 250MPa 以下，该设计可保证节点核心区在大震作用下不屈服。由于应力集中，斜柱构件与竖向加劲板、翼缘加劲板相交位置以及开洞处的钢材局部进入了塑性状态。斜柱构件端部的最大位移约为 3mm。

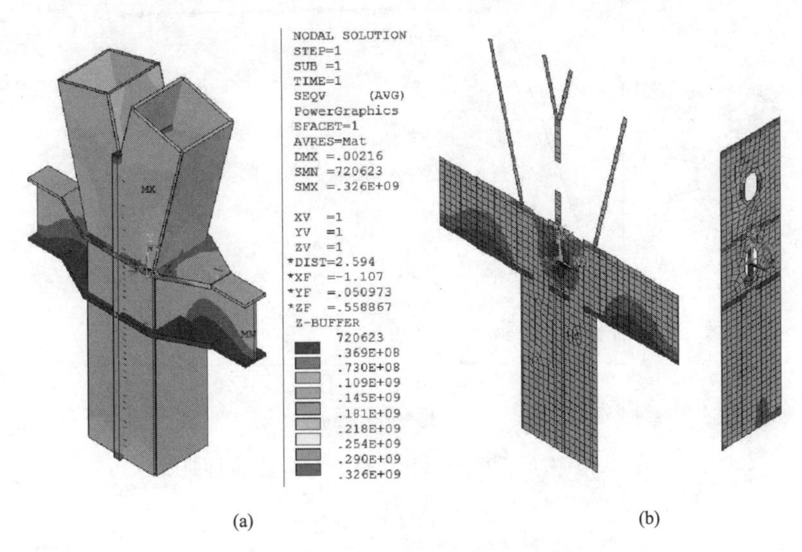

图 4.3-17　底部转换斜交网格节点应力云图

(a) 轴测图；(b) 剖面图

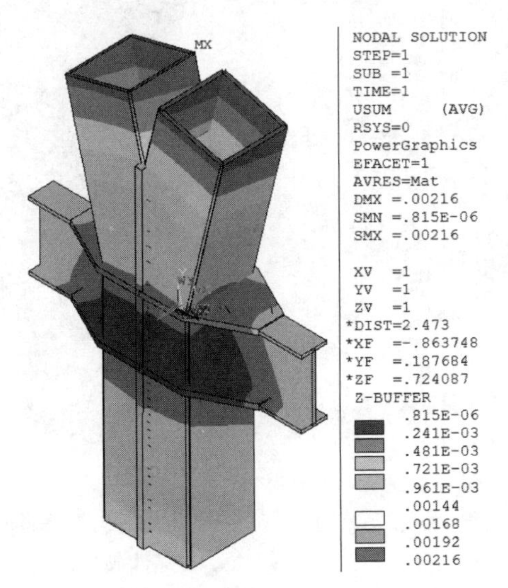

图 4.3-18　底部转换斜交网格节点位移云图

4. 极限承载力和破坏模式

端部刚性封板做法参照第 4.3.2 节。施加第 1 阶屈曲模态［图 4.3-16(a)，即最可能出现的屈曲变形形式］作为初始几何缺陷，缺陷幅值取为 5mm，采用弧长法计算获得极限轴压荷载系数。

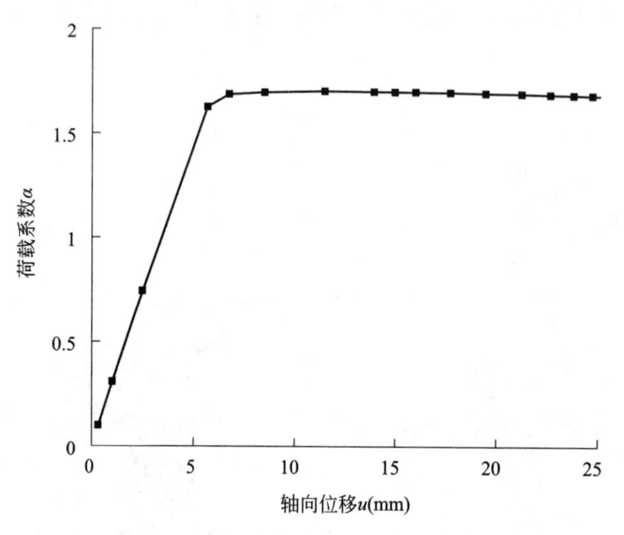

图 4.3-19　底部转换斜交网格节点荷载-位移曲线

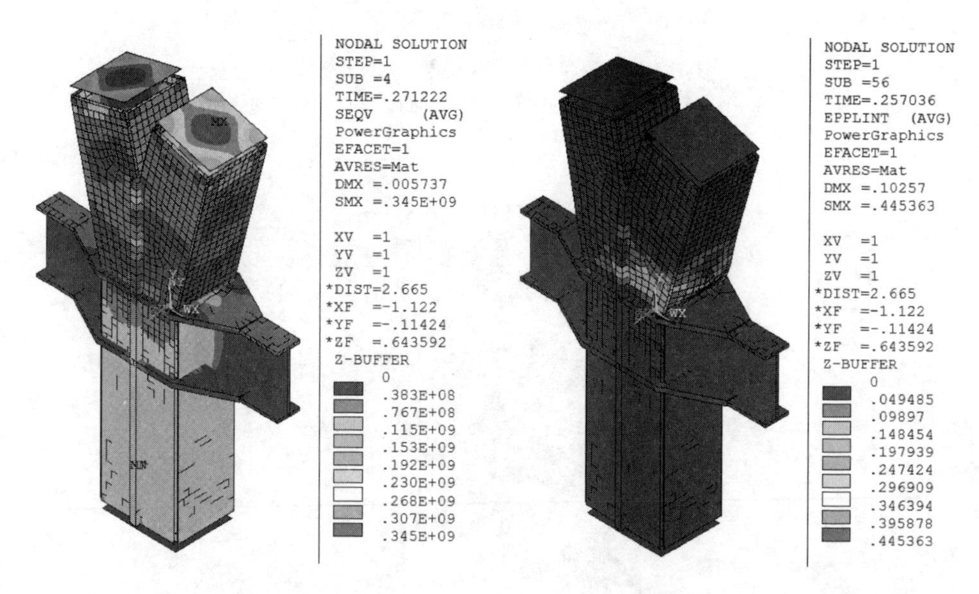

图 4.3-20　底部转换斜交网格节点极限屈曲时的应力云图

图 4.3-21　底部转换斜交网格节点屈曲破坏后的最大塑性应变云图

图 4.3-19 为底部转换斜交网格节点荷载-位移曲线。可知，当荷载加大到斜交网格节点的极限承载力后，由于构件的塑性屈曲破坏效应，出现显著的屈曲极值点，屈曲后节点无法继续承载。极限荷载系数约为 1.703，即斜交网格节点的极限承载力约为 37458kN。

图 4.3-20 为底部转换斜交网格节点极限屈曲时的应力云图。可知，极限荷载作用下，斜交网格节点的塑性区域已扩散至上斜柱构件大范围区域，斜柱构件先于节点加劲板进入屈服，整体呈现斜柱构件塑性屈曲破坏效应，符合“强节点弱杆件”的结构设计要求。图 4.3-21 为底部转换斜交网格节点屈曲破坏后的最大塑性应变云图，最大塑性应变值为 0.445。

4.3.4　节点性能及失效模式

中部平面斜交网格节点、角部空间斜交网格节点、底部转换斜交网格节点的线弹性屈曲荷载系数值分别为 6.81、14.884、14.36，荷载系数较高，具有较好的弹性安全性能。正常工作时，斜交网格节点的整体平均应力水平小于 250MPa，端部最大位移小于 4mm，该设计可保证节点核心区在大震作用下不屈服；由于应力集中，斜柱构件与竖向加劲板、翼缘加劲板相交位置以及开洞处局部进入塑性。

极限荷载作用下，斜柱构件先于节点板进入大范围屈服，整体呈现斜柱构件塑性屈曲破坏效应，具有显著的屈曲极值点，符合“强节点弱杆件”的结构设计要求，屈曲后节点无法继续承载。中部节点、角部节点和 Y 形节点的极限荷载系数分别约为 1.510、2.014 和 1.703，最大塑性应变分别约为 0.227、0.605 和 0.445，具有较好的非线性安全性能。

4.4　斜交网格节点的制作工艺

斜交网格节点由各类型材板件焊接组成，焊接工艺较为复杂；18 层以下还需内灌混凝土，即涉及隔板开洞以保证密实度。本节针对斜交网格节点，从板件焊接和混凝土浇灌两方面对其制作工艺进行初步探讨。

4.4.1　节点的焊接工艺

项目中斜交网格节点具有斜柱构件夹角较小、组成焊接板件较多、节点内部隔板较多、焊缝质量要求高等特点，焊接工艺较为复杂。

图 4.4-1 为焊接完成后各类斜交网格节点的实体模型。斜交网格节点区域采用全熔透坡口等强焊接，焊缝质量等级为二级及以上。根据节点板件组成特点，依次焊接竖向加劲板、两侧竖向隔板组件、水平横隔板和四个斜柱构件，以保证

焊接质量。中部节点和角部节点的斜柱构件夹角分别仅为 28.39°和 19.97°，对应斜柱构件与竖向加劲板夹角仅为 14.195°和 9.985°，切坡口全熔透焊接时需严格满足焊缝质量的相关要求。

(a)

(b)

(c)

图 4.4-1　焊接完成后各类斜交网格节点实体模型

(a) 中部平面斜交网格节点；(b) 角部空间斜交网格节点；(c) 底部 Y 形转换节点

图 4.4-2 为完成第 1 个节点层时的现场斜交网格施工状况。此外，竖向加劲板在水平钢梁拉力作用下，梁高范围内存在局部受拉作用，由于壁厚较厚，板件厚度方向性能需满足现行国家标准《厚度方向性能钢板》GB/T 5313 的相关规定。此外，焊接完后应根据相关规范进行焊缝质量无损检测。

(a)

(b)

图 4.4-2　完成第 1 个节点层时的现场斜交网格施工状况

(a) 轴测视角一；(b) 轴测视角二

4.4.2　内部混凝土的浇灌工艺

该项目斜交网格构件截面较大、每节段浇灌高度较大且构件内有多处节点加强肋板，施工时考虑采用高抛自密实＋振捣法进行浇灌，以保证其密实度。

图 4.4-3 为斜交网格节点构件内部混凝土浇灌工艺流程图。选用高流态的

C60 微膨胀自密实混凝土，首先通过塔式起重机或布料机将其输送至操作平台上的漏斗处；再通过漏斗进行混凝土浇灌，随钢结构施工完一节浇灌一节；为保证钢结构焊接质量，浇灌完成面与斜柱上口的距离为 500mm。为保证横隔板处的混凝土密实度，当浇灌混凝土溢过下层横隔板时，用高频插入式振捣棒振捣，严格控制振捣时间；再将混凝土浇灌溢过上层横隔板，用上述方法振捣；最后浇灌余下混凝土至完成面标高。

混凝土浇筑完成后需对钢管混凝土斜柱进行密实度检测，主要采用敲击法和超声波检测法。首先采用敲击钢管的方法进行全数检查，如有异常，则应用超声波检测。对于不密实的部位，则采用钻孔压浆法进行补强，并将孔补焊封固。

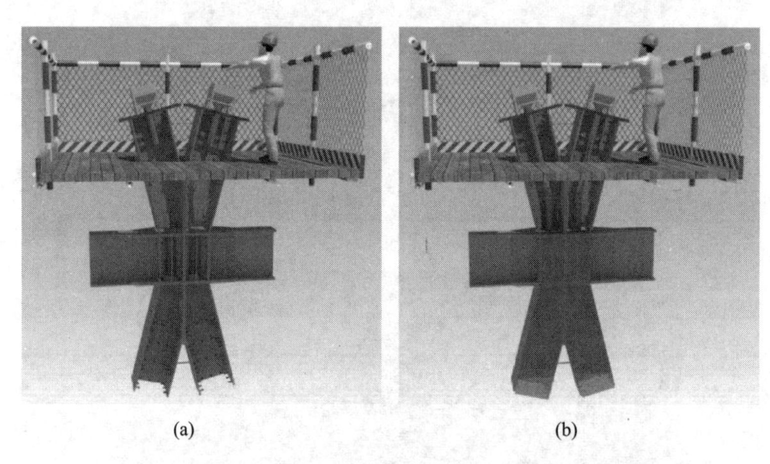

(a) (b)

图 4.4-3　斜交网格节点构件内部混凝土浇灌工艺流程图

（a）浇灌前；（b）浇灌中

值得说明的是，图 4.4-3 为设计阶段时的混凝土浇灌方案（方案一），即从钢管横截面处进行浇灌。实际施工中，为加快施工进度，采用了上部钢结构和混凝土浇灌施工同时进行的斜柱侧向开孔混凝土浇灌方案（方案二）进行替代，并进行了钢管混凝土斜柱足尺模型试验以验证该工艺的合理性和有效性，具体详见第 7.2 节。

第5章 斜交网格体系抗震失效及破坏机理关键技术研究

斜交网格-RC核心筒结构体系兼顾筒中筒结构体系较高的刚度与网格的空间协调受力性能，在高层与超高层结构中备受青睐。体系外筒即斜交网格筒由斜柱与周边拉梁组成，斜柱交叉形成的网状结构为结构提供了相对高效地承受竖向荷载和水平荷载的机制[18]。该结构体系自首次应用于匹兹堡IBM大厦后被大量应用，然而建成项目尚未经历大震检验，抗震理论相关研究亦落后于工程实践[76-79]。

本章基于现行美国规范ASCE 7、FEMA P-1050[80] 报告以及中国《抗规》内容，首先介绍美国结构设计规范、美国抗震设计的地震作用及结构响应的计算方法；接着以典型框剪结构为算例，对比中美两国抗震设计方法及响应；然后基于斜交网格体系的实际设计需求对结构进行弹性分析与弹塑性分析。根据对斜交网格体系在弹塑性阶段结构响应、能量耗散机制、构件屈服及失效顺序的研究，提出具有针对性的抗震性能设计目标，为项目设计提供参考资料和理论支撑，同时也为与境外设计单位合作及境外设计工程提供参考[81-82]。

5.1 中美规范地震作用计算对比

5.1.1 美国结构设计规范概述

美国的规范体系与我国的规范编制体系有着较大的区别。我国的规范多是由官方机构牵头编制，而美国的规范则主要是由各协会根据需要以及特性分别编制相关规范，美国部分相关协会关系图如图5.1-1所示。根据用途的不同，美国的结构设计规范一般可分为数据采集评估类标准、总则性规范和专业性规范三类。

1. 数据采集评估类标准

这类规范作为各专业规范的数据来源，影响深远且编制工程浩大，故其编纂多有政府机构参与。其中，美国国家震害减轻计划（NEHRP）在地震的测量和

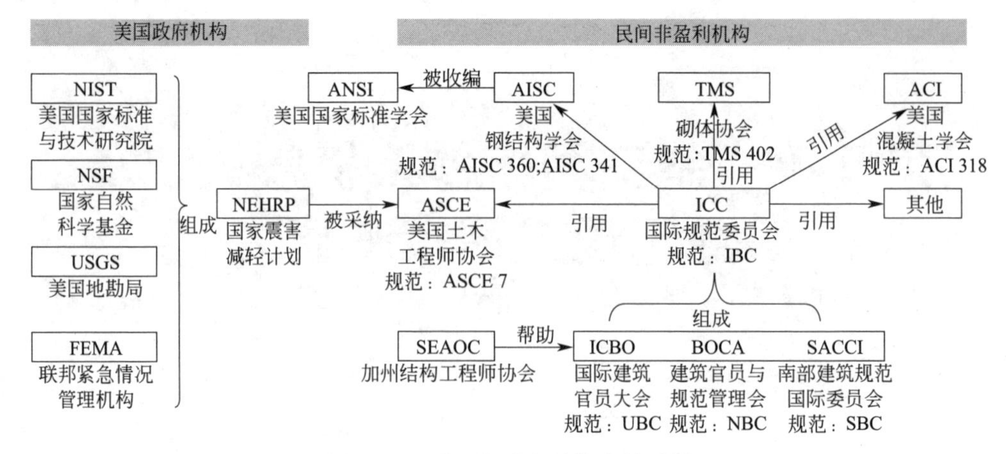

图 5.1-1　美国部分相关协会关系图

地震作用的计算等方面做出了卓越贡献。该计划自 1985 年起以 3 年为周期更新发布 NEHRP 条款，这些条款分为两部分，第一部分为成熟款项，被 ASCE 7 规范所采纳作为抗震设计的通用条款，第二部分为资源文献，提供与抗震设计相关且适用性相对较强的新的设计理念。

2. 总则性规范

总则性的规范以国际建筑规范（IBC）为典型代表。IBC 是在美国，乃至世界范围内传播较广的规范，涵盖内容广，包括建筑设计、结构设计和结构施工等内容。该规范由国际规范委员会（ICC）负责编写。IBC 统一了美国各个地区的规范体系，整理出了在全美国范围内认可度较高的规范体系；同时，该规范对复杂的各种结构形式的规范进行索引式的整合，便于结构工程师们在设计过程中对各具体规范的使用。

3. 专业性规范

在结构设计方面，常用的专业性规范包括由美国土木工程师协会（ASCE）编写的编号为 ASCE 7 规范的荷载规范美国混凝土协会（ACI）编写的编号为 ACI 318 的混凝土规范美国钢结构协会（AISC）编写的编号为 AISC360 钢结构设计规范等。

（1）荷载规范（ASCE 7 规范）

美国土木工程师协会（ASCE）是美国最早的工程师协会，拥有来自 177 个国家，超过 15 万的会员。该协会致力于规范的编制，行业权威期刊的编纂，工程师社交网络的建立以及土建类工程师的培养。ASCE 7 表示 ASCE 编制的规范系列 7，其他系列的规范因部分与结构设计相关性较小故不予赘述。该规范的内容以荷载设计为主体，同时给出了可靠性设计标准、风荷载作用区划图、地震作用区划图等内容。与我国荷载规范相比，该规范将所有与荷载设计相关的内容都

集中在单一规范中，给使用时的查阅带来了方便，但同时由于内容繁多，也给初学者带来一定的难度。

（2）房屋混凝土结构设计规范（ACI 318）

房屋混凝土结构设计规范（ACI 318）是美国混凝土协会（ACI）主编的混凝土结构规范，包含了混凝土结构计算的大部分内容。该规范的涵盖内容与我国《混凝土结构设计规范》GB 50010—2010 基本一致，主要包括普通构件的设计，混凝土基础的设计和混凝土结构抗震设计。

（3）钢结构设计规范（AISC 360、AISC 341）

美国钢结构协会（AISC）是美国钢结构规范的主要编写机构，针对以普通钢材为主要建筑材料的钢结构设计。AISC 360 为钢结构的一般性设计要求，而 AISC 341 则主要针对钢结构的抗震设计。

（4）砌体结构设计规范（ACI 530、ASCE 5、TMS 402）

砌体结构规范是由美国混凝土协会（ACI）、美国土木工程师协会（ASCE）和砌体结构协会（TMS）联合编写。主要包括砌体结构强度的计算及设计方法等。

（5）其他特种结构设计规范

除了上述常见规范标准以外，还有许多针对性更强的规范。如针对特殊构件的专用规范：压型钢板协会（SDI）编写的压型钢板规范 ANSI/SDIC—2017；钢节点协会（SJI）编写的钢节点做法标准 CJ-10、JG-10、K-10、LH/DLH-10；再如针对特殊钢材设计使用的规范：美国土木工程师协会（ASCE）编写的冷弯不锈钢结构构件设计标准 ASCE 8-02。在结构设计过程中，工程师针对不同的结构形式，采用上述常见规范与标准，而在遇到特殊结构或者特殊做法时，则参照国际建筑规范（IBC）引申的相应规范进行设计。

在 IBC 第 35 章中，根据不同的规范编制单位，按照首字母顺序给出了所有相关规范的索引式的引用总结。对于结构设计来说，在 IBC 的第 16 章结构设计中给出了一般性的要求以及荷载计算方法，该章节中指出结构的强度设计方法主要为 LRFD 和 ASD，前者考虑不同荷载和抗力的分项系数，而后者采用单一的安全系数。在具体形式上类似于我国的承载力极限状态设计和正常使用状态设计；荷载计算中，IBC 对 ASCE 7 规范的计算过程进行了一定的总结和提炼，给出了可操作性较强的荷载计算流程，给工程人员计算荷载，尤其是地震作用和风荷载作用带来了方便。而对于不同结构的设计，在 IBC 的第 18、19、21、22 和 23 章中依次给出了地基基础、砌体、混凝土、钢结构和木结构的一般性设计要求，并根据不同的项目给出了参考规范。

5.1.2 中美规范地震作用对比

中美抗震规范的对比主要依据我国的《抗规》和美国 ASCE 7 规范的地震作用相关章节（11 章～23 章），具体各章节名称如表 5.1-1 所示。

ASCE 7 规范的地震作用相关各章节 **表 5.1-1**

章节	章节名称	
	英文	中文
11	Seismic Design Criteria	抗震设计标准
12	Seismic Design Requirements for Building Structures	建筑结构抗震设计要求
13	Seismic Design Requirements for Nonstructural Components	非结构构件抗震设计要求
14	Material Specific Seismic Design and Detailing Requirements	基于建筑材料的抗震设计及细部要求
15	Seismic Design Requirements For Nonbuilding Structures	非建筑结构的抗震设计要求
16	Seismic Response History Procedures	地震响应时程分析
17	Seismic Design Requirements for Seismically Isolated Structures	隔震结构的抗震设计要求
18	Seismic Design Requirements for Structures with Damping Systems	含阻尼系统的结构的抗震设计要求
19	Soil-Structure Interaction for Seismic Design	抗震设计中土与结构的相互作用
20	Site Classification Procedure for Seismic Design	抗震设计中的场地分类
21	Site-Specific Ground Motion Procedures for Seismic Design	抗震设计中基于不同场地的地表运动
22	Seismic Ground Motion Long-Period Transition and Risk Coefficient Maps	地表运动，长周期转换周期和风险系数区划图
23	Seismic Design Reference Documents	抗震设计参考文献

由表 5.1-1 可知，对于不同的建筑和建筑的不同部分，规范给出了相应的设计标准。对于普通的、相对常见的结构来说，主要涉及内容在第 11、12、21、22 章中。中美两国抗震设计规范在地震作用的计算原则上存在相似性，但在具体的地震区划图的选取、场地类别及结构形式对地震作用的影响上均存在差异。美国规范抗震设计流程如图 5.1-2 所示。

基本设计步骤为：

(1) 根据场地所在，从第 22 章的地震区划图和长周期转换周期区划图中，

读取反应谱加速度参数 S_S、S_1 [S_S、S_1 分别为 0.2s（短周期）、1.0s（长周期）特征周期时的最大考虑地震反应谱加速度参数] 和周期参数 T_L；

（2）根据第 11 章中的公式，对 S_S、S_1 进行场地修正和折减，得到修正折减后的反应谱加速度参数 S_{DS}、S_{D1}；

（3）根据 S_{DS}、S_{D1} 和 T_L 绘制设计反应谱；

（4）根据第 12 章中的计算方法（底部剪力法，振型分解法或时程分析法）对结构地震作用进行计算，针对不同的结构在第 12 章中给出了相应的基于延性的响应修正系数，超强系数和位移放大系数。

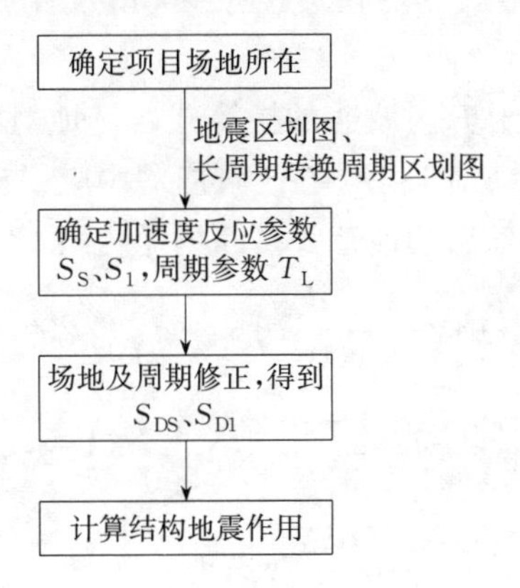

图 5.1-2 美国规范抗震设计流程

1. 地震作用区划图

地震作用区划图是确定地震作用的主要依据。ASCE 7 规范针对加速度敏感段，采用短周期（0.2s）地震反应谱加速度 S_S；针对速度敏感段和位移敏感段，采用周期为 1.0s 的地震反应谱加速度 S_1。多个系数在绘制地震反应加速度图谱时概念更为明确，但在操作上也更为复杂。

ASCE 7-05 规范之前版本采用的是最大考虑地震（MCE），其将地震作用分为基于概率分析和确定性分析的地震动强度。其中，前者采用统一概率的统计方法，即 50 年内超越概率为 2%的地震作用，类似于我国规范定义的罕遇地震；后者针对有活跃地裂缝的地区，采用其特征地震模型 1.5 倍反应谱加速度的中位数。MCE 选取两者计算的小值作为该地区的地震动强度。然而，由于美国各个地区的地质条件不同，地震动概率分布曲线也不同，地震不活跃地区的曲线尾部长于地震活跃地区。为统一设防标准，在 ASCE 7-10 规范中提出了基于目标风险的最大地震（MCER）的地震作用区划图。该图设定 50 年内倒塌概率 1%为风险目标。

2. 场地分类对比

中美两国规范均采用剪切波速作为场地划分的主要依据。在具体定义上，我国规范通过定义覆盖层厚度考虑不同土层对等效剪切波速 v_{se} 的影响，而美国规范则考虑地表以下 30m 范围内的平均剪切波速 $\bar{v}_s$。此外，美国规范也可以采用平均标贯击数或平均不排水抗剪强度来定义场地。

将《抗规》在场地划分时规定的 20m 计算深度延伸至 30m，用罗开海[83]采用的假设：

1）覆盖层厚度 $d_{ov}>20$m 时，深度介于 20m 和 d_{ov} 之间的土层的剪切波速按 $1.3v_{20}$ 计算，其中 v_{20} 表示前 20m 的等效剪切波速；

2）覆盖层厚度之下土层的剪切波速按 500m/s 计算；$v_{20}<150$m/s 时，其下限值为 70m/s。

式(5.1-1) 给出了基于剪切波速的换算式，场地对应结果如图 5.1-3 所示。两国规范场地类别无一一对应关系，在工程应用中应根据地质勘查报告得到的各个土层的剪切波速计算等效剪切波速，判断场地类型。

$$\bar{v}_s=\begin{cases}30\Big/\left(\dfrac{d_{ov}}{v_{se}}+\dfrac{30-d_{ov}}{500}\right),0<d_{ov}\leqslant 20\\30\Big/\left(\dfrac{20}{v_{se}}+\dfrac{d_{ov}-20}{1.3v_{se}}+\dfrac{30-d_{ov}}{500}\right),20<d_{ov}\leqslant 30\\30\Big/\left(\dfrac{20}{v_{se}}+\dfrac{10}{1.3v_{se}}\right),30<d_{ov}\end{cases}\tag{5.1-1}$$

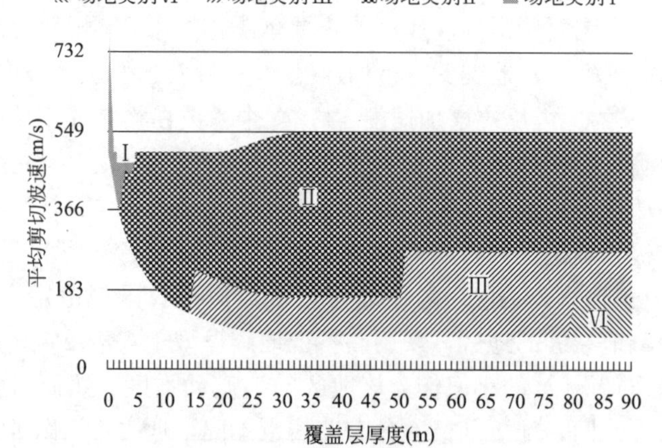

图 5.1-3 中美规范场地对应图

3. 设计反应谱对比

以同样设防标准下相同加速度反应谱峰值作为设计基准绘制反应谱曲线对两国设计反应谱进行对比分析。选择某一抗震烈度为 7 度地区（减小美国规范中对

活跃地裂缝的考虑带来的影响)，结构阻尼比为5%（忽略结构阻尼影响)，基本设防水准为地震峰值加速度（0.1g)。多遇地震水平地震影响系数最大值为0.08，场地类型为Ⅱ类，设计分组为第一组，特征周期为0.35s。

根据罗开海等[84] 给出的重现期475年与2500年的转换数据为2.97。同时，ASCE 7规范采用最大地震作用方向作为计算方向，取风险系数为0.85。另外，美国地震作用区划图场地相当于我国规范 I_1 类场地，根据中国地震动参数区划图附录E对我国不同场地地震峰值加速度的调整，S_S 约为0.603g。由图5.1-2，我国规范中的Ⅱ类场地对应于美国规范C、D、E类场地。对短周期反应谱加速度进行场地修正，得到对应短周期0.2s的场地修正后反应谱加速度参数 S_{MS}，分别为0.76g、0.79g、0.93g。

根据定义，加速度敏感区和速度敏感区分界为特征周期；得到对应长周期1.0s的场地修正后反应谱加速度参数 S_{M1} 约为0.27g、0.28g、0.32g。计算式如式(5.1-2)～式(5.1-4) 所示。

$$\begin{cases} S_{DS}=\frac{2}{3}S_{MS} \\ S_{D1}=\frac{2}{3}S_{M1} \end{cases} \tag{5.1-2}$$

$$T_0=0.2\frac{S_{D1}}{S_{DS}}=0.07s \tag{5.1-3}$$

$$T_S=\frac{S_{D1}}{S_{DS}}=0.35s \tag{5.1-4}$$

式中，折减系数为2/3；S_{DS}、S_{D1} 分别为对应短周期0.2s和长周期1.0s场地修正和折减后的反应谱加速度；T_D、T_S 分别为短周期参数、长周期参数。

图5.1-4为《抗规》和ASCE 7规范设计反应谱曲线。其中，不同类型细线表示在不同场地类型下的反应谱曲线。

ASCE7规范规定需要根据不同结构的延性和重要性系数，对反应谱进行折减，调整系数详见表5.1-2。

图5.1-5和图5.1-6分别体现了在不同场地和不同结构类型修正后《抗规》和ASCE 7规范的反应谱曲线对比。

设计反应谱曲线调整系数　　表5.1-2

结构形式	延性系数/重要性系数
特殊抗震框架(Special Moment Frame,SMF)	8/1.0=8
混凝土剪力墙(Special Reinforced Concrete Shear Wall,SSW)	6/1.0=6
框架能够承受25%侧力的双重抗侧力系统(Dual System,SMF+SSW)	7/1.0=7

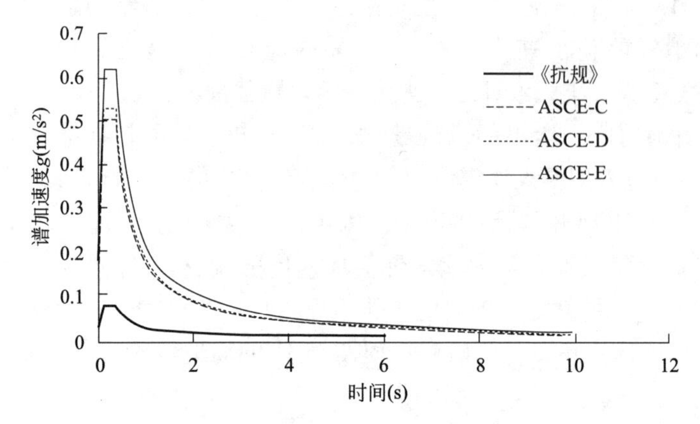

图 5.1-4 《抗规》和 ASCE 7 规范反应谱曲线

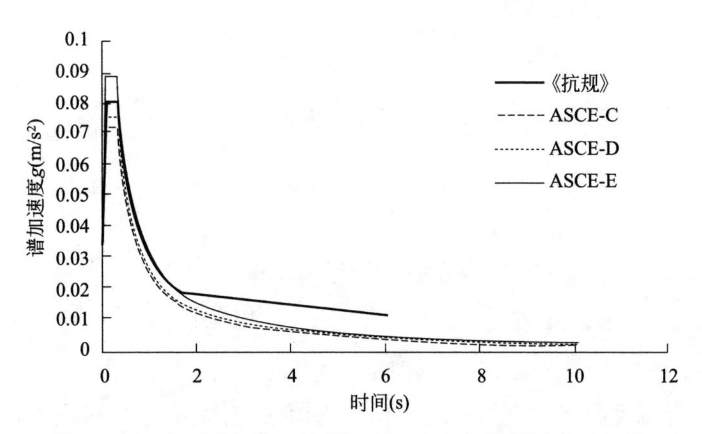

图 5.1-5 在不同场地《抗规》和 ASCE 7 规范反应谱曲线

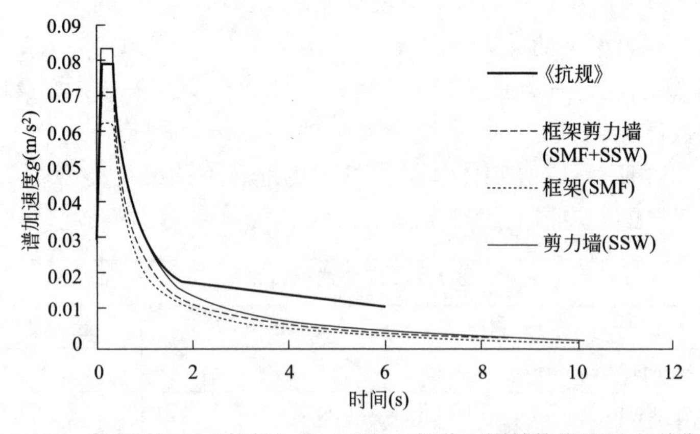

图 5.1-6 考虑延性后《抗规》和 ASCE 7 规范不同结构类型反应谱曲线

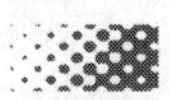

（1）我国规范设计反应谱在位移敏感段大于美国规范的相关要求，且规定对周期大于6s的结构应单独研究；

（2）在加速度敏感段，中美规范经过系数调整后整体设计参数处于同一量级，美国规范加速度敏感段反应谱加速度大于我国规范的相关要求；

（3）美国规范的反应谱加速度受场地和结构类型影响较大，而我国规范则忽略该影响。

5.2　基于中美抗震规范的超高层框架-剪力墙结构体系弹性分析

5.2.1　结构体系及刚度折减

1. 结构体系

ASCE 7规范针对不同的结构体系根据其受力特性赋予不同的响应修正系数包括超强系数和位移放大系数。对于高层结构普遍采用的框架-剪力墙结构体系，出于结构有效后备承载力的考虑。我国《高规》第8.1.4条规定，框剪体系的框架部分各楼层剪力V_f需满足$V_f \geqslant 0.2V_0$（V_0为结构底部总剪力）；当某楼层剪力不满足时，V_f应按$0.2V_0$和$1.5V_{f,max}$二者的较小值采用（$V_{f,max}$为对框架柱数量从下到上基本不变的结构，应取对应于地震作用标准值且未经调整的各层框架承担的地震总剪力中的最大值）。

2. 刚度折减

美国规范在基本周期的计算上采用结构开裂后的刚度，即在计算结构刚度时考虑轴力、弯矩和剪切产生的裂缝对截面刚度的折减，参考ACI 318-14[85] 相关条款，折减系数如表5.2-1所示。

在实际软件模拟计算中，考虑翼缘墙对腹板墙刚度的提升作用，适当放大墙的刚度；而对于板，在计算中常采用刚性楼板模型，在计算中并不需要对楼板进行刚度修正。

美国ACI 318-14规范构件刚度折减系数　　表5.2-1

构件名称	柱	墙	梁	板
折减后刚度	$0.7I_g$	$0.35I_g$	$0.35I_g$	$0.25I_g$

注：I_g表示截面总刚度。

5.2.2　弹性分析方法

ASCE 7规范抗震分析方法：等价水平力法（ELF），振型反应谱法

(MRS)，线性响应时程法（LRH）和非线性响应时程法（NRH）。规范特别指出非线性静力推覆分析不作为该规范推荐使用的分析方法。其中，由于 MRS 在分析过程中需要对振型结果进行 SRSS 或 CQC 组合，结构构件受力方向不明确，故在新版 ASCE 7 规范中新增 LRH 分析方法进行改善。考虑两国规范弹性分析方法相似，故采用算例进行分析对比。

1. 底部剪力法（等价水平力法）

ASCE 7 规范中计算基底剪力 V 如式(5.2-1) 所示。

$$V=C_{\mathrm{S}}W \tag{5.2-1}$$

式中，W 表示等效抗震质量。ASCE 7 系列规范定义结构有效重量为直接与结构连接的构件的自重，同时考虑永久性设备、隔墙以及屋顶景观荷载。C_{S} 为抗震响应系数，作用上与我国规范地震作用影响系数 α 相似，但额外考虑结构延性和重要性系数的影响，按式(5.2-2) 计算：

$$C_{\mathrm{S}}=\frac{S_{\mathrm{DS}}}{R/I_{\mathrm{g}}} \tag{5.2-2}$$

式中，R 为抗震延性系数，I_{g} 为抗震重要性系数。

由式(5.2-2) 可见，ASCE 7 规范底部剪力计算时忽略结构周期的影响，故在实际设计中规范在短周期段对抗震响应系数 C_{S} 补充考虑增大，在长周期段设置上下限值，并考虑活跃地裂缝的影响。

对框架-剪力墙结构取延性系数 $R=7$，计算抗震响应系数，并对其下限进行修正。对比发现，ASCE 7 规范对长周期段反应谱加速度放大明显。对于不同的结构反应谱延性折减程度不同，但总体而言两国规范的设计反应谱相近。

底部剪力系数（ASCE 7 规范）与影响系数（《抗规》）曲线比较如图 5.2-1 所示。

2. 振型分解法（振型反应谱法）

FEMA P-695[86] 项目研究表明，根据 ELF 设计的结构在和包含 15%底部剪力折减的 MRS 计算结果对比中呈现更好的抗倒塌性能。但根据实际工程数据统计，许多根据振型分解法设计的结构不能够达到最大考虑地震（MCE）10%倒塌概率。因此，FEMA P-1050-1 提出振型分解法的计算结果不小于底部剪力法计算结果。

5.2.3 框剪体系的抗震弹性分析

1. 结构分析模型

根据我国规范设计某典型框架-剪力墙结构。工程设防烈度为 7 度（0.1g），场地类别为Ⅱ类场地，设计地震分组为第一组，特征周期为 0.35s。全楼共 27

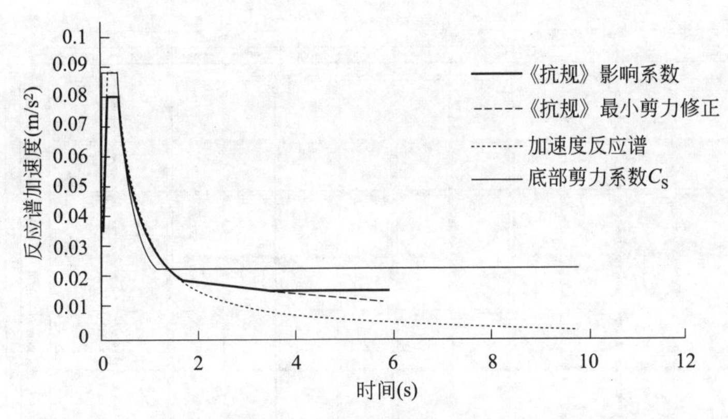

图 5.2-1 底部剪力系数（ASCE 7 规范）与影响系数（《抗规》）曲线比较

层，高 97.6m；其中一层层高为 4m，其余楼层层高为 3.6m，顶层为出屋面机房。典型平面尺寸为 49.2m×33.2m（6 跨×4 跨），结构平立面示意图如图 5.2-2 所示。结构主要构件尺寸如表 5.2-2 所示。楼面设计荷载为附加恒荷载 $2.0kN/m^2$；活荷载按普通办公楼考虑（$2.0kN/m^2$）。梁上荷载考虑外墙为 14kN/m，内墙为 10kN/m。墙柱混凝土强度等级为 1～5 层 C50；6～10 层 C45；11～15 层 C40；16～22 层 C35；23～27 层 C30。如表 5.2-3 所示，对照我国《抗规》与美国 ASCE 7 系列规范设计反应谱参数，采用有限元软件 ETAB 进行设计和分析。

结构主要构件尺寸表 **表 5.2-2**

楼层	柱(mm)	墙(mm)	主梁(次梁)(mm)
1～9 层	1200×1200	400	350×800(250×500)
10～19 层	800×800	350	350×800(250×500)
20～27 层	600×600	300	350×800(250×500)

按照两国规范的抗震设计基本信息对比 **表 5.2-3**

基本信息	《抗规》	ASCE 7 规范
建筑抗震设防分类	标准设防,丙类	Ⅱ类
抗震设防	设防烈度 7 度(0.1g)	设计等级 C 类
建筑场地类别	第一组,Ⅱ类场地	C～E 类场地
地震作用	水平地震影响系数最大值 0.08	S_{DS}=0.50～0.61g S_{D1}=0.17～0.21g
周期	特征周期 0.35s	T_S=0.35s

注：算例按保守考虑，ASCE 7 规范采用 E 类场地。

根据上述设计信息建立结构模型，由于两国规范对质量源的定义以及构件设计受力状态不同，中美规范结构设计周期对比如表 5.2-4 所示。

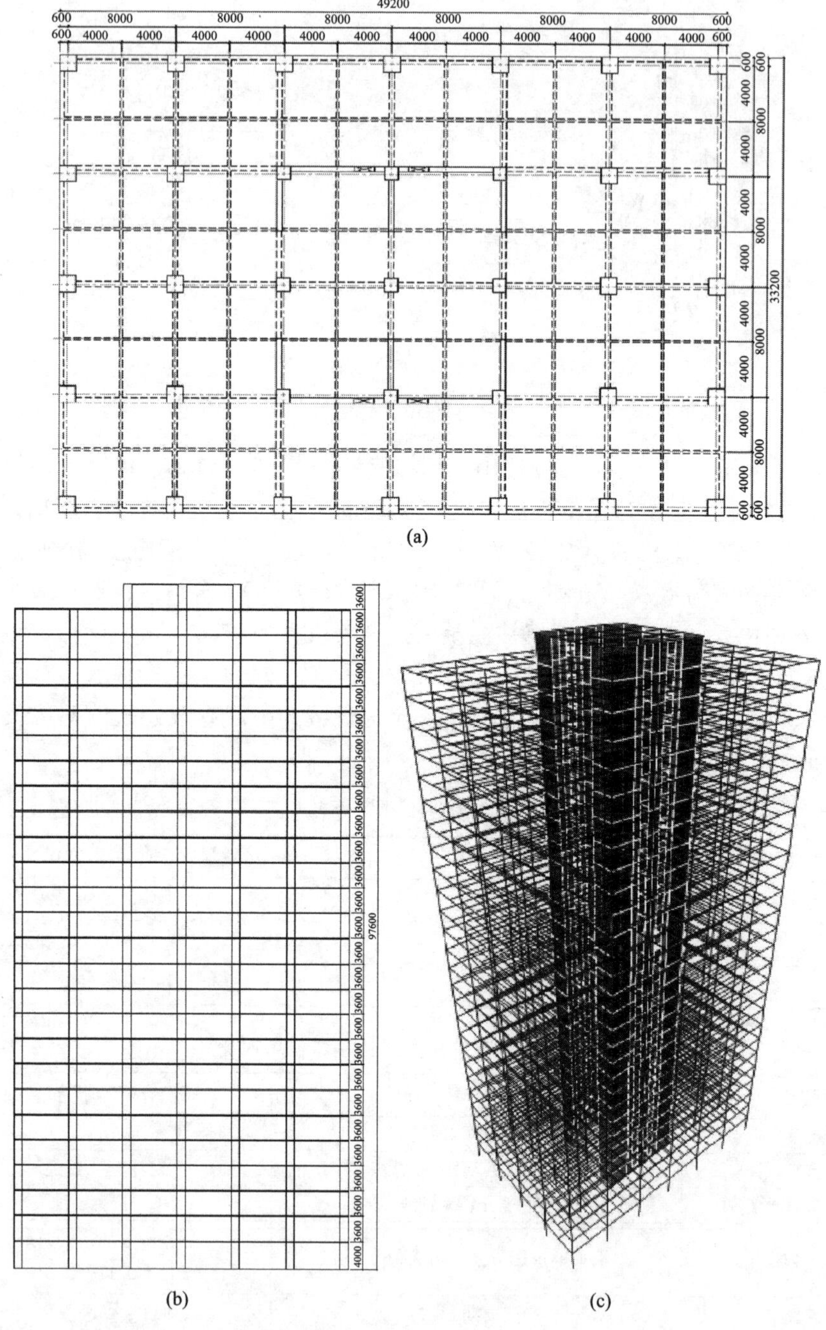

图 5.2-2　结构平立面示意图

（a）典型结构平面；（b）结构立面；（c）结构三维图

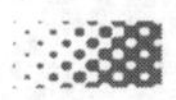

中美规范结构设计周期对比　　表 5.2-4

振型	中国规范设计周期(s)	美国规范设计周期(s)	模态
1 阶振型	2.56	3.84	Y 方向平动
2 阶振型	2.22	2.97	X 方向平动
3 阶振型	1.75	2.04	扭转

由表 5.2-4 可知，美国规范在考虑截面因为开裂而导致的惯性矩减小之后，结构的刚度大幅度减小，相比之下，美国规范仅考虑恒荷载，一定程度上减少了刚度变化带来的影响，但总体来说，基本周期依旧偏大，继而将造成结构的地震作用偏小。但由于美国地震作用设计反应谱整体上大于我国地震作用设计反应谱，因此在使用振型分解法时，得到的地震作用大小并不能从基本周期的大小上直接给出结论。

2. 底部剪力法计算结果

美国在进行抗震设计时，多采用底部剪力法为首选设计方法或是采用底部剪力法计算结果作为下限值。利用底部剪力法计算结构响应，ASCE 7 规范规定基本振型不应超过 $C_u T_a$（本例中计算结果为 2.36），其中 C_u 为计算周期上限系数，T_a 为估算基本周期。因而，ASCE 7 实际使用周期尚小于《抗规》。表 5.2-5 为中美规范底部剪力法计算相关参数对比。

中美规范底部剪力法计算相关参数对比　　表 5.2-5

相关参数	《抗规》(中国)	ASCE 7 规范(美国)
总水平地震作用值	$F_{EK}=\alpha_1 G_{eq}$ 多质点时 G_{eq} 可取总重力荷载代表值的 85%	$V=C_S W$ W 为总重力荷载代表值
质点水平地震作用	$F_i=\dfrac{G_i H_i}{\sum_{j=1}^{n} G_j H_j} F_{EK}(1-\delta_n)$	$F_x=C_{vx}V$ $C_{vx}=\dfrac{W_x h_x^k}{\sum_{i=1}^{n} W_i h_i^k}$
最小水平地震剪力	$V_{EKi}=\lambda\sum_{j=i}^{n} G_j$	C_S 上下限控制

注：C_s 是地震响应系数；C_{vx} 是竖向分布因子；V 是结构底部总设计侧向力或剪力；W_x、W_i 分别是总重力荷载代表值在第 x 层、i 层高度位置的分量；h_x、h_i 分别是基座到第 i 层、第 x 层的高度；k 是与结构周期相关的指数，当周期≤0.5s 时 $k=1$，当周期≥2.5s 时 $k=2$，当周期为 0.5～2.5s 时，k 应为 2 或 1～2 的线性插值确定。

底部剪力法计算结构层剪力如图 5.2-3 所示。

如图 5.2-3 所示，对基本周期较长结构，ASCE 7 规范底部剪力法计算结构层剪力大于《抗规》。考虑如下三个因素：

(1) ASCE 7 规范在底部剪力法计算时，限制了基本周期，并对基本周期较

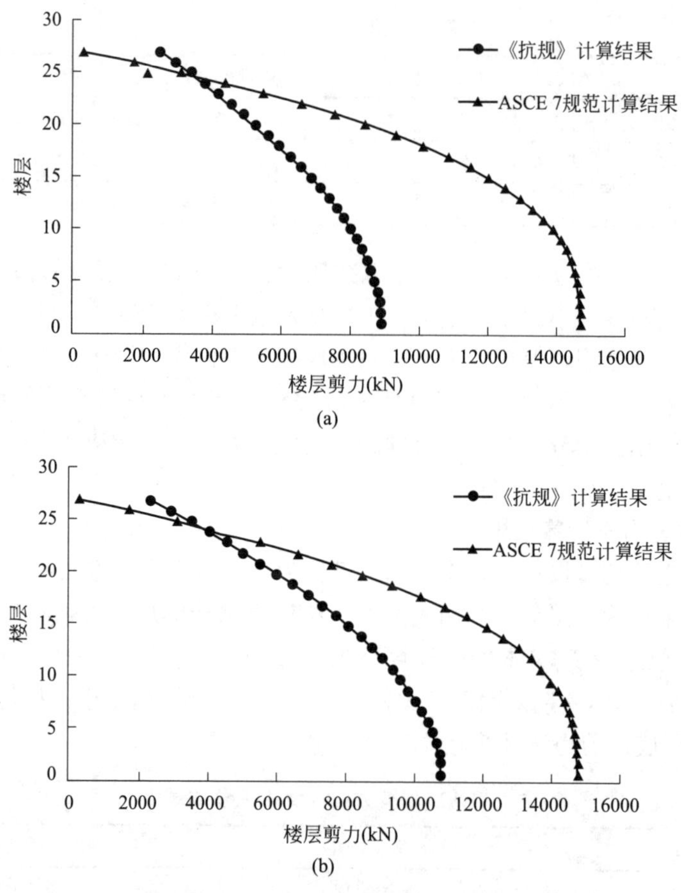

图 5.2-3　底部剪力法计算结构层剪力

(a) Y 方向结构层剪力；(b) X 方向结构层剪力

长的底部剪力系数进行放大；

(2) ASCE 7 规范对于长周期的结构，计算层剪力采用高度的二阶函数；

(3) 我国规范在底部剪力法计算时通过顶部附加作用地震系数对结构鞭梢效应进行考虑，结构顶部层剪力大而底部层剪力相对较小。

在结构响应计算中，《抗规》和 ASCE 7 规范均对底部剪力法的使用范围进行限制。本算例结构高度已超过两国规范的使用限制，故在实际结构响应的计算中应采用振型分解法等其他计算方法。但出于保守考虑，ASCE 7 规范以底部剪力法的计算结果为依据，设定了结构响应的下限。

3. 振型分解法计算结果

振型分解法计算结构层剪力见图 5.2-4。本例中 ASCE 7 规范计算结构底部剪力比我国规范计算的结果大 20%。这是由于 ASCE 7 规范规定对于按照振型分解法计算的结果，需要满足不小于底部剪力法计算结果的 85%；同时在运用

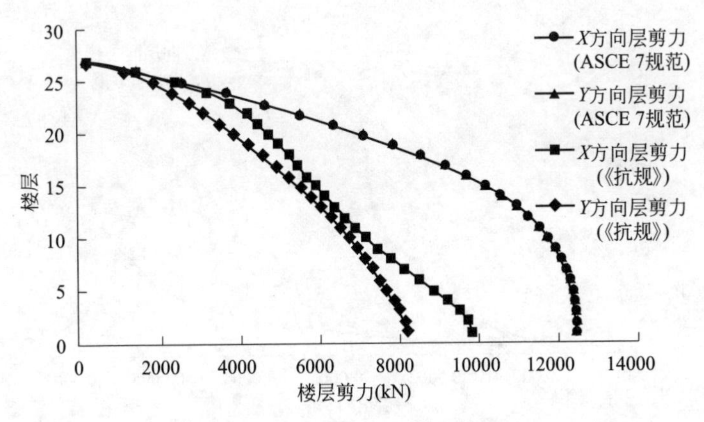

图 5.2-4　振型分解法计算结构层剪力

底部剪力法进行计算时，规范对结构的基本周期进行了限制。另外，由于底部剪力法与结构刚度无关，即与计算方向无关，故 ASCE 7 规范计算结构在 X 与 Y 方向相同，亦证明了振型分解法计算结果在一定程度上受底部剪力法的限制。

振型分解法计算结构层位移见图 5.2-5。由于结构在 X 方向和 Y 方向上相对对称，故 X 方向和 Y 方向的刚度相似，地震作用力大小相近，位移结果相近。对比发现，按照我国规范计算的最大结构层位移小于 ASCE 7 规范计算结果。造成位移差距的主要原因是 ASCE 7 规范对结构的刚度进行了折减，同时地震作用相对我国规范亦较大，两者共同作用造成结构层位移显著偏大。

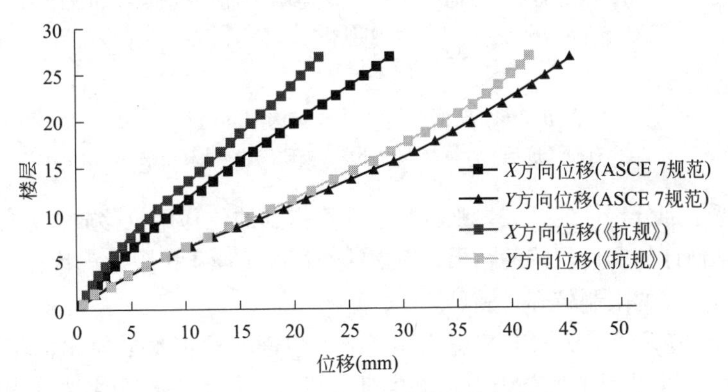

图 5.2-5　振型分解法计算结构层位移

振型分解法计算结构层间位移角如图 5.2-6 所示。ASCE 7 规范计算的结构层间位移角大于使用我国规范计算的结果。但同时应注意到，两国规范对位移指标的不同要求。我国抗震设计主要在弹性阶段设计下，限制了结构层间位移角，即从舒适度考虑保证每一层内不出现较大的位移变化。ASCE 7 规范在进行抗震

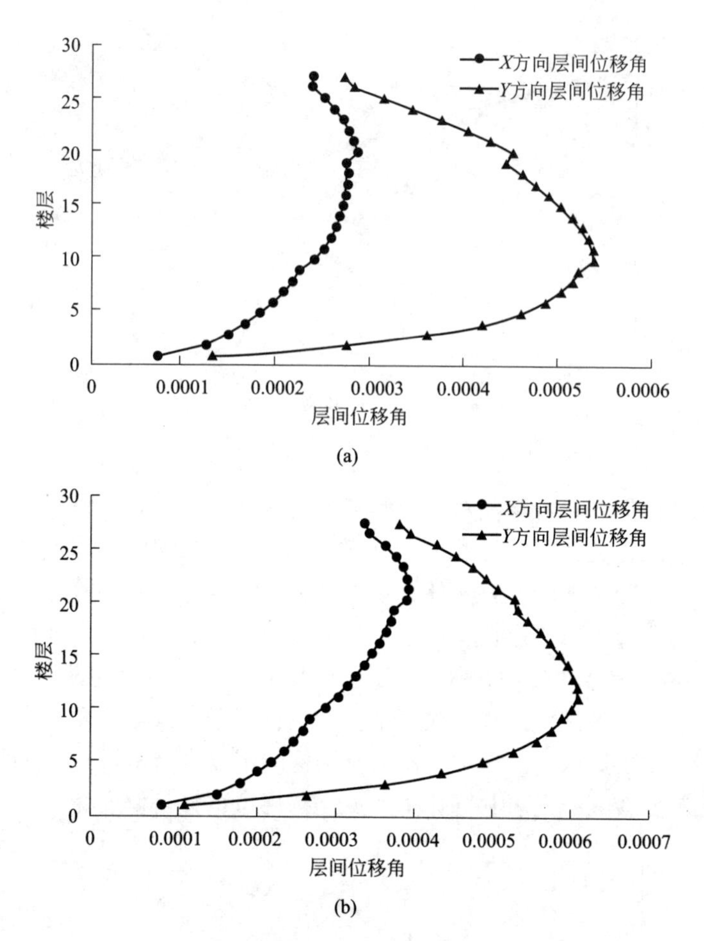

图 5.2-6　振型分解法计算结构层间位移角

(a)《抗规》计算结果；(b) ASCE 7 规范计算结果

设计时考虑了部分构件的开裂，则将弹性计算得到的位移用位移放大系数 C_d 进行放大，得到估计的塑性位移的结果，考虑塑性情况下属于极限承载状态。相比之下美国规范对位移的限制较容易满足。

如图 5.2-7 所示，ASCE 7 规范计算结果中框架承担水平力比例相较我国规范明显偏小。这是由于规范中对柱刚度进行折减，剪力墙作为主要受水平力构件承担了更多的水平剪力。值得一提的是，我国规范在抗震设计中提出二道防线的抗震要求，即要求柱子在剪力墙之外提供一定的抗侧刚度，这与本例模型设计相符。而虽采用同一模型在 ASCE 7 规范范畴下进行抗震分析，但由于对不同构件在开裂时刚度的折减程度不同，剪力墙与框架刚度比发生变化，二道防线效果不显著。

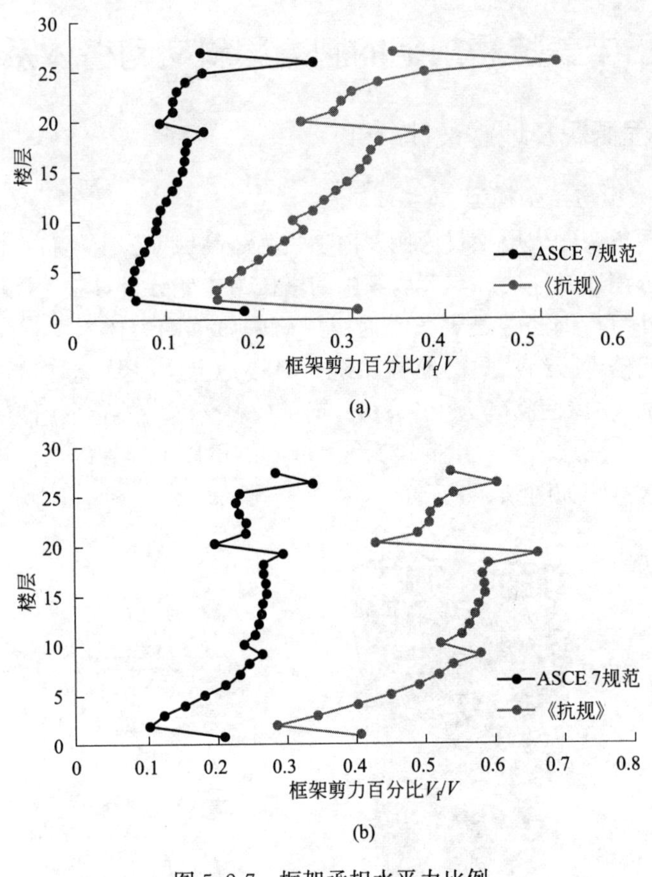

图 5.2-7　框架承担水平力比例
(a) X 方向框架；(b) Y 方向框架

4. 计算结果总结

综上所述，总结得到主要以下结论：

(1) 本算例中，ASCE 7 规范的结构层剪力很大程度由底部剪力法计算所得的结构层剪力下限所决定，比《抗规》计算结果相对较大。

(2) ASCE 7 规范计算下的结构刚度较小，作用力较大，故位移大于《抗规》计算结果。

(3) 两国规范对层间位移角限制不同，ASCE 7 规范相对宽松，虽然 ASCE 7 规范计算的结构层间位移角相对大于我国规范，但相对于规范限值却更安全。

(4)《抗规》计算下的结构，框架承担更多的水平剪力，由于在 ASCE 7 规范中，对柱的刚度折减程度大于对剪力墙的折减程度，故剪力墙承担了更多的水平剪力。

5.3 基于中美抗震规范的超高层斜交网格体系弹性分析

5.3.1 工程概况及地震设计参数

1. 工程概况与结构模型

以宁波国华金融大厦项目为例，该项目为超高层办公楼建筑，设有塔楼与裙楼，两者通过钢连廊连通。本节以其中的塔楼为主要分析对象。该塔楼采用钢结构斜交网格外筒与钢筋混凝土核心筒组成筒中筒抗侧力体系。内外筒之间由钢梁、钢筋桁架楼承板组成重力支撑系统。塔楼地上 43 层，标准层（典型楼层）层高为 4.3m，主屋面高度为 197.8m。钢结构斜交网格外筒采用箱形截面，以 4 层为网格单元，同层节点水平间距为 8.7m。20 层以下钢管内部浇灌混凝土。塔楼结构模型示意图如图 5.3-1 所示。

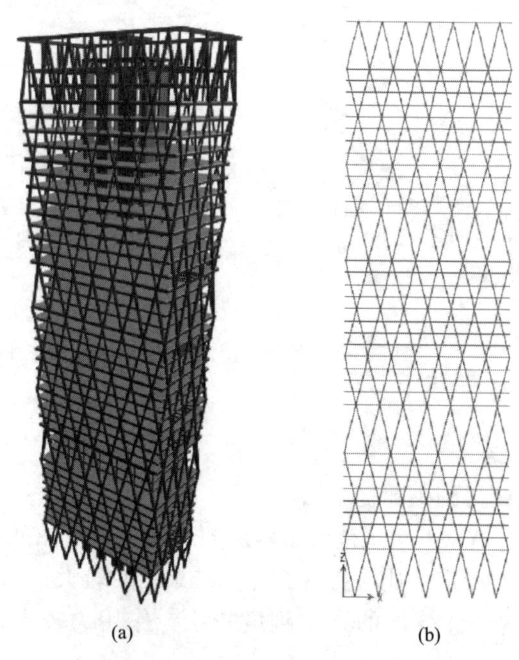

图 5.3-1 塔楼结构模型示意图

（a）三维结构模型；（b）结构南北侧立面图

典型平面外轮廓尺寸为 61.8m×35.7m，内筒尺寸为 34.8m×11.6m。由于内外筒间距较大，另设 4 根钢管混凝土柱承受竖向作用，而不作为主要抗侧力系统，结构典型平面示意图如图 5.3-2 所示。采用有限元软件 ETAB 进行设计和分析。

钢筋混凝土内筒设 X 方向剪力墙两道，Y 方向剪力墙四道。根据不同结构构件的重要性与受力性能，在设计时将内筒连梁作为主要耗能构件，内筒剪力墙作为结构第一道防线，斜交网格和周边拉梁组成的外筒共同组成结构第二道防线。综合抗震设防类别、设防烈度，结构特殊性等各因素，确定结构抗震性能目标为C级：斜交网格和周边拉梁以小震、中震弹性，大震不屈服为设计目标；剪力墙墙肢为普通竖向构件，允许在中震阶段开裂，故在设计时采用小震弹性、中震不屈服、大震受剪承载力不屈服；连梁为主要耗能构件，设定设计目标为小震弹性、中震受剪不屈服、大震满足防止倒塌端部塑性转角要求。结构主要构件尺寸及材料强度如表 5.3-1 所示。

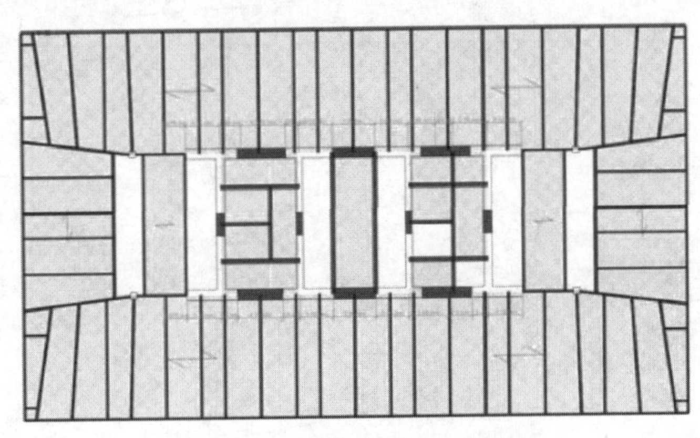

图 5.3-2　结构典型平面示意图

结构主要构件尺寸及材料强度　　　　**表 5.3-1**

楼层	最大墙厚(mm)	斜交网格(mm)	材料强度
1～4层	1100	750×40	C60/Q345＋C60
5～16层	900	750×40	C60/Q345＋C60
17～20层	800	750×30	C60/Q345＋C60
21～27层	800	750×25	C60/Q345
28～48层	600	700×20	C60/Q345

注：1. 斜交网格尺寸：箱形截面边长×钢板厚度；

2. 材料强度一列中，C60/Q345 表示内筒混凝土强度等级/斜交网格材料强度等级，“＋”表示钢管内浇筑混凝土。

2. 地震设计参数

工程抗震设防类别为标准设防类，抗震设防烈度为 6 度（0.05g），场地类别为Ⅳ类场地，设计地震分组为第一组。根据《抗规》，水平地震影响系数为 0.04，特征周期为 0.65s，小震计算时取结构周期折减系数为 0.8，中震及大震计算时不折减。《场地安全评估报告》根据场地地质环境调查给出地震动参数，结构设计反应普如图 5.3-3 所示。

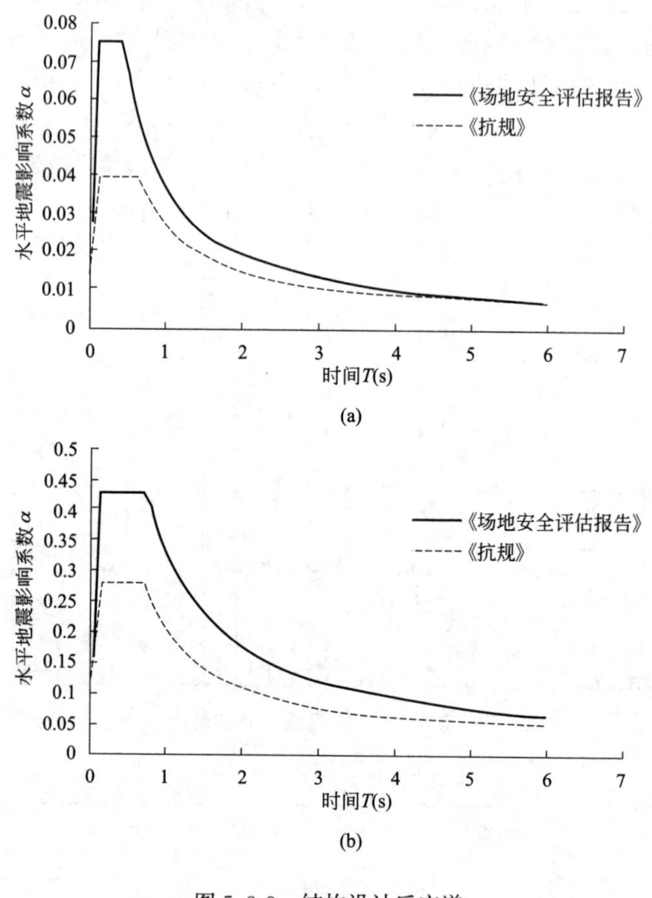

图 5.3-3　结构设计反应谱

(a) 小震反应谱；(b) 大震反应谱

根据图 5.3-3 给出的《场地安全评估报告》计算结果，结构小震时按《场地安全评估报告》反应谱设计，中震和大震时按《抗规》反应谱计算。

5.3.2 结构体系及刚度折减

根据 ASCE 7 规范对地震设计参数的定义，以项目地震设计参数为基础，对参数进行转换，如表 5.3-2 所示。其中，场地类别以等效剪切波速为依据进行换算[83]。在 ASCE 7 规范中并没有特殊针对斜交网格体系的刚度折减系数 R，故根据 FEMA 450[87] 中推荐的计算方法迭代计算 R，该项目中取 $R=4$。

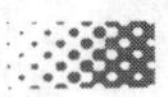

按照两国规范的抗震设计基本信息对比　　表 5.3-2

项目	《抗规》	ASCE 7 规范
建筑抗震设防分类	标准设防,丙类	Ⅱ类
抗震设防	设防烈度 6 度(0.05g)	设计等级 D类
建筑场地类别	第一组,Ⅳ类场地	E类场地
地震作用	水平地震影响系数最大值 0.04	S_{DS}=0.101g S_{D1}=0.066g
周期	特征周期 0.65s	T_S=0.65s

《场地安全评估报告》《抗规》和 ASCE 7 规范给出的抗震反应谱对比如图 5.3-4 所示。

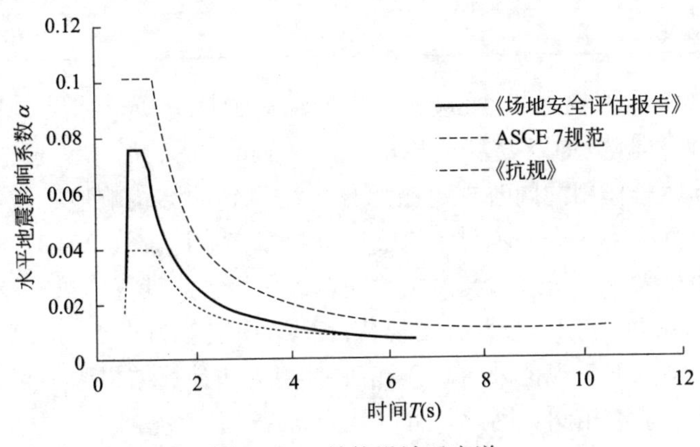

图 5.3-4　结构设计反应谱

ASCE 7 规范设计反应谱相较于我国《抗规》及《场地安全评估报告》设计反应谱，水平地震影响系数较大。在短周期段尤为明显。我国规范根据结构类型不同对设计基本周期进行折减，筒中筒结构刚度大于框筒结构且处于保守考虑在该项目中小震计算时取折减系数 0.8。

5.3.3　斜交网格体系的抗震弹性分析

本节采用振型分解法进行分析。ASCE 7 规范在计算结构基本周期时采用中地震作用下的结构响应，因而需要根据 ACI318-14 规范对不同构件的受力对刚度进行不同程度的折减。而我国规范在结构弹性设计时采用构件未开裂时的刚度。

见表 5.3-3 与表 5.3-4，我国规范中结构的基本设计周期要小于 ASCE 7 规范，但由于采用的设计基准值不同，ASCE 7 规范给出的水平地震影响系数相对较大。而对于周期相对较长（基本周期位于位移敏感区）的结构，《抗规》与

《场地安全评估报告》的结果相近。

不同规范设计周期对比　　表 5.3-3

振型	《抗规》设计周期(s)	ASCE 7 规范设计周期(s)	模态
1 阶振型	4.36(3.49)	4.622	X 方向平动
2 阶振型	3.39	3.748	Y 方向平动
3 阶振型	2.00	2.14	扭转

注：括号内数值表示对设计基本周期进行折减后的结果。

不同基本设计周期下水平地震影响系数　　表 5.3-4

规范	基本周期(s)	水平地震影响系数
《抗规》	3.49	0.009
《场地安全评估报告》	3.49	0.010
ASCE 7 规范	4.62	0.014

根据图 5.3-4 的结构设计反应谱，进行结构弹性分析，结果如图 5.3-5、图 5.3-6 所示。两国规范均以振型分解法为主要分析方法。而 ASCE 7 规范在采用中震作为设计地震作用的同时规定振型分析法得到的结构响应不应小于 85%的底部剪力法计算结果，进一步对结构响应进行保守估计。故 ASCE 7 规范结构响应计算结果明显大于《抗规》与《场地安全评估报告》计算结果响应。

由图 5.3-5(a) 可知，按照我国规范计算结构层剪力小于 ASCE 7 规范计算结果，且由于 ASCE 7 规范采用 0.85 倍底部剪力法计算结果为下限，故其 X 与 Y 方向计算结果基本相同。因此，可以认为，ASCE 7 规范在结构弹性阶段结构层剪力相对我国规范更为保守。

由图 5.3-5(b) 可知，由于 ASCE 7 规范采用的设计反应谱相对我国较大，且其在计算过程中考虑构件裂缝带来的刚度折减，故其位移计算结果整体大于我国规范。但值得注意的是，两国规范在结构顶部和 10 层以下的计算结果相对接近，而在结构中部则是 ASCE 7 规范结果明显偏大。

由图 5.3-5(c) 可知，我国规范各楼层层间位移角变化相对 ASCE 7 规范较小。值得一提的是，ASCE 7 规范并不将结构层间位移角作为结构舒适度控制指标之一。

由图 5.3-6 可知，我国规范中斜交网格承担的水平力小于 ASCE 7 规范中其承担的水平力。这是因为 ASCE 7 规范考虑混凝土核心筒在产生裂缝后的刚度损伤，对其刚度进行了一定程度的折减，而钢结构斜交网格外筒的刚度并无折减，故内外筒刚度比相较我国偏小，即外筒承担更多的水平力。

综合上述弹性分析结果，针对斜交网格体系，两国规范弹性设计阶段有如下不同之处：

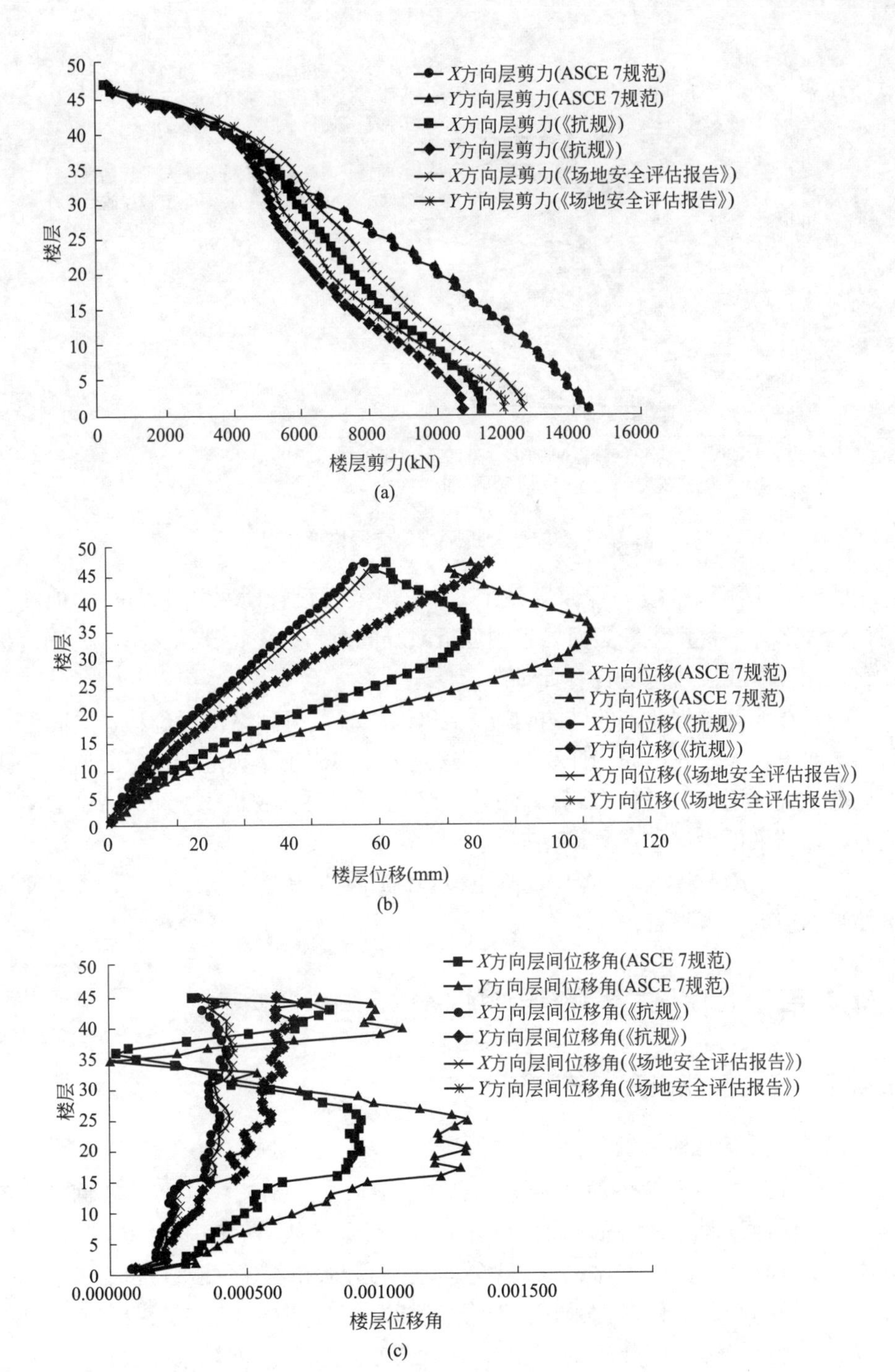

图 5.3-5　基于弹性分析的结构响应结果

(a) 楼层剪力；(b) 楼层位移；(c) 层间位移角

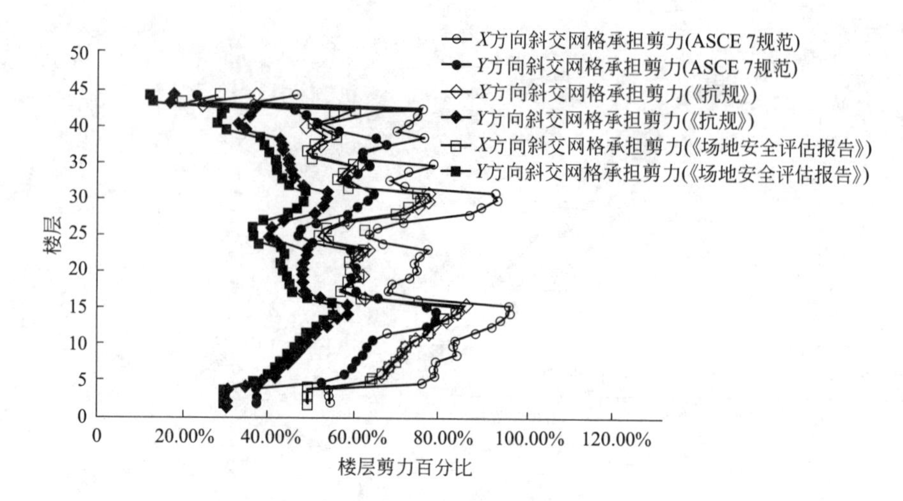

图 5.3-6 弹性分析阶段斜交网格承担剪力

(1) 对比两国抗震设计原则，ASCE 7 规范在设计时采用中震时的地震作用，允许部分构件产生开裂而导致刚度折减，同时考虑该特殊结构形式的刚度折减 R，相较于我国规范更具有针对性；

(2) 对比两国规范下的结构响应，ASCE 7 规范得到结构层位移，层间位移角和层剪力均大于我国规范计算结果。这是由于 ASCE 7 规范设计反应谱大于我国规范，且采用 0.85 倍底部剪力法计算结果为下限。故相比之下，ASCE 7 规范的计算结果更为保守；

(3) ASCE 7 规范由于考虑混凝土核心筒产生裂缝后的刚度折减，故斜交网格外筒承担更多水平力。

5.4 斜交网格体系的弹塑性分析与失效模式

5.4.1 抗震性能研究方法

1. 结构目标性能等级

采用《既有建筑物的抗震评估与改造》ASCE 41-17[88]（以下简称 ASCE 41）对结构性能的分级标准，将构件分为六个性能等级：立即居住（S-1），损伤可控（S-2），生命安全（S-3），有限安全（S-4），防止倒塌（S-5）和不考虑（S-6）。针对结构受力构件，常采用的性能等级为 S-1、S-3 与 S-5。S-1、S-3、S-5 也为常用的性能等级目标，S-1 表示结构在震后刚度与强度均未损失，S-5 表示结构在震后部分构件损坏且处于倒塌的边缘；S-3 介于两者之间。

2. 非线性分析响应接受准则

ASCE 41 规范根据构件塑性段与弹性段的长短关系，将构件的非线性分析响应的接受准则分为力控制行为和位移控制行为两种（即位移不应大于相应性能等级的位移限制）；构件的力-位移关系满足式(5.4-1)。

$$\gamma x(Q_{\rm UF}-Q_{\rm G})+Q_{\rm G}\leqslant Q_{\rm CL} \tag{5.4-1}$$

式中，γ 为考虑地震作用下，结构响应能有 90%保证率实现性能目标的荷载系数；x 为性能等级系数，为立即居住和生命安全阶段提供额外的安全保证；$Q_{\rm UF}$、$Q_{\rm CL}$ 和 $Q_{\rm G}$ 分别表示结构效应、结构抗力和重力效应。

在进行结构设计中，考虑剪力墙连梁作为主要耗能构件，探讨其非线性分析响应。为了研究连梁的抗震性能，定义连梁弦转角如式(5.4-2) 所示。

$$\theta=\Delta/L \tag{5.4-2}$$

式中，由于连梁弦转角 θ 角度相对较小（视为小变形），L 为构件长度，Δ 为垂直方向相对变形差，θ 与 Δ 示意图如图 5.4-1 所示。

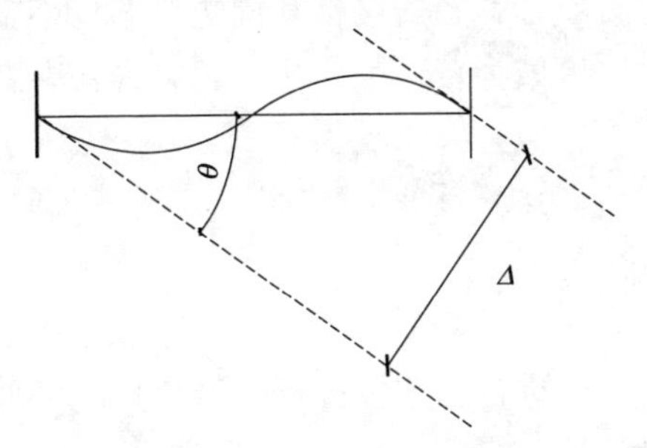

图 5.4-1 θ 与 Δ 示意图

ASCE 41 规范规定，连梁满足力控制行为接受准则的同时其弦转角 θ 尚需满足塑性铰限值 $\theta_{\rm y}$，如式(5.4-3) 所示。

$$\theta\leqslant\theta_{\rm y}=\left(\frac{M_{\rm y}}{(EI)_{\rm eff}}\right)l_{\rm p} \tag{5.4-3}$$

式中，$M_{\rm y}$ 为达到塑性铰限值的屈服弯矩，$(EI)_{\rm eff}$ 为该状态下的等效刚度，$l_{\rm p}$ 为塑性铰长度。

图 5.4-2 以连梁为例绘制构件荷载变形曲线。构件在达到塑性铰限值 B 点后，刚度开始折减；塑性铰达到 C 点后，构件抗震承载力开始下降，自 D 点开始出现承载力显著下降，至 E 点完全失去承载力。规范定义 B 点为立即居住极限，C 点为立即倒塌极限，而 BC 段中一点为生命安全极限。对于连梁，ASCE 41 规范给出各阶段的塑性铰限值分别为 0.01、0.02、0.025。

5.4.2 非线性结构模型建立

非线性分析采用第 5.3.1 节所述的结构模型。根据不同结构构件的重要性与

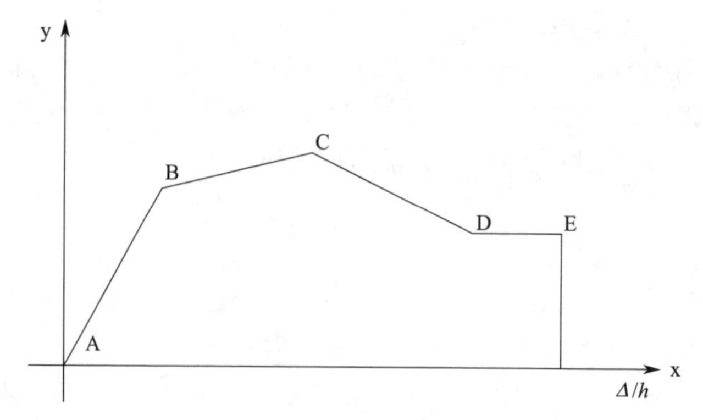

图 5.4-2　以连梁为例绘制构件荷载变形曲线

受力性能，在设计时希望内筒连梁作为主要耗能构件，与斜交网格和周边拉梁组成的外筒共同组成结构第一道防线，其内筒剪力墙作为第二道防线。因此，制定以下性能目标对结构进行设计：斜交网格和周边拉梁以小震、中震弹性，大震不屈服为设计目标。剪力墙墙肢为普通竖向构件，允许在中震阶段开裂，故在设计时采用小震弹性，中震不屈服，大震受剪承载力不屈服。连梁为主要耗能构件，设定设计目标为小震弹性，中震受剪不屈服，大震满足防止倒塌端部塑性转角要求。

1. 材料本构关系

根据《混规》在对结构进行弹塑性分析时材料强度可采用平均值，但出于保守考虑，本项目分析时仍采用标准值作为材料强度。

钢筋本构关系采用《混规》附录 C 中非屈服点钢材本构关系定义。混凝土采用 Mander 约束混凝土本构模型[89]，其本构关系与配筋率有关。混凝土核心筒按照配筋率可分为构造边缘构件、约束边缘构件与非边缘构件。其中，非边缘构件水平筋相对较少，约束作用相对较弱，故不考虑其约束作用，而构造边缘构件、约束构件剪力墙配筋率分别采用 1.5%、0.8%作为典型配筋率。混凝土本构曲线如图 5.4-3 所示。

2. 单元类型选择

项目主要结构构件有钢筋混凝土剪力墙墙肢、连梁、钢管混凝土斜交网格柱与周边拉梁等。剪力墙墙肢构件采用 4 点四边形单元（QUAD4）模拟。针对其面内刚度强、面外刚度弱的特点，只考虑墙肢平面内的弹塑性性能，平面外仍采用弹性假定。在 Perform-3D 软件中采用由一系列弹塑性纤维组成的截面模型模拟墙截面以及插入其中的钢筋。根据墙肢不同部位的配筋率不同，采用相应的材料本构，该项目剪力墙墙肢边缘构件分布如图 5.4-4 所示。

钢筋混凝土连梁采用梁单元进行模拟。在弹性设计与抗风设计阶段得到连梁

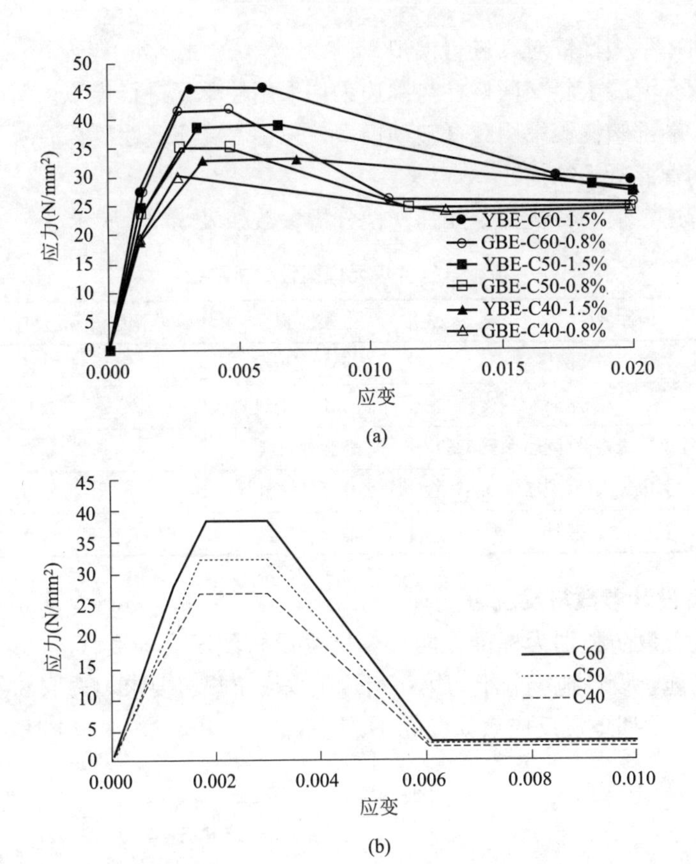

图 5.4-3　混凝土本构曲线

(a) 受约束混凝土；(b) 非约束混凝土

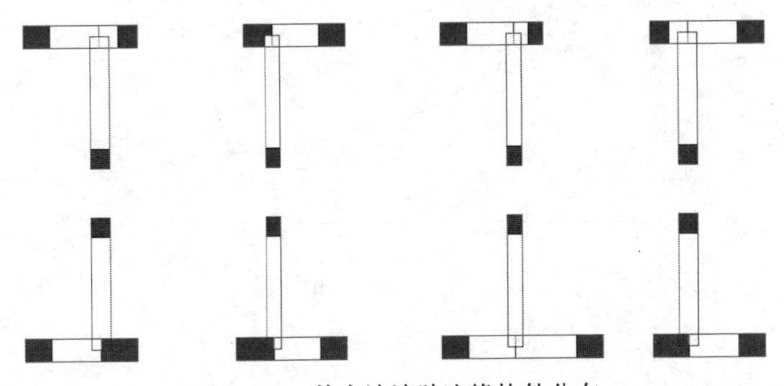

图 5.4-4　剪力墙墙肢边缘构件分布

配筋率为 0.6%～1.4%。在弹塑性分析阶段将此配筋率作为初始值，验证连梁构件的抗震性能。对于剪跨比小于 1.5 的短连梁，大震作用下形成剪切塑性铰。设计连梁为主要耗能构件，考虑其塑性变形在梁端一定长度范围内产生的实际情况而采用曲率型塑性铰对其进行模拟。

箱形钢管混凝土斜交网格柱与周边梁均采用柱单元进行模拟。斜交网格柱采用线单元，端部塑性铰采用弦杆转动模型，采用 PMM 塑性铰。混凝土的约束效应根据《钢管混凝土结构》[75] 定义。

综上所述，模型各构件单元弹塑性分析参数如表 5.4-1 所示。

模型各构件单元弹塑性分析参数 **表 5.4-1**

构件名称		塑性铰	极限强度/最大允许塑性转角
框架	斜交网格柱	PMM(双折线)	0.15
	连梁	PMM(三折线)	0.1
剪力墙	约束边缘构件(配筋率 1.5%)	非弹性材料	0.02
	构造边缘构件(配筋率 0.8%)	非弹性材料	0.01
	钢筋	非弹性材料	0.2

3. 地震设计参数与反应谱

项目抗震设防类别为标准设防类，抗震设防烈度为 6 度（0.05g），场地类别为Ⅳ类场地，设计地震分组为第一组。根据《抗规》要求，选取 5 条自然波和 2 条人工波，罕遇地震反应谱如图 5.4-5 所示。

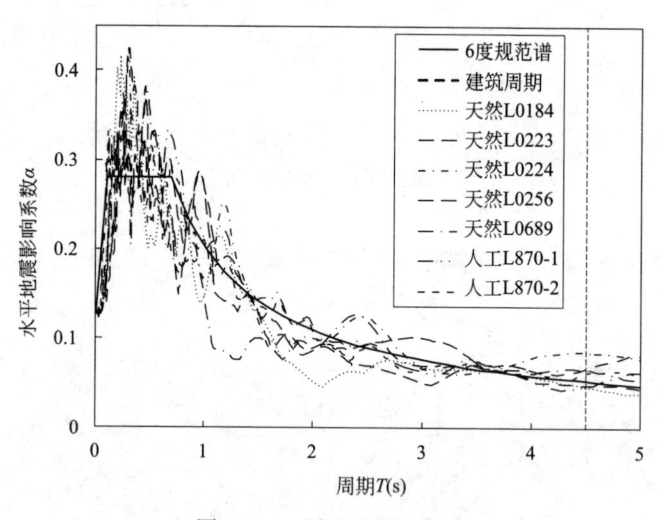

图 5.4-5 罕遇地震反应谱

采用 Perform 3D 进行结构非线性分析。非线性分析中采用了 4%振型阻尼与 1%Rayleigh 阻尼的组合，总计阻尼为 5%。其中，如图 5.4-6 所示，Rayleigh 阻尼采用第一振型期 0.5T_1 和 1.5T_1 处的目标阻尼为 1%。

非线性分析分为两个分析段，第一段施加重力荷载（1.0 恒荷载+1.0 附加

恒荷载+0.5活荷载），第二段在第一段结果的基础上施加双向地震作用，地震作用工况如表5.4-2所示。

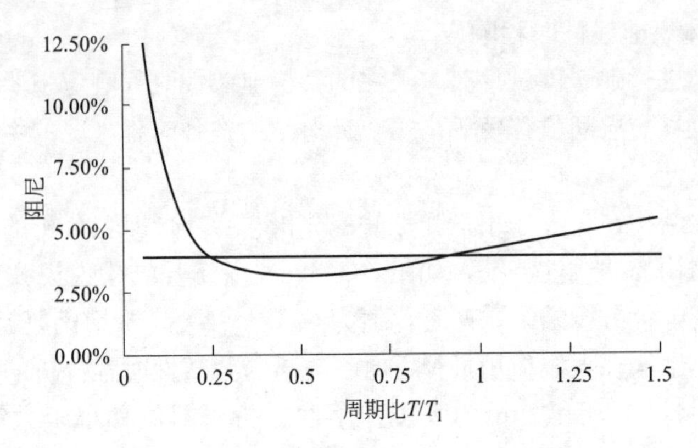

图5.4-6　非线性反应谱Rayleigh阻尼取值

地震作用工况　　表5.4-2

地震波	主方向	地震作用工况
L0184、L0223、L0224、L0256、L0689、L870-1、L870-2	H_1	$100\%H_1+85\%H_2$
	H_2	$100\%H_2+85\%H_1$

4. 模型验证

对Perform 3D软件中建立的模型进行结构弹塑性分析前，将其与ETABS软件中建立的模型进行对比。ETABS模型结构总重量（1.0恒荷载+0.5活荷载）为1.095×10^6kN，Perform 3D模型结构总重量为1.086×10^6kN；不同模型振型与周期对比如表5.4-3所示。

不同模型振型与周期对比　　表5.4-3

振型阶次	Perform 3D模型		ETABS模型	
	方向	周期(s)	方向	周期(s)
1	Y方向	4.50	Y方向	4.44
2	X方向	3.52	X方向	3.46
3	扭转	2.10	扭转	2.01

由表5.4-3可知，两个模型前3阶振型方向一致，依次为Y方向平动，X方向平动与扭转。同时，表中所列振型周期相对接近，各振型周期偏差均小于5%，偏差分别为1.33%，1.70%与4.28%。

综合上述对比结果，Perform 3D模型分析结果与ETABS弹性分析模型动力特性相近，能够用于后续弹塑性分析。

5.4.3 弹塑性时程分析结果

1. 结构体系非线性时程响应

在对结构进行弹塑性设计时，关注的结构非线性时程响应主要包括结构底部剪力、顶部位移与层间位移角等。本节针对结构在各时程工况的主要结构响应进行对比分析。

通过对比结构在大震作用下弹性时程分析与弹塑性时程分析的结构底部剪力比值，考察结构的非线性特征，如图 5.4-7(a) 所示。结构大震弹塑性分析底部剪力小于大震弹性分析结果，两者比值为 65%～92%，平均比值超过 70%。

通过对比结构在大震作用下弹性时程分析与弹塑性时程分析的顶部位移，其比值如图 5.4-7(b) 所示。结构大震弹塑性分析顶部位移小于大震弹性分析结果，顶部位移两者比值为 70%～100%。

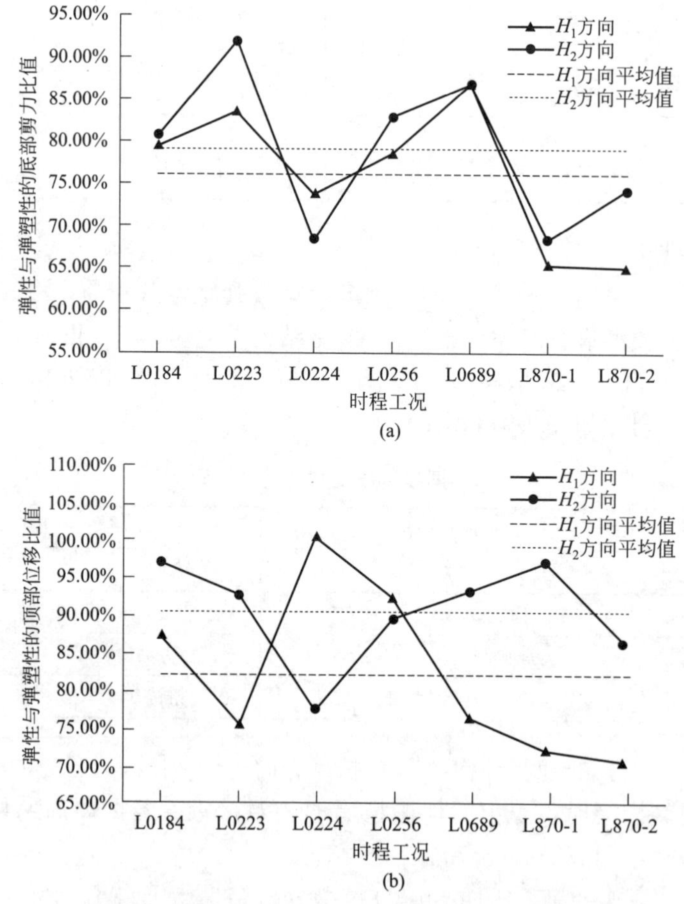

图 5.4-7 结构在大震作用下弹性时程分析与弹塑性时程分析的结果比值

(a) 底部剪力比值；(b) 顶部位移比值

结构大震弹塑性分析结果（底部剪力与顶部位移）小于结构大震弹性分析结果。该现象说明，结构弹塑性耗能产生的附加阻尼引起结构内力响应降低，且该降低速度大于结构刚度退化的速度。

选取 L0244 时程工况（底部剪力最大）的结构时程响应，如图 5.4-8 所示，对上述分析结果进行验证。

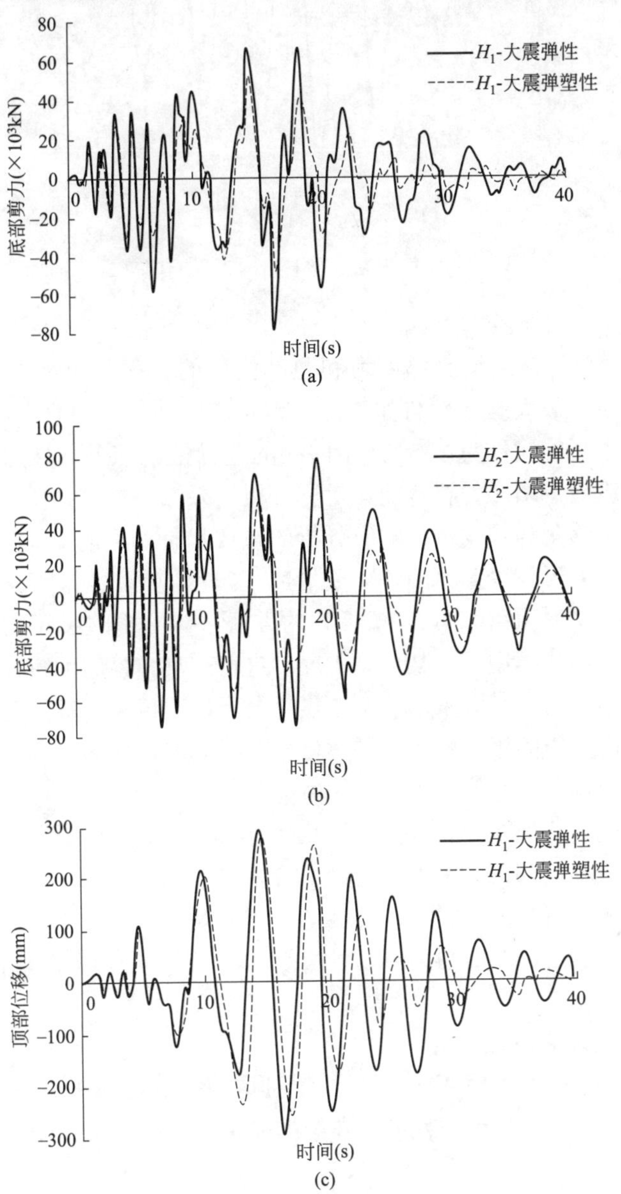

图 5.4-8　L0244 工况下结构时程响应（一）

(a) H_1 方向底部剪力；(b) H_2 方向底部剪力；(c) H_1 方向顶部位移

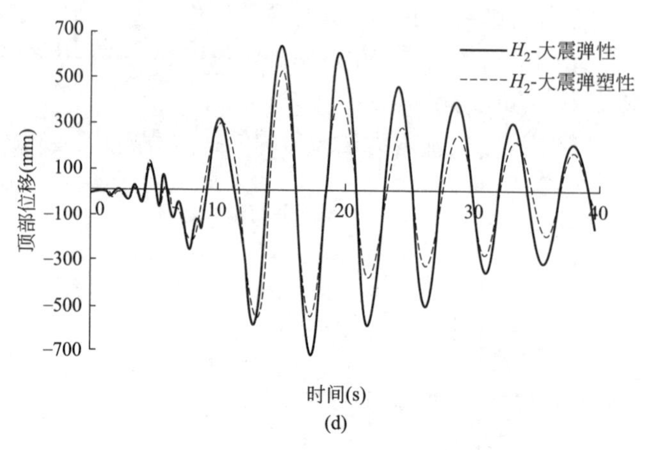

图 5.4-8　L0244 工况下结构时程响应（二）

（d）H_2 方向顶部位移

由图 5.4-8 可知，结构底部剪力和顶部位移的时程响应结果，结构大约 3s 前处在弹性阶段，故大震弹性与弹塑性时程响应曲线基本重合；在 3s 后结构部分构件屈服（以耗能构件为主），产生曲线的差异性，该差异性随时程增大，表明结构构件屈服数量增多，符合前述对比分析结果。

结构层间位移角为结构位移响应分析的重要指标。《抗规》指出，由于大震弹塑性时程分析波形较少等原因，需要借助小震反应谱法对计算结果进行分析。根据《抗规》条文说明第 3.10.4 条推荐的方法，对结构的层间位移角进行包络计算。针对同一结构模型，在某地震工况下进行小震弹性与大震弹塑性分析，得到两者层间位移比值。继而采用各个地震工况下层间位移比值的包络值作为调整系数，对反应谱分析的该部位小震层间位移进行调整，从而得到大震作用下该部位的弹塑性层间位移参考值。

根据《抗规》条款 3.10.4 对结构的层间位移角进行包络计算，各工况调整后 X、Y 方向最不利层间位移角分别为 1/437 和 1/311；平均层间位移角为 1/488 和 1/349；满足根据《高规》第 3.7.3 条计算得到 1/169 的限值要求。图 5.4-9 以最不利工况（层间位移角最大）L0184 为例，进行弹塑性时程分析层间位移角调整。

2. 整体结构能量反应分析

选用底部剪力最大的时程工况 L0224 对结构能量反应进行分析。图 5.4-10 为结构在该时程工况下能量的耗散。在结构能量计算中，主要耗能为阻尼耗能和非弹性耗能。

L0244 时程工况下，结构约在 3s 进入塑性阶段，非弹性耗能约 27%，阻尼耗能约 38%。其中非弹性耗能主要来源于构件塑性铰的形成，以连梁为主要耗能构件。

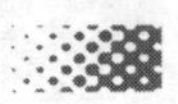

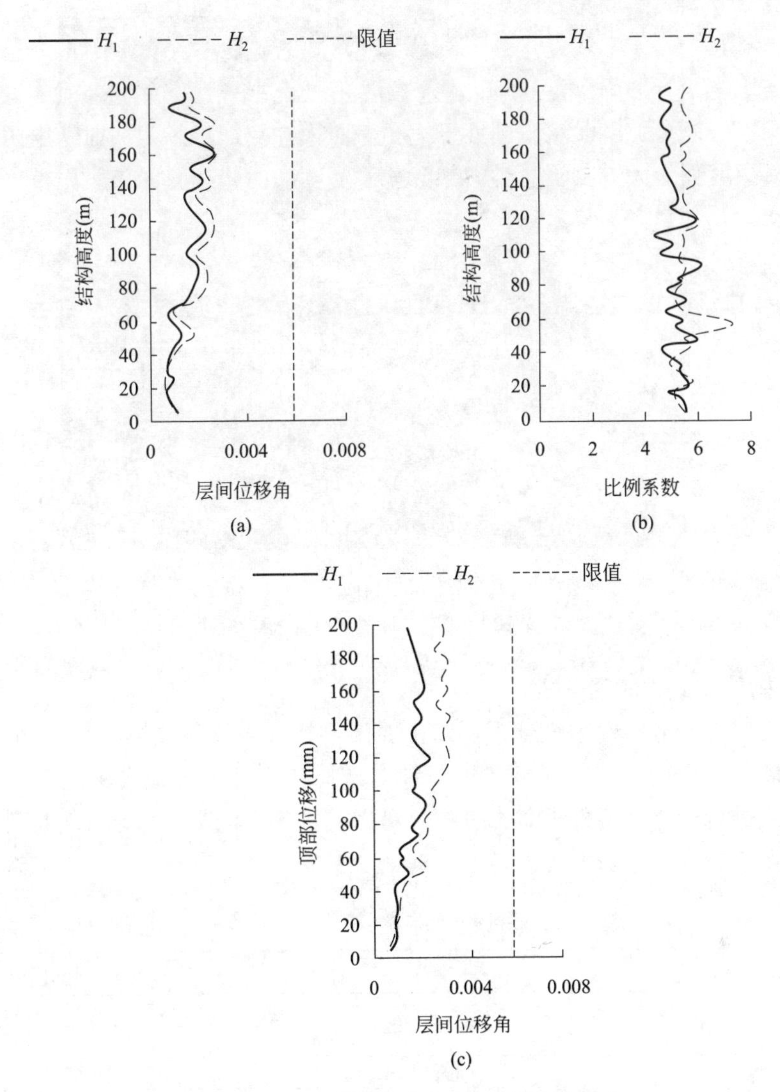

图 5.4-9 L0184 时程工况下结构层间位移角

(a) 调整前；(b) 调整系数；(c) 调整后

L0244 时程工况作用下，结构动能在计算中后期逐步趋向于零；应变能的主要来源是剪力墙构件，其保持渐变，说明剪力墙构件保持抗弯不屈服状态；而约3s 结构非弹性耗能开始出现（即进入塑性），非弹性耗能约 27％，阻尼耗能约 38％，非弹性耗能随时间不断增加；振型阻尼能，质量与刚度相关的黏滞能量也分别随时间逐渐增大。对比各种能量的时程和累积耗能符合设计预期，其中结构非弹性耗能约占 27％，该类耗能主要来源于构件塑性铰的形成，以连梁为主要耗能构件，故下一节将从构件层面分析结构耗能机理是否符合设计预期。

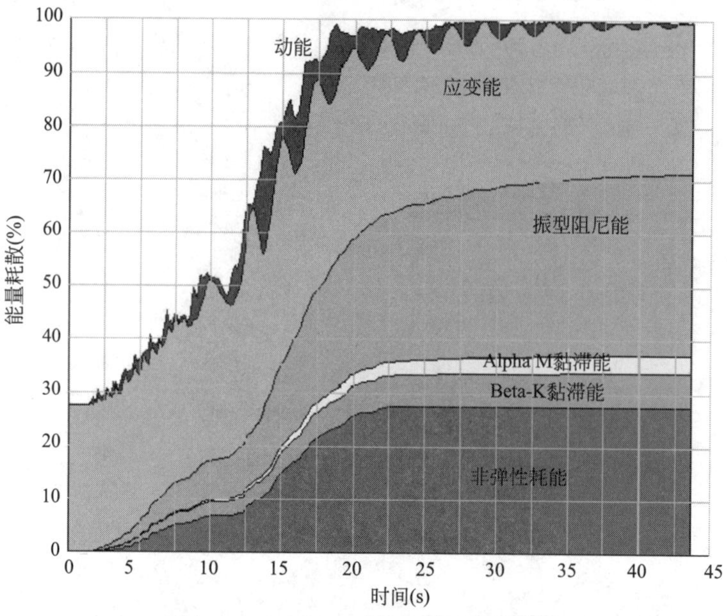

图 5.4-10 L0244 时程工况下能量耗散

3. 构件非线性时程分析

构件层面的非线性时程分析，以主要结构构件包括斜交网格柱、周边拉梁、剪力墙墙肢与连梁为分析对象。本节针对结构在底部剪力最大工况 L0244 下的计算结果进行分析。构件承载力分析时考虑构件的不同受力状态，各构件最大承载力利用率如表 5.4-4 所示。

各构件最大承载力利用率 **表 5.4-4**

构件	受力	承载力利用率
连梁	抗弯能力	75%立即居住极限
		37.5%生命安全极限
剪力墙	混凝土压应变	37.5%极限压应变
	钢筋拉应变	6.25%极限拉应变
斜交网格	轴压	90%受压承载力
	轴拉	27.5%受拉承载力
	剪力	10%受剪承载力
	双向压弯	90%极限值
	杆段转角	25%屈服转角

由表 5.4-4 可知，各斜交网格构件与剪力墙墙肢尚处于弹性状态；连梁进入塑性，产生塑性铰，且塑性铰未达到立即居住极限，即刚度产生退化而不对承载力产生显著影响，符合性能化设计预期。

斜交网格柱承载力分析需要分别考虑构件承受轴压/拉力，剪力与双偏压三

种受力情况下的计算结果，如图5.4-11所示。

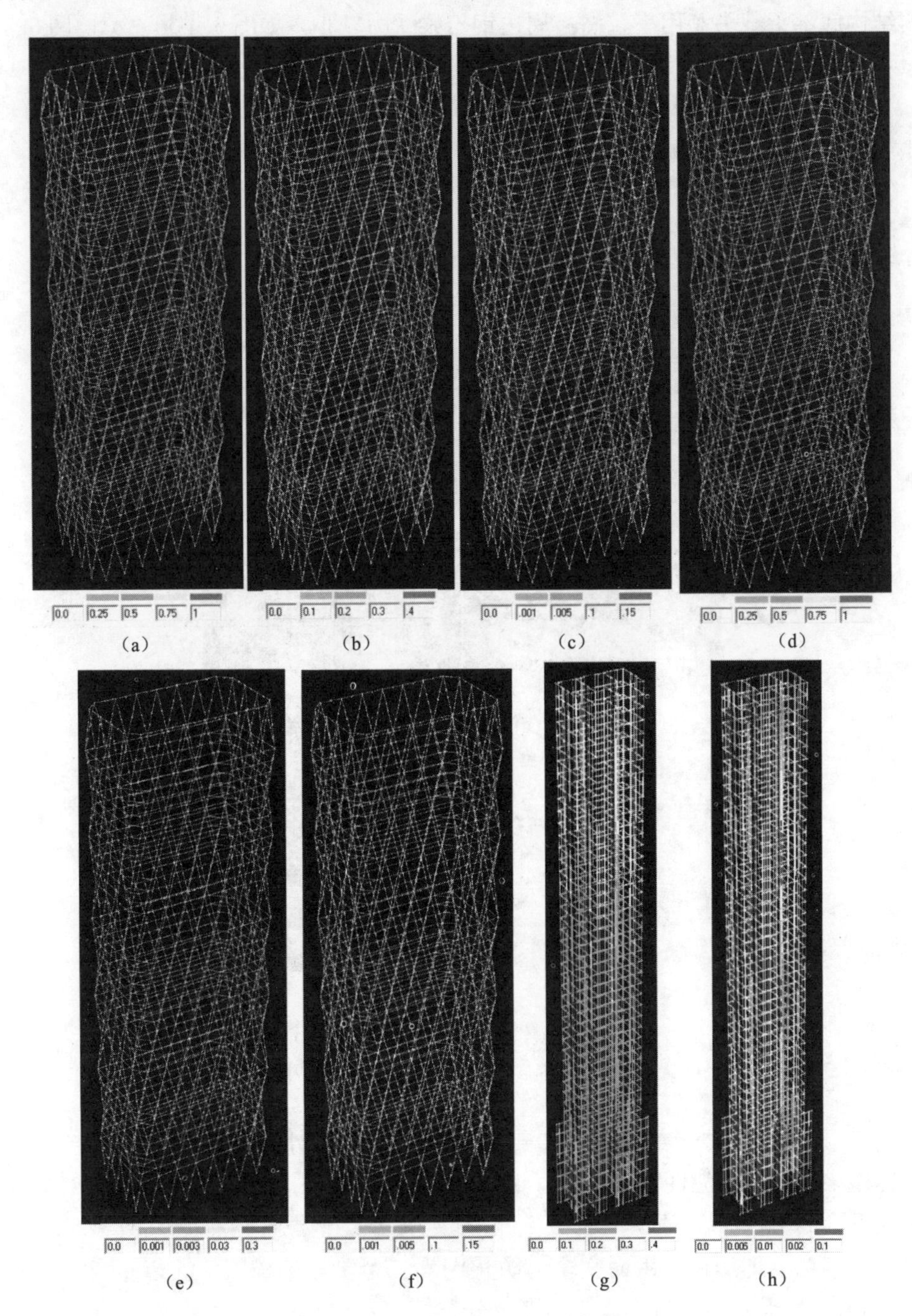

(a)　(b)　(c)　(d)

(e)　(f)　(g)　(h)

图5.4-11　各结构构件受力状态

(a) 外框柱轴压；(b) 外框柱轴拉；(c) 外框柱剪力；(d) 外框柱双偏压；(e) 周边梁受剪；(f) 周边梁压弯；(g) 混凝土压应变；(h) 钢筋拉应变

斜交网格柱整体满足承载力要求，其中轴压与双偏压受力状态下，中部楼层与结构底部承载力利用率较高。周边钢拉梁受力较小，如图 5.4-11（e）、图 5.4-11（f）所示。剪力墙墙肢以压应变为屈服标志，各构件受力状态如图 5.4-11（g）、图 5.4-11（h）所示。底部混凝土压应变比上部大，且底部钢筋拉应力均小于屈服应力，能够较好地作为承担地震作用下倾覆弯矩提供的拉力。

连梁作为主要耗能构件在大震作用下产生塑性铰，塑性铰分布与各极限状态情况如图 5.4-12 所示。

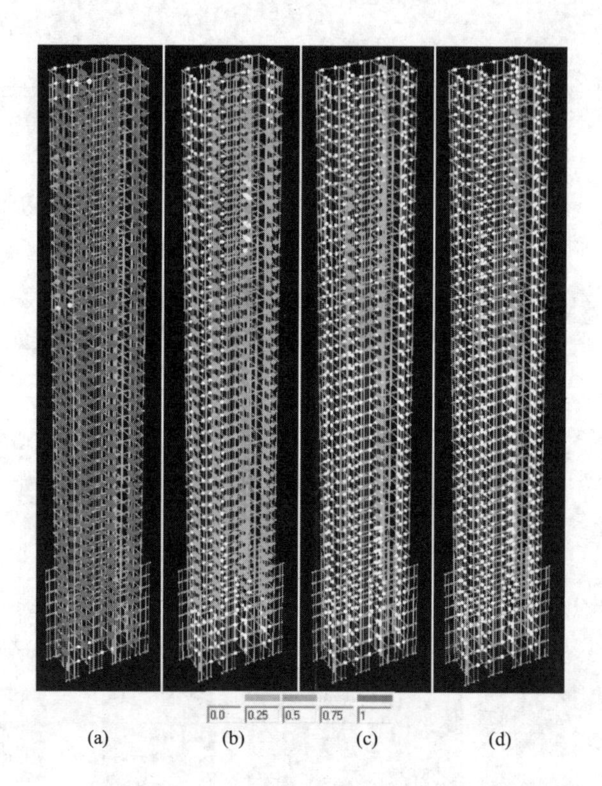

图 5.4-12　塑性铰分布与各极限状态情况

（a）屈服；（b）立即居住；（c）生命安全；（d）防止倒塌

对斜交网格-核心筒体系关键构件（外斜交网格构件，周边拉梁，剪力墙墙肢，连梁）进行弹塑性时程分析。连梁在罕遇地震作用下允许在不危及结构稳定前提下形成塑性铰。FEMA 356[90] 分别定义连梁塑性转角 0.01rad、0.02rad、0.025rad 为立即居住、生命安全、防止倒塌三个阶段的极限值。以 L0224 工况（底部剪力最大）为例研究连梁塑性铰分布。

图 5.4-12（a）中基本所有的连梁都进入了塑性阶段，即在梁端形成塑性铰，但转角没有达到立即居住转角限值。立即居住和生命安全抗弯能力利用率分别约

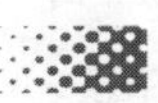

为75%和37.5%。故结构进入塑性阶段较低。剪力墙墙肢受力较小，相对下部墙肢收进处需提高抗剪承载力；斜交网格中部及底层受力较大。

4. 结构构件屈服失效路径

由于结构进入塑性程度较低，为了解各构件达到极端条件的顺序，人为提高L0224地震波峰值加速度至7度与7度半。各构件屈服或失效时间如表5.4-5所示。

各构件屈服或失效时间　　　　表5.4-5

<table>
<tr><th colspan="2" rowspan="2">构件名称</th><th rowspan="2">状态</th><th colspan="2">模态</th></tr>
<tr><th>地震波峰值加速度7度</th><th>地震波峰值加速度7度半</th></tr>
<tr><td rowspan="3">连梁</td><td rowspan="3">弯曲转角</td><td>屈服</td><td>1.5s</td><td>1.5s</td></tr>
<tr><td>立即居住</td><td>12.7s</td><td>9.6s</td></tr>
<tr><td>生命安全</td><td>13.4s</td><td>13.4s</td></tr>
<tr><td rowspan="6">斜交网格</td><td rowspan="2">承载力极限</td><td>压弯</td><td>12.4s</td><td>—</td></tr>
<tr><td>屈曲</td><td>12.7s</td><td>—</td></tr>
<tr><td rowspan="4">弯曲转角</td><td>屈服</td><td>—</td><td>12.4s</td></tr>
<tr><td>立即居住</td><td>—</td><td>12.6s</td></tr>
<tr><td>生命安全</td><td>—</td><td>12.9s</td></tr>
<tr><td>防止倒塌</td><td>—</td><td>15.2s</td></tr>
<tr><td rowspan="3">周边拉梁</td><td rowspan="3">弯曲转角</td><td>屈服</td><td>—</td><td>12.4s</td></tr>
<tr><td>立即居住</td><td>—</td><td>12.6s</td></tr>
<tr><td>生命安全</td><td>—</td><td>12.9s</td></tr>
</table>

在地震波峰值加速度7度地震作用下，连梁作为主要耗能构件首先屈服，转角达到生命安全极限，但不超过防止倒塌极限；在地震波峰值加速度7度半地震作用下，连梁首先屈服但不超过防止倒塌极限，斜交网格斜柱与周边拉梁之后相继屈服，且均先于连梁达到防止倒塌极限。综上，由结构弹塑性分析得到的结构构件失效/屈服路径相对合理，符合设计预期。同时，可见连梁与斜交网格柱和周边拉梁相比塑性更好，是设计时首选的耗能构件。

根据构件失效分析，斜交网格和周边拉梁为主要失效构件，故在设计时考虑采用小震、中震弹性，大震不屈服为设计目标；剪力墙墙肢为普通竖向构件，在中震阶段开裂，故在设计时采用小震弹性，中震不屈服，大震受剪承载不屈服；连梁为主要耗能构件，设定设计目标为小震弹性，中震受剪承载不屈服，大震满足防止倒塌端部塑性转角要求。同时，依据上述设计目标对比弹性阶段中美两国规范设计反应谱。ASCE 7规范以中震为设计反应更好地考虑主要失效构件（该项目中为斜交网格构件）中震弹性的要求，亦考虑剪力墙在中震作用下开裂刚度折减。我国规范对该类超限项目采用了安全性评估，一定程度上提高了设计要求，但对比两国规范弹性阶段计算结果，ASCE 7规范计算结果相对保守。

5.4.4 结构失效模型分析

1. 计算模型和分析

(1) 计算模型

结构计算模型及内外筒分解示意图如图 5.4-13 所示。

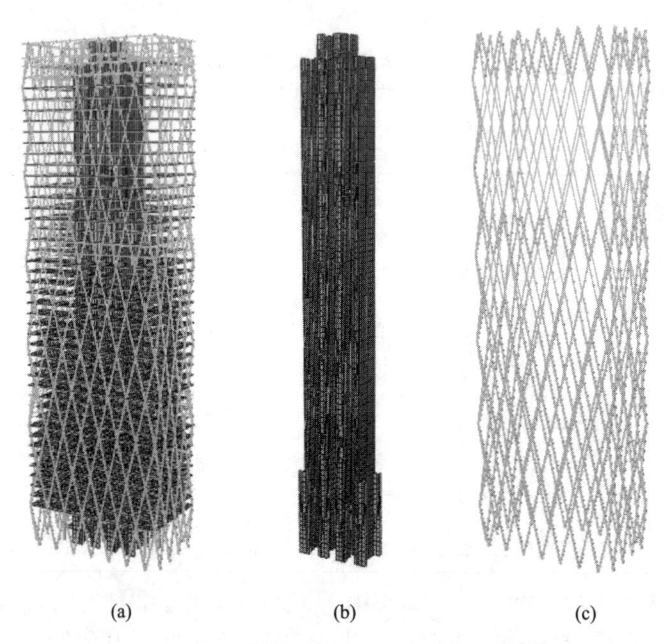

(a) (b) (c)

图 5.4-13 结构计算模型及内外筒分解示意图

(a) 三维整体结构；(b) RC 内筒；(c) 斜交网格外筒

(2) 模态分析

出于计算成本考虑，弹塑性分析模型在建模时做如下简化：1) 忽略钢筋与混凝土之间的滑移；2) 忽略楼板的弹塑性变形，采用刚性楼板假定；3) 忽略非抗震的次要结构构件。

对简化后的计算模型进行模态计算，并与 PKPM 计算结果进行对比验证。如表 5.4-6 所示，模型振型与周期均相近，简化模型可用于结构弹塑性分析。

模型模态计算及与 PKPM 计算结果对比 **表 5.4-6**

模型	第一振型(Y 方向)	第二振型(X 方向)	第三振型(扭转)
PKPM 模型	4.83s	3.67s	2.22s
有限元模型	4.91s	3.70s	2.35s

(3) 结构时程作用

以底部剪力最大的 L0224 波 Y 方向（短轴向）作用为例，对比结构在大震

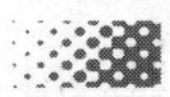

弹性与大震弹塑性工况下的顶部位移，如图 5.4-14 所示。曲线 0～5s 内重合度较高，后逐步出现幅值偏差，但结构整体位移趋势相似，并未产生周期滞后。该现象表明弹塑性工况下结构刚度逐步退化，地震作用减小，但退化程度相对较小，即失效构件相对较少。

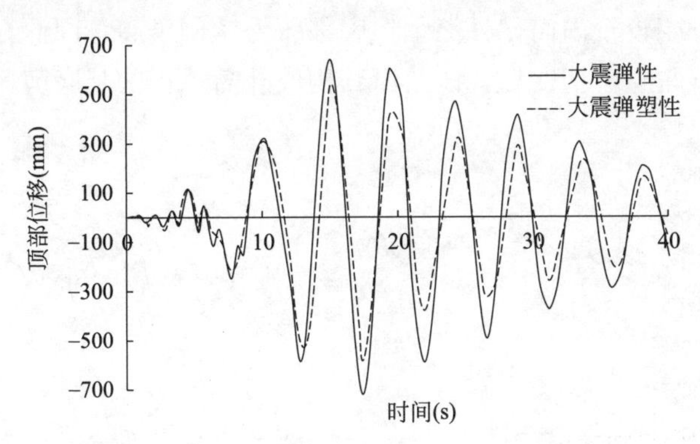

图 5.4-14　L0224 波 *Y* 方向作用顶部位移对比

由于本节旨在探究体系在极端地震灾害下的失效模式，故将 L0224 波人为放大，峰值加速度为 310cm/s^2，同时考虑计算成本仅截取地震波的前 20s，L0224 波（310cm/m^2）波加速度时程曲线如图 5.4-15 所示。

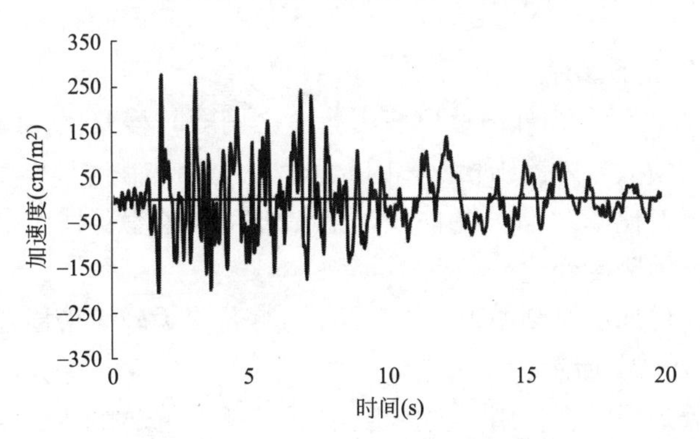

图 5.4-15　L0224 波（310cm/m^2）加速度时程曲线

2. 结构协同作用

在传统筒中筒结构设计时，整片墙体形成的内筒主要呈弯曲型变形，而密柱框架外筒根据梁柱构件刚度比主要呈剪切型或弯剪型变形。因此，相较于内筒，外筒产生的抗侧刚度较小，以承担弯矩为主。

钢管混凝土斜交网格外筒-RC 核心筒结构体系的内外筒通过两者间的梁板连接实现协同作用。然而与传统外框筒不同，斜交网格外筒通过斜柱层间相连，实现了将水平作用以水平分量的形式沿构件轴向传递，传力路径更为高效；斜交网格外筒较密柱框筒提供了更大的刚度，使得外筒的受力特性更接近于实腹截面的结构。因此该体系内外筒的协同工作机理与传统筒中筒体系略有不同。通过对比内外筒在大震作用下承担基底剪力的比例间接分析该体系内外筒的刚度。

如图 5.4-16 所示，地震作用由内外筒共同承担，该结果符合筒中筒结构的受力特性。同时相较于内筒，外筒承担底部剪力比例更高。因此在设计时需要充分考虑外筒的弯曲与剪切变形，以及由其构成外筒承担的基底剪力。

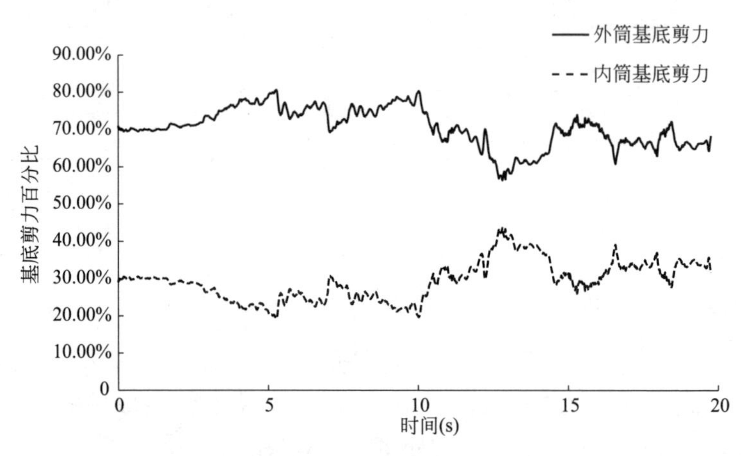

图 5.4-16　内外筒基底剪力时程曲线

3. 结构构件屈服顺序

如图 5.4-16 所示，内外筒承担基底剪力比例随时程变化，内筒承担基底剪力比例先减小后增大，外筒则相反，因此可以认为结构在时程作用下存在两次内力重分布。通过对比图 5.4-16 的曲线，主要研究罕遇地震时程作用下各类构件内力变化及内外筒刚度变化。

各类结构构件屈服时刻如表 5.4-7 所示，底部受力较大楼层各类构件屈服时刻示意图如图 5.4-17 所示。

项目中随着地震时程作用，主要构件的屈服顺序依次为 RC 内筒连梁、斜交网格外筒斜柱、RC 内筒剪力墙墙肢。该顺序与传统筒中筒结构体系主要构件的屈服顺序不同，这可能是由于斜交网格外筒构件主要承受轴力，构件在轴向拉压作用下的塑性变形较受弯作用下形成塑性铰转动时小，即该体系外筒的延性小于传统筒中筒结构体系的外筒。因此相较于传统筒中筒体系的外筒，斜交网格外筒承担基底剪力比例较高，致使外筒斜柱先于内筒剪力墙墙肢屈服。

各类结构构件屈服时刻　　　　**表 5.4-7**

结构构件	内筒连梁	外筒斜柱	内筒墙肢
屈服时间(s)	3.5	5.5	12.5

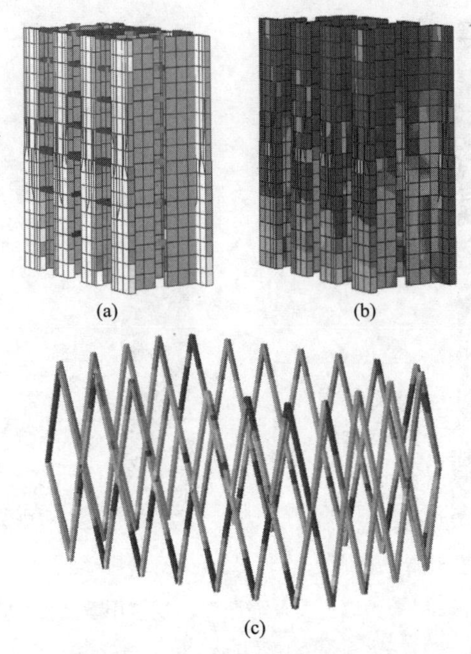

图 5.4-17　底部受力较大楼层各类构件屈服时刻示意图

(a) 连梁 3.5s 屈服；(b) 墙肢 12.5s 屈服；(c) 外筒斜柱 5.5s 屈服

对比图 5.4-16 基底剪力变化规律进一步论证：基底剪力根据内外筒刚度分配，首先主要由外筒承担，随着内筒中连梁逐步屈服，内筒刚度进一步减小，外筒承担基底剪力比例进一步增大；而当基底剪力增大致使外筒斜柱屈服时，外筒刚度逐步减小，结构体系基底剪力再次重分布而向内筒转移，内筒墙肢损伤逐步累积至失效。

剪力墙连梁及墙肢在往复作用下受拉/压损伤如图 5.4-18 所示。大部分剪力墙连梁端部在地震作用下损伤程度较大；剪力墙墙肢在地震作用下仅底部小部分墙肢发生受拉/压损伤，且仅个别墙肢单元损伤程度较深。

连梁作为主要耗能构件，应允许其变形耗能，而斜交网格斜柱则以轴向受力为主，延性变形小，为脆性构件，不宜产生过多变形。因此在设计中应注意对受力斜交网格斜柱的加强，故需要进一步探究在斜交网格外框中斜柱的屈服顺序，以期针对性加强。

4. 斜交网格外筒构件屈服顺序

斜交网格外筒构件主要承担轴力，故取底部 20 层轴力较大部位进行讨论。构件压力主要由钢管内混凝土与钢管共同承担，拉力则由钢管承担。在地震时程作用下，以钢管内混凝土的损伤程度为屈服标志，斜交网格外筒构件的屈服路径如图 5.4-19 所示。

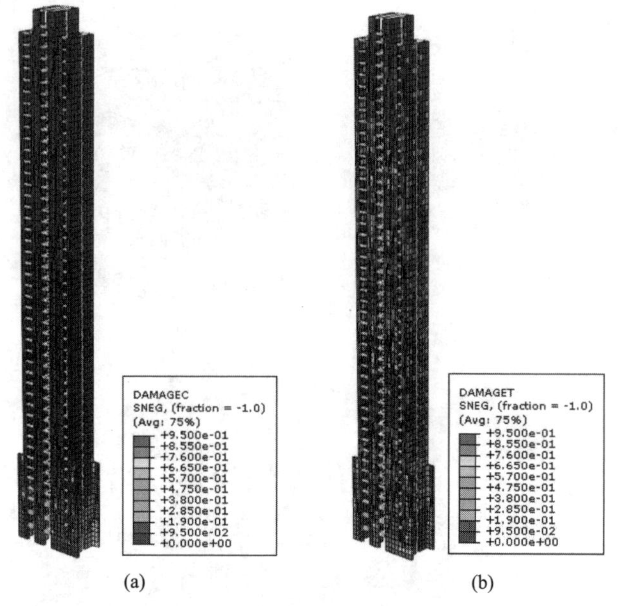

图 5.4-18　剪力墙连梁及墙肢在往复作用下受拉/压损伤

(a) 连梁；(b) 墙肢

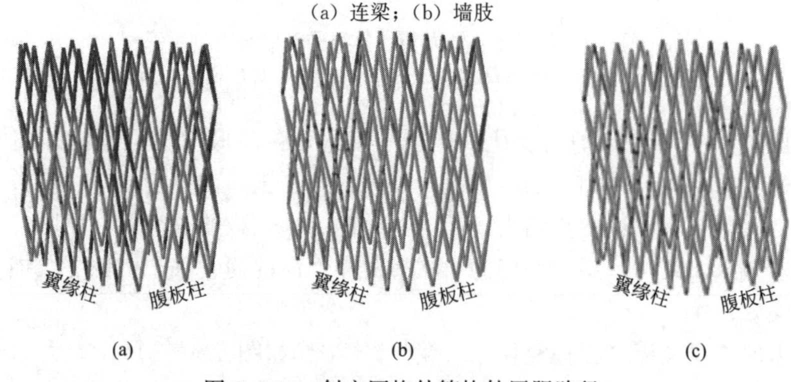

图 5.4-19　斜交网格外筒构件屈服路径

(a) 角部柱屈服；(b) 翼缘柱屈服；(c) 腹板柱屈服

如图 5.4-19 所示，外筒在受剪力与弯矩的共同作用下，角部构件首先屈服，屈服构件由角部向两侧发展。同时，底层轴力较大构件首先屈服后，屈服构件由底层向上部发展。上述结果表明，斜交网格外筒的整体受力接近于实腹构件，构件的翼缘部分主要受弯矩作用，腹板部分主要受剪力作用；当构件位于结构角部时，同时受剪力和弯矩的作用，率先发生屈服。当角部构件屈服后，相邻构件在变形协调下承担了更多的内力，继而相继屈服。

这种屈服模式表明斜交网格体系外筒的受力整体性较强，具有较好的空间三维受力特性。设计时应充分重视体系的这一特性，对底层的角部斜柱予以加强；同时外筒构件应具有一定的强度，避免局部构件承载力不足对整体性能的削弱。

第6章 斜交网格体系钢结构安装施工关键技术研究

随着建筑业的蓬勃发展，大型超高层建筑越来越多地出现在我们的视野中，其中钢结构以其强度高、重量轻、整体刚性好等诸多优点而被大量应用[91-94]。钢结构在高层、超高层建筑上的运用日益成熟，逐渐成为主流的建筑工艺，而钢结构建筑在兼顾经济实用的同时也向着美观和造型独特等方向发展，其中网格菱形造型是比较有代表性的一种形状[95-98]。

本章对立面网格形式钢结构的安装施工关键技术进行了系统地研究，主要包括外框筒安装施工过程中存在的重难点问题以及解决这些问题所采取的对应技术方案，这些施工关键技术实现了该类项目钢结构安装施工的精度要求，有效保证了项目顺利进行。

6.1 主要钢构件及典型节点详图

宁波国华金融大厦项目位于浙江省宁波市东部新城，北至中山路，东至海晏路。项目包含1栋塔楼和1栋裙楼，塔楼与裙楼通过钢结构中庭连廊相连接。项目钢结构体量约为1.5万t，钢材材质为Q345B。塔楼地下共3层，地上共43层，结构高度为206.1m，核心筒为混凝土结构，外框筒为钢结构，结构形式为箱形斜柱加斜交网格节点结构。塔楼结构及布局模型如图6.1-1所示。

6.1.1 主要钢构件及局部模型

地下室、地上结构的主要钢构件尺寸如表6.1-1、表6.1-2所示。地下室外围为王字形型钢混凝土直柱，内侧为十字形型钢混凝土柱，最大板厚85mm。地上外筒为箱形钢管组成的斜交网格结构，斜柱与水平方向夹角约为76°。

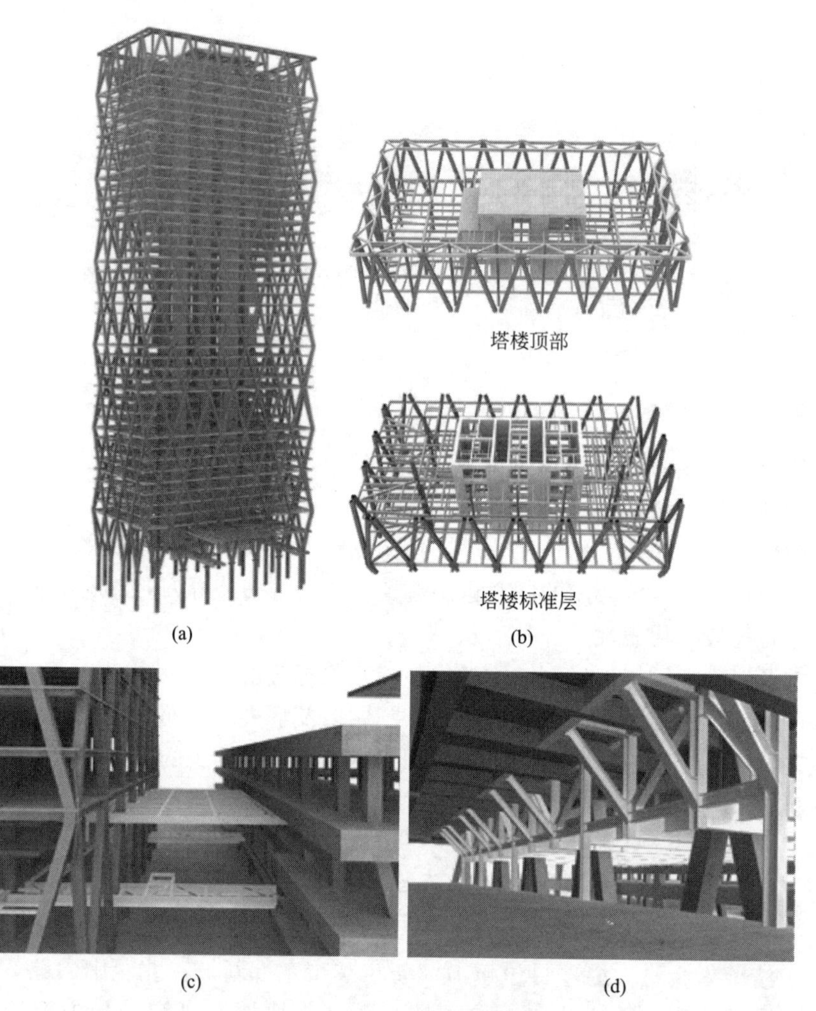

图 6.1-1　塔楼结构及局部模型

（a）轴测图；（b）局部结构；（c）中庭连廊；（d）连廊钢桁架

地下室主要钢构件尺寸　　**表 6.1-1**

截面类型	截面示意	主要截面尺寸(mm)	分布位置	材质
王字形		950×750×60×45×60、950×750×80×60×80	地下室钢柱	Q345B
十字形		2H950(700)×400×60×85		

地上结构主要钢构件尺寸　　**表 6.1-2**

截面类型	截面示意	主要截面尺寸(mm)	位置	材质
箱形		950×700×85、800×600×65 700×600×35、600×400×20	框架柱	Q345B

续表

截面类型	截面示意	主要截面尺寸(mm)	位置	材质
箱形		750×40、700×25 650×20、550×20	斜交柱	Q345B
H形		H450×450×35×35、H400×400×20×20 H300×300×25×25、H200×200×15×15	钢吊柱	
		H550×200×12×24、H500×200×10×20 H600×400×20×45、H600×500×30×70	钢梁	

6.1.2　典型节点详图

该项目结构造型新颖，构件节点形式复杂多样且体量大，对构件加工和现场安装精度要求都非常高。在项目实际施工过程中，根据现场实际情况及上述施工难点，逐一进行克服，总结出一套适合本工程及类似工程的施工方法，该工艺大大提高了斜交网格体系钢结构安装精度和安装效率，降低了安装高空作业风险，有利于保证施工质量及工期进度。图6.1-2为典型节点形式。

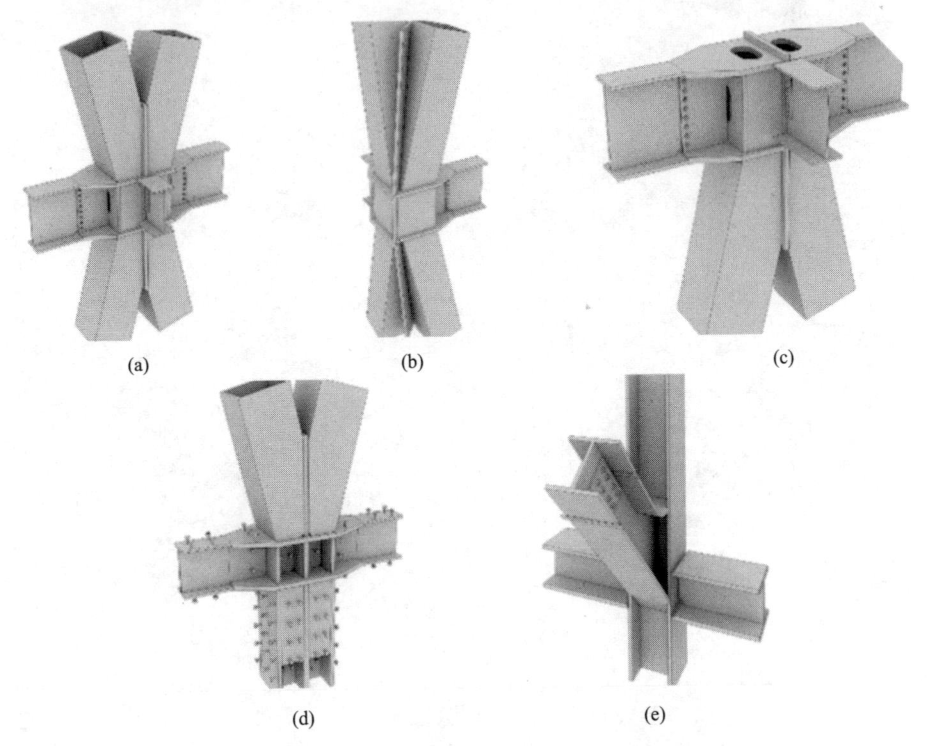

图6.1-2　典型节点形式（一）

(a) X形；(b) K形；(c) 屋顶X形；(d) Y形；(e) 连廊桁架（一）

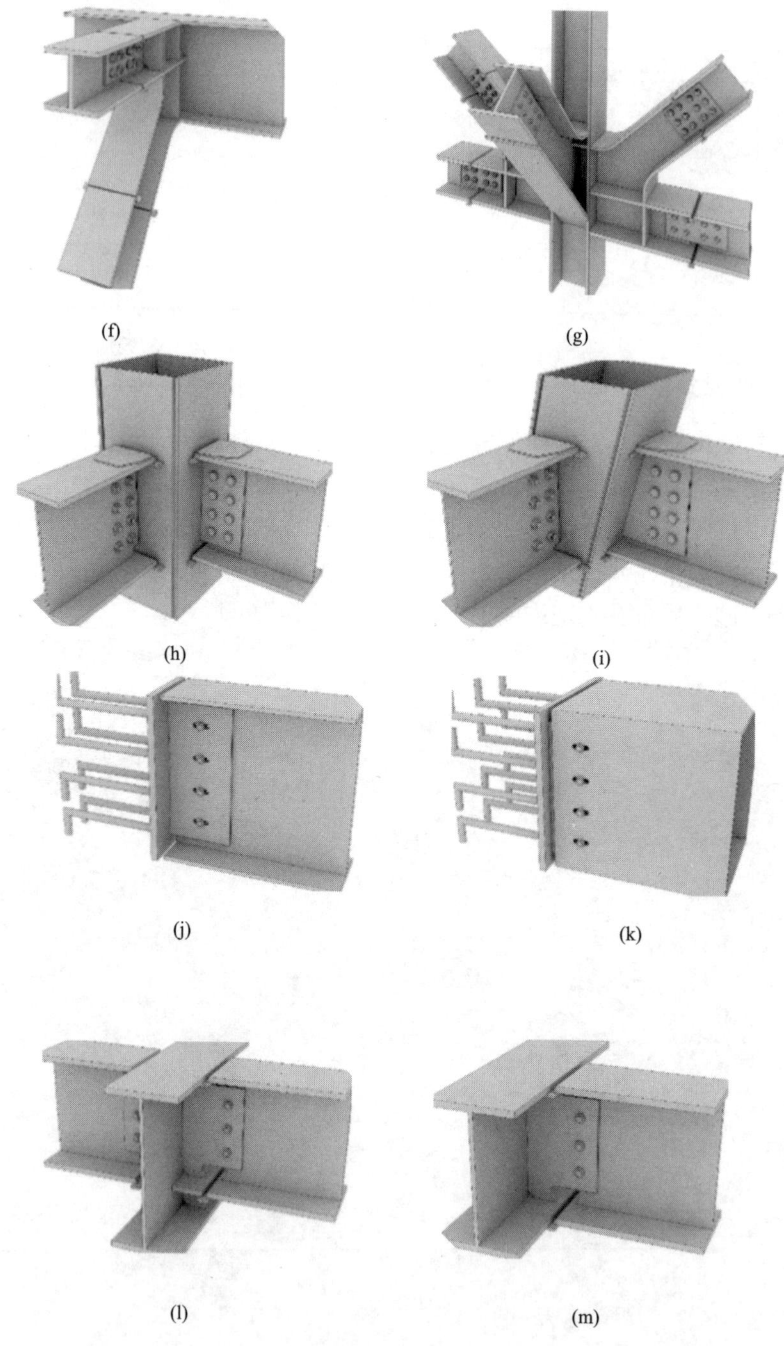

图 6.1-2　典型节点形式（二）

（f）连廊桁架（二）；（g）连廊桁架（三）；（h）竖柱刚接；（i）斜柱刚接；
（j）H梁-墙铰接；（k）箱梁-墙铰接；（l）梁-梁刚接；（m）梁-梁铰接

6.2　安装施工重难点分析

6.2.1　重难点概述分析

网格式钢结构安装施工的重难点主要包括以下四个方面：

(1) 现场实际施工的可操作性低，每个标准斜交网格层的钢柱划分为 1 个斜柱段和 1 个节点段。由于钢柱均有一定的倾斜角度，且钢柱自重较大，现场安装过程中钢柱的吊装就位及临时支撑措施的设置难度较大。

(2) 该工程斜交网格外框钢梁（除节点层）安装为无牛腿安装，斜柱端仅保留 1 块连接板，施工人员没有作业面，钢梁安装较为困难，若在柱端设置操作平台，则措施项目工程量较大，且影响安装进度。

(3) 针对斜交网格柱的分段分节，现场安装过程中需配备相应的焊接操作平台。受限于结构的特殊性，传统施工过程中应用的常规焊接操作平台已无法满足该结构斜柱焊接操作要求，若采用脚手架工程，则会大大增加人力物力，并且施工效率极低。

(4) 该工程外框斜柱与节点安装对接面均与柱身保持垂直，即对接面为倾斜截面。如底面安装精度不够，极易造成上部钢梁、钢柱无法安装的现象。

6.2.2　具体技术难点及解决方案

1. 深化量大且节点复杂

(1) 技术难点

用钢量大（1.5 万 t）、任务艰巨，并与各专业均有联系；节点复杂，且需考虑运输的可行性、安装的便捷性和结构的安全性。

(2) 解决方案

由技术总工牵头，设计院成立专门的深化小组；制定技术协调例会制度，邀请业主、监理、总承包及其他专业分包单位，定期进行沟通；利用 Tekla Structures 软件进行三维实体建模。

2. 厚板焊接

(1) 技术难点

厚板焊后冷裂纹倾向大，焊后母材易发生层状撕裂，部分构件节点复杂，焊接难度大。

(2) 解决方案

严格按照工艺要求进行焊材的烘焙和保存，对板厚大或节点拘束度大的焊缝，通过电加热进行焊前预热、后热处理；焊接过程中采用多层多道焊接工艺，使用小线能量的焊接参数，控制好层间温度，焊接工艺图如图 6.2-1 所示。

(a)

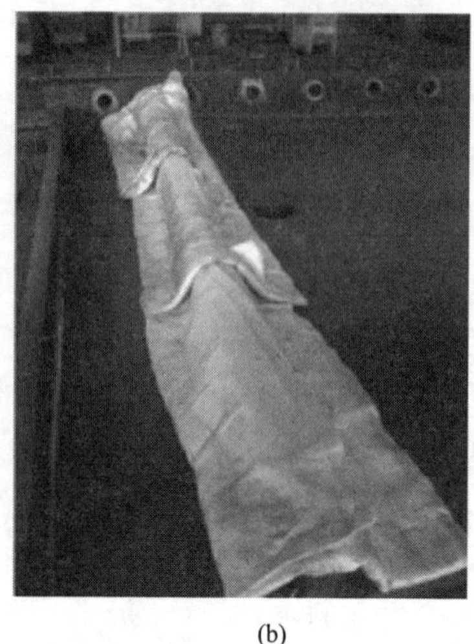

(b)

图 6.2-1 焊接工艺图

(a) 焊前预热；(b) 焊后保温

3. 复杂节点加工制作

(1) 技术难点

节点结构复杂、内隔板密集、节点板厚大。节点操作空间狭小、焊缝密集、焊接能量集中，T 形焊接接头易出现板层状撕裂。

(2) 解决方案

编制交叉节点焊接工艺卡，做好技术交底；确定合理的组焊顺序，焊接由内而外，隐蔽空间的焊缝先焊，并检测。

4. 斜柱安装复杂且精度控制难度大

(1) 技术难点

钢柱均为斜柱，且自重大，现场安装过程中钢柱的吊装就位及精度控制难度较大。

(2) 解决方案

钢结构外框箱形柱采用倾斜就位无支撑安装施工且用高强度螺栓和临时连接板以及缆风绳固定；安装后采用全站仪复测并矫正。

6.3 安装施工关键技术方案

本节对其进行相应研究，提出了现场解决问题的关键技术方案。

6.3.1　外框箱形柱倾斜就位无支撑安装

通过合理选择吊点位置及钢丝绳长度，使钢柱起吊后在空中便保持倾斜姿态，便于钢柱一次性就位完成。然后通过连接板及螺栓强度计算，在斜柱对接处设置6组临时连接夹板，并采用HS10.9高强度螺栓拧紧固定，安装就位后立即反方向拉设缆风绳，保证钢柱可靠固定。斜柱安装流程见图6.3-1，具体技术方案如下。

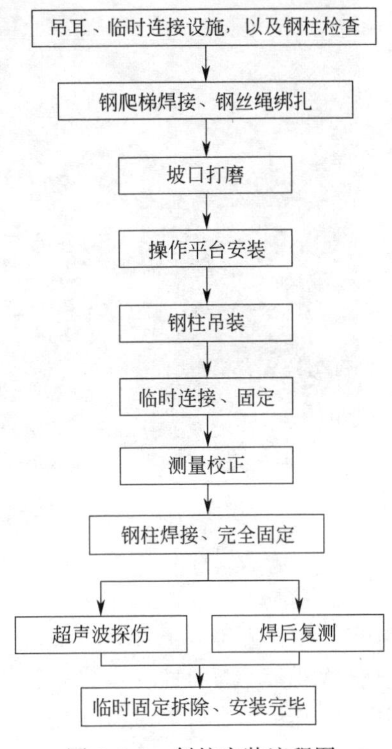

图6.3-1　斜柱安装流程图

1. 吊点设计

根据钢柱的分段重量及吊点情况，准备足够的不同长度和规格的钢丝绳和卡环，并准备好捯链、缆风绳、爬梯、工具包、榔头以及扳手。利用钢柱上端的连接板作为吊点，为穿卡环方便，深化设计时将连接板最上面的一个螺栓孔的孔径加大，作为吊装孔。钢斜柱吊装的同时在柱身下部1/4处设置双吊耳。钢柱吊装采用四点绑扎法，使钢丝绳受力均衡。

钢丝绳绑扎完毕，卡环固定完成，钢柱即可起吊。待钢柱起吊离地1.2m左右，在底面采用砂轮机打磨钢柱柱端附着渣土或浮锈，保证后续焊接质量，如图6.3-2、图6.3-3所示。

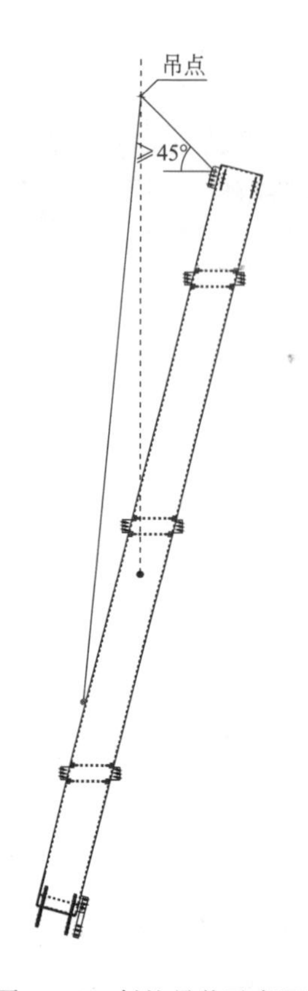

图 6.3-2　斜柱吊装示意图

图 6.3-3　斜柱吊装实景图

2. 临时固定措施

斜柱对接处设置 6 组临时连接夹板，并采用 HS10.9 高强度螺栓拧紧固定，安装就位后立即反方向拉设缆风绳，即斜柱自承式安装工艺。拉结在相邻钢柱吊耳上，保证钢柱可靠固定，如图 6.3-4～图 6.3-6 所示。

3. 测量矫正

钢柱对接完成，采用全站仪对柱顶坐标进行测量校正。钢柱初次就位往往难以保证精度对接，此时需采用钢柱错位调节措施进行校正，保证安装精度。安装矫正示意图如图 6.3-7 所示。

4. 斜柱焊接

测量校正完成后，钢柱对接处可实施焊接。为减弱焊接应力影响，箱形柱对接焊由 2 名焊接人员在对侧同时施焊，并尽量保证一次性完成焊接。焊接完后才将焊缝处打磨平整，进入下一道工序。

钢柱焊接完成后，对柱顶标高再次进行复测，保证钢柱对接精度仍能满足要求。对接焊缝按要求需进行超声波探伤，探伤前需割除临时连接措施，并将油漆

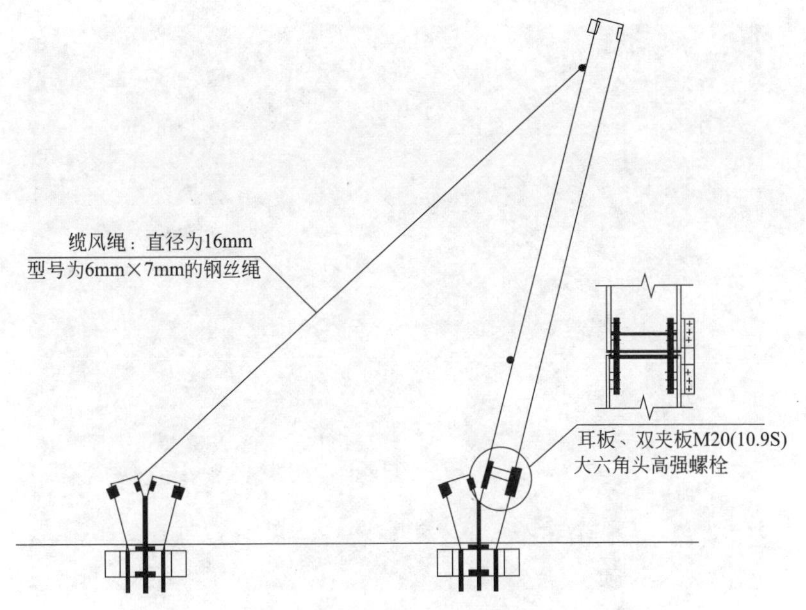

图 6.3-4　钢柱倾斜就位示意图

图 6.3-5　钢柱临时连接板示意图

预留区域的浮锈清理干净。探伤通过后，将钢柱对接处进行油漆补涂。

6.3.2　外框梁无牛腿安装

通过设计便携式轻型吊篮，并在柱身焊接轻型吊篮悬挂点，提供施工人员安装钢梁时的作业面，保证作业安全。钢梁两侧斜柱上分别悬挂 1 个轻型吊篮，施工人员站在吊篮上，辅助钢梁就位，并用螺栓连接固定。具体技术方案如下：

图 6.3-6　缆风绳拉设实景图

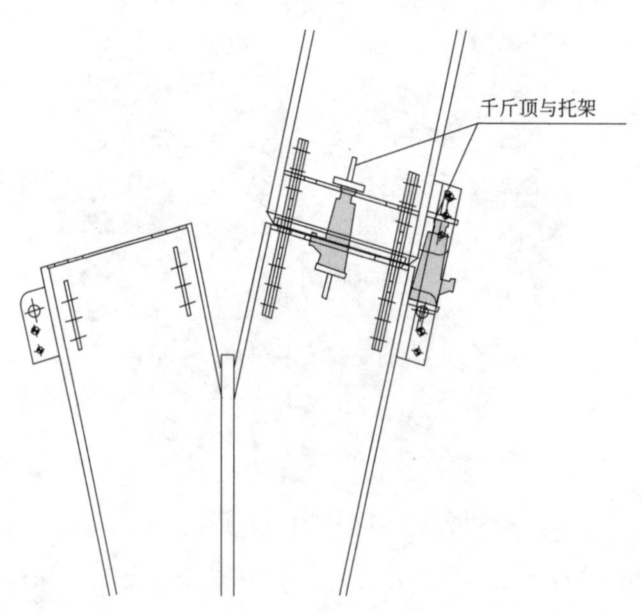

图 6.3-7　安装矫正示意图

1. 临时措施设计

钢梁加工时预留吊装孔或设置吊耳作为吊点，起吊前准备好安装螺栓、工具包、榔头以及扳手等工具。同时提前在两侧钢柱焊接轻型吊篮悬挂点，将轻型吊篮安装就位，安装人员站立于吊篮，等待钢梁吊装，如图 6.3-8 所示。

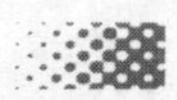

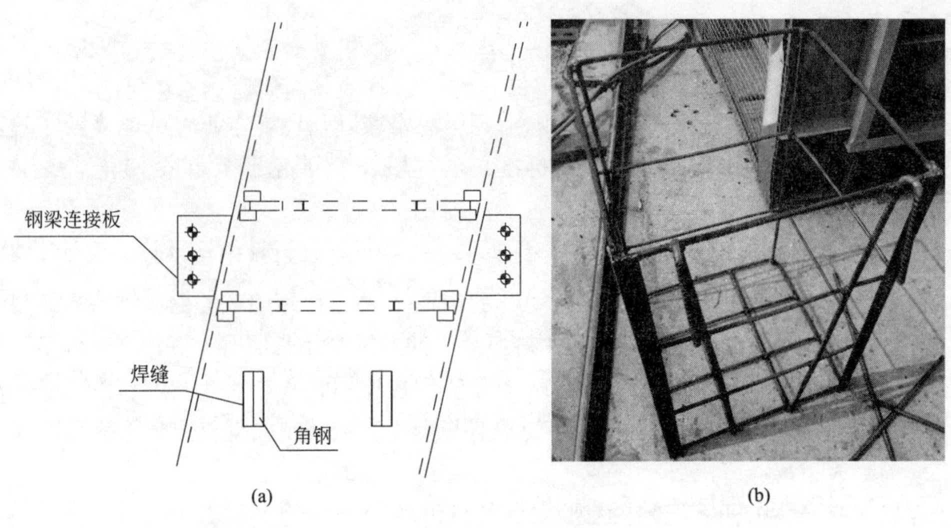

图 6.3-8 悬挂点及轻型吊篮示意图
(a) 悬挂点；(b) 轻型吊篮

2. 钢梁安装

钢梁两侧斜柱上部分别悬挂 1 个轻型吊篮，施工人员站在吊篮上，辅助钢梁就位。钢梁就位时，及时夹好连接板，对孔洞有少许偏差的接头可利用冲钉配合调整跨间距，然后用安装螺栓拧紧。安装螺栓数量按规范要求不得少于螺栓总数的 30%，且不得少于 2 个。钢梁就位后，及时用高强度螺栓替换临时安装螺栓，并在钢梁上部悬挂双道安全绳，安全绳固定在相邻钢柱两侧，钢梁安装实景图如图 6.3-9 所示。

图 6.3-9 钢梁安装实景图

6.3.3 异形焊接操作平台设计研发

根据主塔楼外框结构特点，考虑构件运输要求以及现场作业人员焊接操作的便捷性，外框斜交网格主要划分为标准层斜柱段、中部X形节点段、角部K形节点段以及顶层节点段。

结合现场作业人员作业需求，广泛听取多方意见，经设计结构计算，设计了3种新型节点操作平台。该操作平台具有结构轻便，安拆过程简易，可一次性安装到位，可容纳多人同时施焊等优点，结构安全可靠，亦可有效保证结构焊接质量。

操作平台内部设置3个吊点，操作平台安装需严格按吊点起吊，避免产生过大变形。操作平台安装后及时将开口侧钢丝绳拉设完成，并将活动盖板铺设到位，避免洞口过大形成安全隐患。

1. X形节点下部操作平台

操作平台尺寸3750mm×2450mm×1800mm，底盘采用8号普通槽钢，上铺3mm花纹钢板，焊接时铺石棉网；立杆采用∟70×5角钢搭设，外围钢丝网片。操作平台与钢柱吊耳通过∟70×5角钢连接，且操作平台内边沿与柱壁保留10～20cm间距，便于就位与吊出。操作平台与爬梯接触面应设置外翻板，方便人员进出。图6.3-10为X形节点下部操作平台示意图，图6.3-11为X形节点下部操作平台实景图。

2. X形节点上部操作平台

操作平台尺寸3000mm×1950mm×2000mm，底盘采用8号普通槽钢，上铺3mm花纹钢板，焊接时铺石棉网；立杆采用∟70×5角钢搭设，外围钢丝网

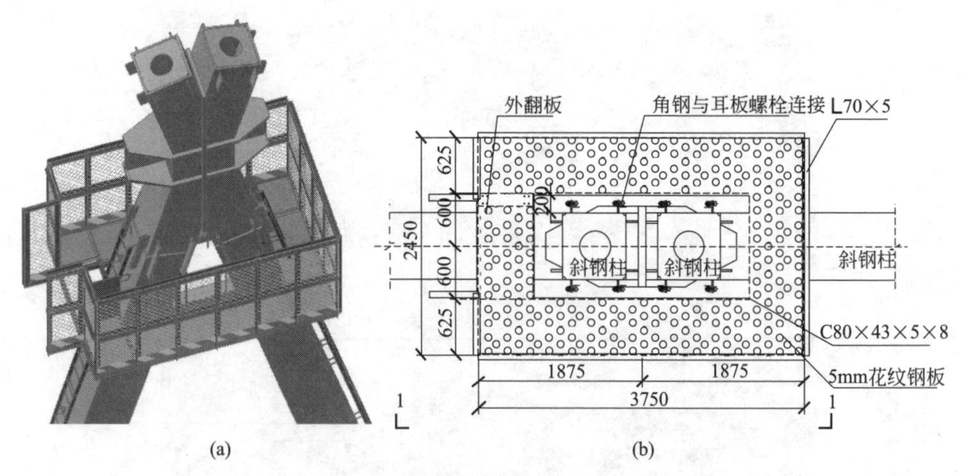

图6.3-10　X形节点下部操作平台示意图（一）

（a）轴测图；（b）平面图

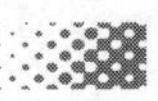

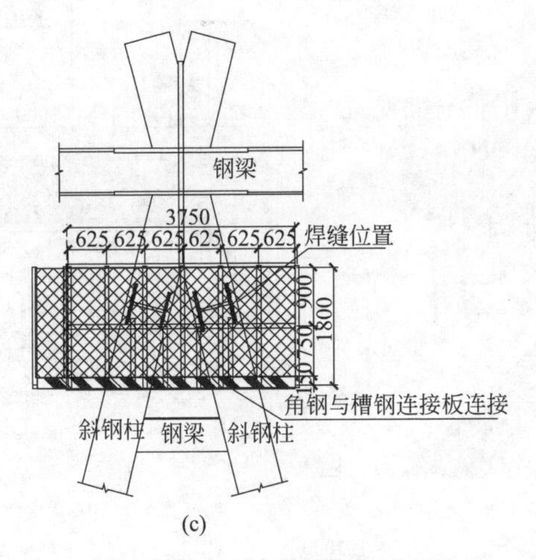

(c)

图 6.3-10　X 形节点下部操作平台示意图（二）

(c) 1-1 剖面图

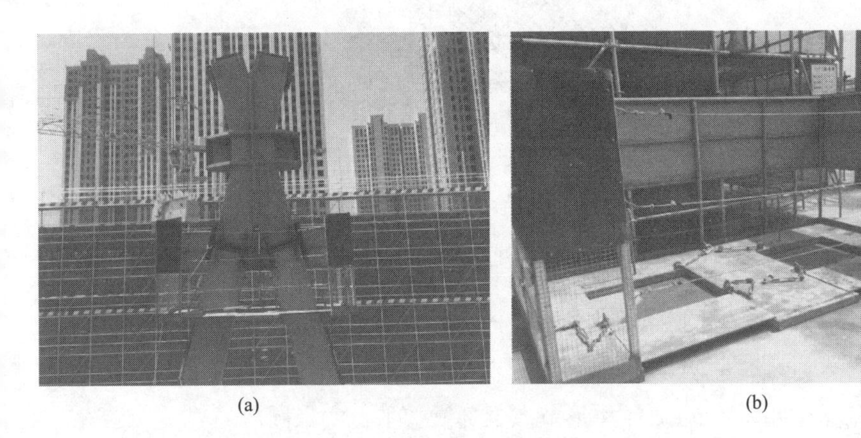

(a)　(b)

图 6.3-11　X 形节点下部操作平台实景图

(a) 实景 1；(b) 实景 2

片。操作平台与钢柱吊耳通过∟70×5 角钢连接，且操作平台内边沿与柱壁保留 10～20cm 间距，便于就位与吊出。图 6.3-12 为 X 形节点上部操作平台示意图，图 6.3-13 为 X 形节点上部操作平台实景图。

3. K 形节点上部操作平台

操作平台尺寸 2900mm×2900mm×1500mm，底盘采用 8 号普通槽钢，上铺 3mm 花纹钢板，焊接时铺石棉网；立杆采用∟70×5 角钢搭设，外围钢丝网片。操作平台与钢柱吊耳通过∟70×5 角钢连接，且平台内边沿与柱壁保留 10～20cm 间距，便于就位与吊出。操作平台分两块，分别吊装并通过螺栓组装。操作平台与爬梯接触面应设置外翻板，方便人员进出。图 6.3-14 为 K 形节点上部

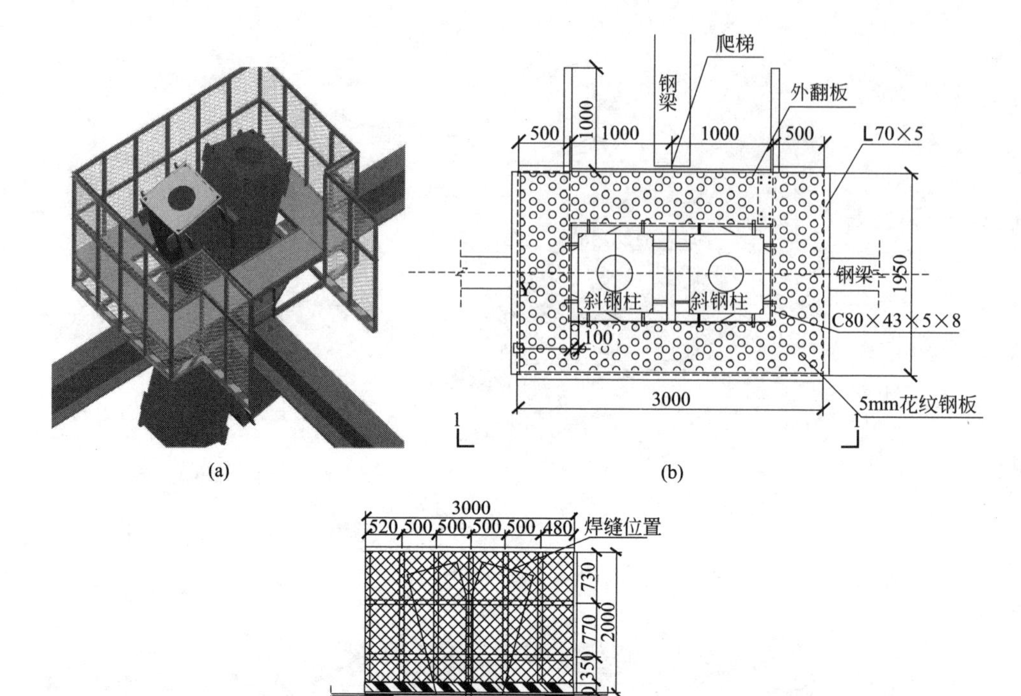

图 6.3-12　X 形节点上部操作平台示意图

(a) 轴测图；(b) 平面图；(c) 1-1 剖面图

操作平台示意图，图 6.3-15 为 K 形节点上部操作平台实景图。

(a)

(b)

图 6.3-13　X 形节点上部操作平台实景图

(a) 实景图（一）；(b) 实景图（二）

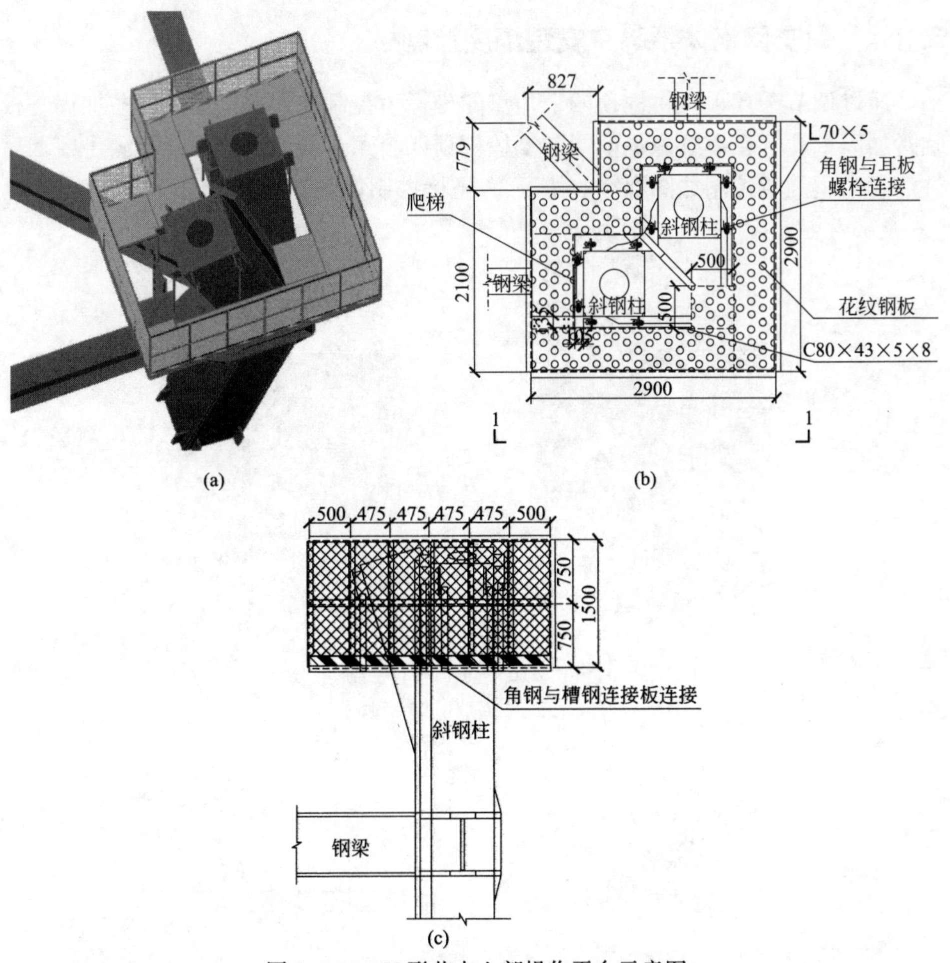

图 6.3-14　K形节点上部操作平台示意图

(a) 轴测图；(b) 平面图；(c) 1-1 剖面图

(a)　(b)

图 6.3-15　K形节点上部操作平台实景图

(a) 实景图（一）；(b) 实景图（二）

6.3.4 斜交网格体系高空安装精度控制

通过调节千斤顶，将柱顶四个角点的坐标值控制在误差范围内，并加焊马板临时加固钢柱，在焊缝施焊前同时复核柱顶四个角点及四边中心点，满足要求后施焊。错位调节控制如图 6.3-16 所示，坐标控制如图 6.3-17 所示。

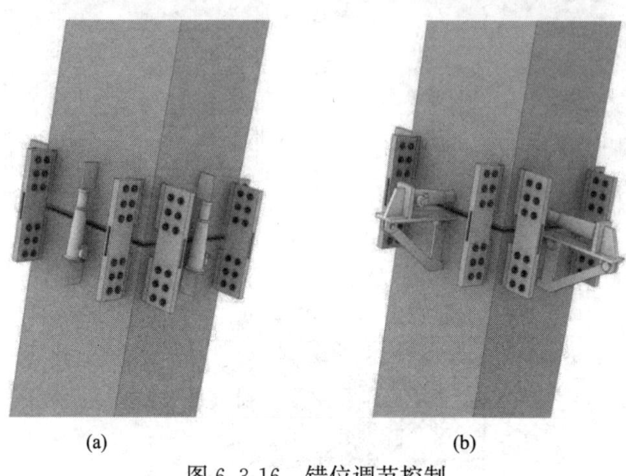

图 6.3-16 错位调节控制

(a) 标高调节；(b) 水平调节

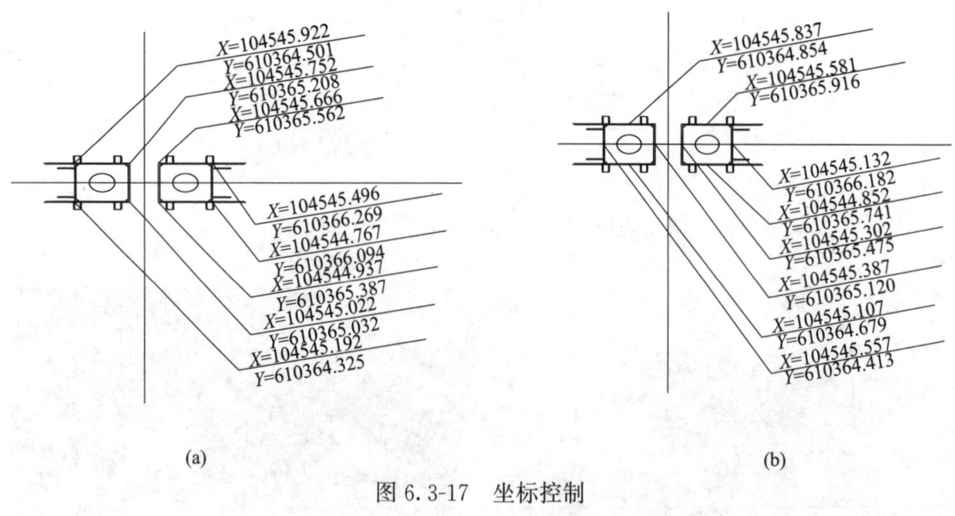

图 6.3-17 坐标控制

(a) 角点坐标；(b) 中心点坐标

6.4 典型工程应用案例

项目相关研究成果目前已在宁波国华金融大厦项目（206m，斜交网格体系，

2020 年已竣工）、杭州奥体望朝中心（288m，巨型斜撑体系，2022 年已结顶）等多项标志性超高层钢结构工程项目中获得了良好的应用，其中宁波国华金融大厦项目也是斜交网格体系钢结构安装施工关键技术研究的核心支撑工程项目。本节对这两个典型工程的项目概况和各阶段的工厂制作及现场施工情况进行简单介绍。

6.4.1　宁波国华金融大厦项目

1. 工程概况

宁波国华金融大厦项目位于宁波市东部新城中央商务区的延伸区域。方案设计方为 SOM 建筑设计事务所（美）。

2. 建筑方案及结构体系

塔楼外立面为斜交网格结构形式，每 4 层形成一个斜交网格节点，塔楼中部设有两个空中花园层，内部为核心筒剪力墙。塔楼结构为斜交网格外框筒-核心筒结构体系，裙楼为斜交网格混凝土框架结构，两者通过大跨度钢连廊和钢屋盖进行连接。建筑效果如图 6.4-1 所示，结构模型如图 6.4-2 所示。

塔楼结构体系由抗侧力系统和重力支撑系统所组成。抗侧力系统包括外围连续的钢结构斜交网格体系和内部的钢筋混凝土核心筒，形成筒中筒结构类型。重力支撑系统包括横跨在核心筒与外围斜交网格之间的钢梁以及钢梁支撑的钢筋桁架楼承板。

图 6.4-1　建筑效果图

3. 各阶段现场施工情况

该项目于 2014 年 12 月完成施工图设计，2015 年 4 月完成施工图审查，2016 年 1 月完成地上结构交底，2016 年 1 月开始打桩和基坑开挖工作，2017 年 1 月完成地下室顶板浇筑，2017 年 5 月开始施工地上塔楼主体结构，2018 年 11

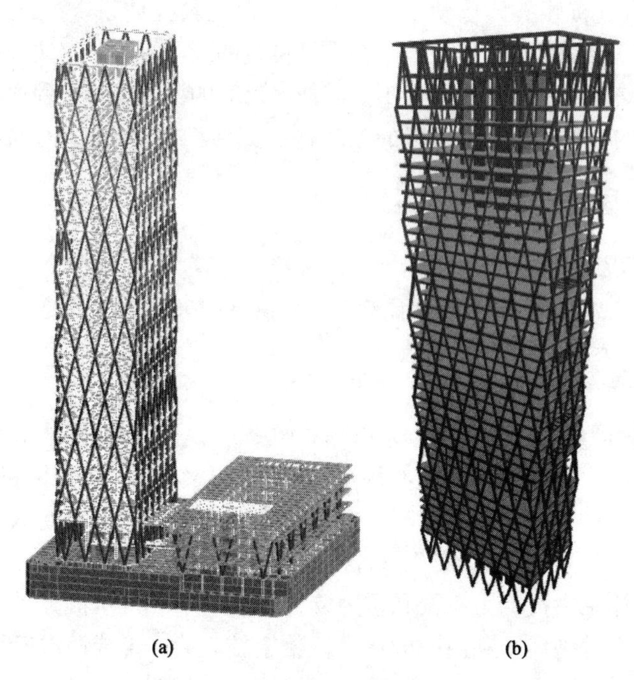

图 6.4-2　结构模型图
（a）整体；（b）塔楼

月完成结构封顶工作，2019 年 12 月完成幕墙安装，2020 年 9 月开始室内装修和设备安装，2021 年 5 月完成竣工验收。各主要过程及现场施工情况如下。

（1）基坑开挖阶段现场，如图 6.4-3 所示。

图 6.4-3　基坑开挖阶段现场（一）
（a）整体

(b)

图 6.4-3　基坑开挖阶段现场（二）

（b）局部

（2）地下室底板验收现场，如图 6.4-4 所示。

(a)

(b)

图 6.4-4　地下室底板验收现场（一）

（a）整体（一）；（b）整体（二）

(c)

图 6.4-4　地下室底板验收现场（二）

（c）局部

（3）出地面 Y 形转换节点现场，如图 6.4-5 所示。

(a)

图 6.4-5　出地面 Y 形转换节点现场（一）

（a）整体（一）

(b)

图 6.4-5 出地面 Y 形转换节点现场（二）
（b）整体（二）

（4）地下室顶板浇筑前现场，如图 6.4-6 所示。

图 6.4-6 地下室顶板浇筑前现场

（5）地上第 1 节斜柱吊装现场，如图 6.4-7 所示。

(a)

(b)

图 6.4-7　地上第 1 节斜柱吊装现场

(a) 整体（一）；(b) 整体（二）

按 8 层高度的斜柱为一节考虑，即一个 X 形，该塔楼共计 6 节斜柱。

(6) 地上第 1 节斜交网格完成现场，如图 6.4-8 所示。

图 6.4-8　地上第 1 节斜交网格完成现场

（7）地上第 2 节斜交网格完成现场，如图 6.4-9 所示。

图 6.4-9　地上第 2 节斜交网格完成现场

（8）地上第 3 节斜交网格完成现场，如图 6.4-10 所示。

图 6.4-10　地上第 3 节斜交网格完成现场

（9）地上第 4 节斜交网格完成现场，如图 6.4-11 所示。

图 6.4-11　地上第 4 节斜交网格完成现场

（10）地上第5节斜交网格完成现场，如图6.4-12所示。

图6.4-12　地上第5节斜交网格完成现场

（11）地上结构结顶验收（第6节）现场，如图6.4-13所示。

图6.4-13　地上结构结顶验收（第6节）现场

（12）幕墙安装过程现场，如图 6.4-14 所示。

图 6.4-14　幕墙安装过程现场

（13）室内装修及设备安装阶段，项目主体基本完成，现场情况如图 6.4-15 所示。

(a)　(b)

图 6.4-15　项目主体基本完成现场

（a）整体（一）；（b）整体（二）

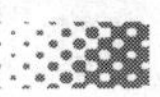

6.4.2 杭州奥体望朝中心项目

1. 工程概况

杭州奥体望朝中心项目位于杭州市萧山区盈丰路东侧、市心北路北侧，属于钱江世纪城板块。设计方案为一幢带 10 层裙楼的 59 层超高层塔楼结构，塔楼与裙楼相互独立并通过钢结构连廊进行连通，总建筑高度为 288m，总建筑面积约为 16.3 万 m^2。塔楼地上 59 层，主要功能为酒店、办公和商业综合体，结构主屋面高度为 280m，平面外轮廓尺寸为 38.2m×38.2m，典型层高为 4.2m，主要结构跨度为 9～10m；地下室为 4 层，主要功能为车库及设备用房，地下室最深处为 −16.800m（塔楼范围）。合作方案设计方为 SOM 建筑设计事务所（美）。

2. 建筑方案及结构体系

该项目属于高度超限的高层建筑结构，塔楼采用异形钢管混凝土巨型斜柱框架-钢筋混凝土核心筒结构体系。外框架为巨型斜柱结构体系，采用异形的钢管混凝土截面，保证斜柱构件受力性能的同时，便于其在节点处的汇交和分岔，异形柱截面变化范围为 ϕ600～ϕ1600mm。建筑效果图如图 6.4-16 所示，结构模型图如图 6.4-17 所示。

(a)

(b)

图 6.4-16　建筑效果图

(a) 效果图（一）；(b) 效果图（二）

塔楼底部仅有 8 根在角部的巨型异形斜柱构件落地支撑，分支截面相对较小的斜柱构件不落地；核心筒为主要的抗侧力体系，能够比较有效地抵抗地震作用和风荷载等水平荷载。外框架不仅作为结构的第二道防线，同时也能配合建筑对立面的要求。

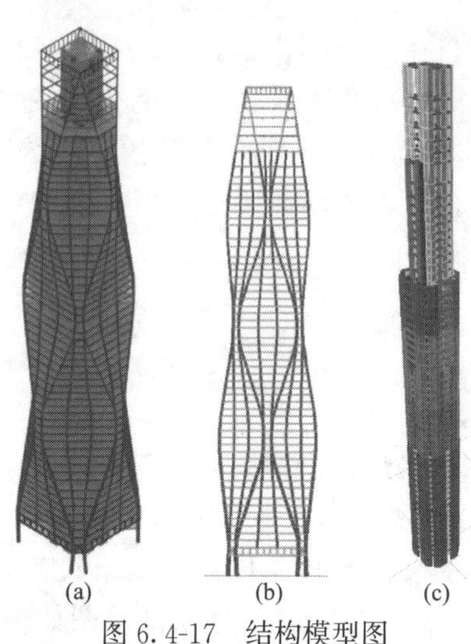

图 6.4-17　结构模型图

(a) 塔楼整体结构；(b) 斜柱外框；(c) 核心筒

3. 各阶段现场施工情况

该项目于 2018 年 5 月完成施工图设计，2021 年 8 月巨型斜撑外框施工至 32 层（图 6.4-18），2022 年 4 月主体结构已结顶（图 6.4-19）。

(a)

(b)

图 6.4-18　塔楼施工过程现场（巨型斜撑外框施工至 32 层）

(a) 整体（一）；(b) 整体（二）

(a)

(b)

图 6.4-19　塔楼施工过程现场（主体结构结顶）

（a）整体（一）；（b）整体（二）

第7章　斜交网格体系性态检测及监测关键技术研究

实际工程中，施工阶段的质量检测和使用阶段的健康监测是保证结构性能安全可靠的两个重要方面，目前已有一些相关研究成果应用于超高层、大跨以及框架等结构[41-45, 99-102]中。然而，对于斜交网格超高层钢结构体系，尚未有相关文献进行系统的分析。

本章对斜交网格体系的超高层钢结构施工阶段的质量检测和使用阶段的健康进行了初步探讨。

7.1　施工阶段的无损质量检测

超声法是应用较为广泛的一种无损检测方法，包括混凝土缺陷的超声检测和钢结构焊接焊缝的超声探伤检测。

7.1.1　常规超声波检测方法

1. 混凝土内部缺陷检测

混凝土中的超声法是指采用带波形显示屏的低频超声波检测仪和超声换能器，测量混凝土的声速、波幅和主频等声学参数，并依据这些参数的测试结果及其相对变化，分析混凝土质量的方法[103]。混凝土超声法属于“穿透法”，即用发射换能器重复发射超声脉冲波，让超声波在所检测的混凝土中传播，然后由接收换能器接收。被接收到的超声波转化为电信号后再经超声仪放大显示在屏幕上，用超声仪测量收到的超声信号的声学参数。当超声波经混凝土中传播后，它将携带有关混凝土材料性能、内部结构及组成的信息，准确测定这些参数的大小及变化，可以推断混凝土性能、内部结构及其组成情况。

在混凝土缺陷检测中常用到的声学参数有声速、波幅、频率以及波形。

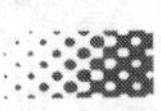

（1）声速

超声波在混凝土中传播的速度是超声波检测混凝土的主要参数之一。混凝土的声速与混凝土的弹性性质、内部结构（孔隙、材料组成）等有关。混凝土组成不同，其声速也会有差异。弹性模量越高，内部越致密，声速越高。若混凝土内部有缺陷（孔洞、蜂窝体），则该处的声速将比正常部位声速低。当超声波穿过裂缝传播时，所测得的声速也将比无裂缝处声速有所降低。利用声速对混凝土内部缺陷进行判别时可依据《超声法检测混凝土缺陷技术规程》CECS 21：2000[99] 中的相关内容进行数据处理与判断。

（2）波幅

接收波波幅通常指首波，即第一个波前半波的幅值。接收波波幅反映了接收到的声波的强弱。在发出的超声波强度一定的情况下，波幅值的大小反映了超声波在混凝土中衰减的情况。对于内部有缺陷或裂缝的混凝土，由于缺陷、裂缝使超声波反射或绕射，波幅也将明显减小，因此，波幅值也是判断缺陷与裂缝的重要指标。

在利用波幅对混凝土的质量进行判断时，一定要尽可能保证换能器的耦合状况一致。否则无论是平面测试还是孔中测试，在同一测点换能器随机多次耦合测取声时及波幅时，由于耦合状态的不一致，声时的误差以及波幅的变化可达百分之几十到大于百分之百。利用波幅对混凝土内部缺陷进行判别时既可依据《超声法检测混凝土缺陷技术规程》CECS 21：2000 中相关内容进行数据处理与判断，也可依据半波幅法对混凝土内部缺陷进行判断。

（3）频率

在超声检测中，由电脉冲激发出的声脉冲信号是复频超声脉冲波，它包含了一系列不同频率成分的余弦波分量。其中的高频波在混凝土的传播过程中会首先衰减。超声波愈往前传播，其所包含的高频分量愈少，波的主频率也逐渐下降。主频率下降的多少除与传播距离有关外，还与混凝土本身是否存在缺陷等情况有密切关系。利用频率对混凝土内部缺陷进行判断的理论还不成熟，故频率值仅作为参考。

（4）波形

波形是指在屏幕上显示的接收波波形。当超声波在传播过程中碰到混凝土内部缺陷时，超声波会发生绕射、反射以及传播路径的复杂化，直达波、反射波、绕射波等各种波先后到达接收换能器，然而各种波的频率和相位各异，这些波的叠加会使波形畸变。因此，对接收波波形特点的研究分析有助于对混凝土内部质量及缺陷的判断。然而，尽管《超声法检测混凝土缺陷技术规程》CECS 21：2000 所提到的数据处理与判定方法是现在常用的方法，但其判定方法还是存在一定的不足之处。对于正常施工的混凝土，其质量比较均匀，通过超声检测所得声速、波幅等参数异常值数据数量较少，即使会出现个别异常数据，但在总体上并不影响声速服从正态分布，因此这些异常数据不会对平均值、标准差产生较大影响，可准确判断出缺陷；但当混凝土质量本身存在较大波动时，如搅拌不均、分层离析等缺陷时，则所测声速值、波幅值可能不服从正态分布，声学参数是渐变的而非突变的，难以通过主观的判断直接剔除可疑数据，且偏小的声速值等超声参数数据量较大，造成样本整体的标准差偏大，使利用规范公式计算出的异常情况判断值偏小，当其值小于最小的声速值时，无法判断出异常情况，造成缺陷的漏判。而当混凝土总体较为均匀，波形也很正常的情况下，总体的标准差偏小，此时个别声速偏小的测点，会被判断为存在异常情况，从而造成误判。在这种情况下，则不能单独以《超声法检测混凝土缺陷技术规程》CECS 21：2000的判定值来对混凝土的缺陷状况进行判断，而要结合声速值、波幅值、频率值以及波形图来进行综合的分析，相互印证，从而对《超声法检测混凝土缺陷技术规程》CECS 21：2000的判定结果进行进一步的修正和确定。

2. 钢管混凝土超声法检测的特点

采用常规超声法检测钢管混凝土柱的内部混凝土缺陷时，经常出现超声波沿钢管的环绕传播效应，陈松[104]对于超声法检测钢管混凝土做了一些相关研究。除需要避免环绕效应外，由于钢管混凝土外面多了一层钢管，所有测点的超声波传播路径都要通过钢板、混凝土、钢板，即各测点的测试条件是一样的，无须研究钢管的存在对超声测试的声学参数影响，故测试结果的判定方法与超声法检测普通混凝土的判定方法基本相同。

普通钢筋混凝土在浇筑时会产生蜂窝、麻面、孔洞、漏筋、裂缝等一些常见的缺陷，这些缺陷也是超声法检测混凝土质量经常要检测的一些项目。而钢管混凝土由于一般没有钢筋或钢筋含量很少，只有外围的钢管存在，一般混凝土内部本身的密实度是可以保证的。然而，钢管混凝土中往往会有一些水平隔板的存在，这些部位在浇筑混凝土时混凝土质量往往不能保证，一方面混凝土浇筑时不能直接浇筑到这个部位，另一方面混凝土浇筑完毕后，内部一些气泡会上升集聚到水平隔板下，导致混凝土不密实。此外，混凝土在养护期间，由于混凝土的收缩等方面因素，会产生与钢管之间的剥离现象，形成一定的间隙，这种混凝土与钢板脱粘的现象也是较为普遍的。因此，在对钢管混凝土进行超声检测时尤其要注意隔板位置混凝土的密实度和钢板与混凝土的粘结状况。

3. 钢结构焊接焊缝探伤检测

我国用于钢结构焊接焊缝无损探伤的检测方法主要有涡流检测（ET）、超声检测（UT）、铁磁粉检测（MT）、渗透检测（PT）和射线检测（RT）这五种。其中超声波检测在实际的应用过程中最为普遍[105,106]。

超声波因其自身的特性经常被用在建筑钢结构的焊接焊缝探伤检测中，因其

波长很短，所以穿透力十分强大，能够在不同介质中进行传播，如果碰到不同类型介质的分界面，超声波会自动发生折射、反射、绕射现象或者进行波形转换。另外，超声波的方向性很好，它可以在漆黑的环境中准确地找到想要观测的目标。因此操作人员可以通过定向发射，准确地发现焊缝中的缺陷。除超声波检测外，在建筑钢结构的检测中，我们通常也会使用反射法对钢结构进行探伤，在检测过程中，操作人员可以通过反射回波的声压高低准确地检测焊缝缺陷。通常施工中建议超声波探伤采用 2～5MHz 探头，2～2.5MHz 性价比高，而且探头角度的选择也有很多类型。

常见的焊接焊缝缺陷类型主要有气孔、夹渣、未焊透、未融合和裂纹，具体缺陷及超声探伤识别如下[107]：

（1）气孔

在焊接过程中，由于焊接熔池处于高温状态，此时若吸入了气体或焊接冶金过程产生一部分气体，且不能在接缝冷却凝固前排到外部环境当中，就会在焊缝金属结构内部出现气孔。当利用超声波对气孔检测时，单个气孔呈现的波形稳定，但是如果气孔比较密集，探头呈现出的波形将会波澜起伏，因此可以进行气孔探伤。

（2）夹渣

如果焊接之后内部存在熔渣或其他夹杂物，则会在焊缝处形成夹渣，夹渣的分布往往是没有固定规律的，其形状为点状和条状不一。点状的夹渣对焊缝整体强度影响不是太大，在用超声波探测时波幅较低且平缓。条状的夹渣对其整体强度影响较大，回波信号常常呈现出锯齿状。

（3）未焊透

如果焊接过程中金属没有被完全熔透，就会出现未焊透的病害。未焊透病害通常出现在焊缝中心线上，具有长度较长的特点，如果在焊缝上探头沿中心线移动，在未焊透部位的反射波形比较平稳，完好的地方，反射波变化幅度较大。

（4）未融合

在焊接过程中所用的填充金属没有与母体材料完全熔合，这种现象我们称之为未融合现象。当探头在未熔合部位进行平移时，波形通常较为平稳，如果波形变化较大时，甚至是忽高忽低时，表明内部出现未融合。

（5）裂纹

若是在焊缝与母材的热量影像的区域之内，焊接过程当中或者焊接之后会出现局部缝隙，通常我们将这种现象称为裂纹。在进行超声波检测时，出现的波形通常是波幅宽且回波波峰高，当探头在这个区域内来回移动时反射波会出现反复的上下起伏现象。

从理论上讲，超声波焊缝探伤有直探头法和斜探头法两种方法。斜探头法的超声波从焊缝侧面斜射进入，只需将焊缝两侧钢板清理干净、除去氧化皮、去掉焊接飞溅等就可以实现斜探头探伤条件。直探头探伤的超声波要求直接穿过焊缝，这就要求探头接触的焊接面平整。焊接焊缝一般采用斜探头法进行超声波探伤。

钢结构的焊缝质量等级：对接焊缝为一级，坡口熔透焊缝为二级，角焊缝为三级。钢结构焊缝焊接要求见表 7.1-1。

本章主要研究斜交网格节点的主要板件之间的焊缝采用坡口全熔透焊缝，焊缝要求为一级，内部隔板可为二级。无损检测应在外观检查合格后进行，全熔透焊缝的内部缺陷检验应符合下列要求：

1）一级焊缝应进行 100%的检验，其合格等级应满足现行国家标准《焊缝无损检测 超声检测 技术、检测等级和评定》GB 11345 中 B 级检验的Ⅱ级及Ⅱ以上（对于受压焊缝）、Ⅰ级（对于受拉焊缝）；

2）二级受拉焊缝应 100%检查，受压焊缝抽检不少于 20%，其合格等级应满足现行国家标准《焊缝无损检测 超声检测 技术、检测等级和评定》GB 11345 中 B 级检验的Ⅲ级及Ⅲ级以上；当发现有超过标准的缺陷时，应全部进行超声波检查。

钢结构焊缝焊接要求 **表 7.1-1**

构件	部位	焊缝类型	焊缝要求
箱形柱（箱形梁）	框架柱(框架梁)板长不够对接拼接焊缝	全熔透	一级
	上下节框架柱现场对接焊接	全熔透	一级
	梁与柱刚接时，柱在梁翼缘上下各 500mm 节点内的组立焊缝	全熔透	二级
	柱拼接接头上下各 100mm 内组立焊缝	全熔透	二级
	框架柱隔板与壁板的连接焊缝	全熔透	二级
	埋入式柱脚框架柱与柱底板的连接焊缝	全熔透	二级
	外露式柱脚框架柱与柱底板的连接焊缝	全熔透	二级
	外露式柱脚框架柱和柱底板与加劲板的连接焊缝	全熔透	二级
	箱形柱除节点范围外的角部组立焊缝	部分熔透	焊缝厚度不应小于板厚的 1/2，且不应小于 14mm
矩形钢管柱	矩形钢管柱隔板与柱壁板的连接焊缝	全熔透	一级
	矩形钢管柱底板与柱壁板的连接焊缝	全熔透	二级
H 形框架梁	H 形钢框梁翼缘板长不够需对接拼接焊缝	全熔透	一级
	H 形钢框梁腹板板长不够需对接拼接焊缝	全熔透	二级
	H 形钢框梁腹板与翼缘之间组立焊缝	角焊缝	—

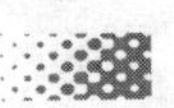

续表

构件	部位	焊缝类型	焊缝要求
梁与柱	框架梁翼缘与柱的连接焊缝	全熔透	二级
	框架梁腹板连接板与柱的连接焊缝(现场焊连接板)	全熔透	三级
	框架梁腹板连接板与柱的连接焊缝(工厂焊连接板)	双面角焊缝	—

7.1.2 声波CT无损检测方法

声波CT无损检测是一种新的较为先进的混凝土内部结构缺陷成像检测技术[108、109]。大体积钢管混凝土构件内部的混凝土缺陷主要包括裂缝、孔洞、剥离和分层离析等，本节主要采用声波CT法对斜交网格钢管混凝土斜柱构件中的混凝土密实度进行检测，以控制其质量。

1. 检测原理

声波CT检测的工作原理与医学CT类似，即利用声波穿透工程介质，通过声波走时和能量衰减的观测对工程结构进行成像。声波在穿透工程介质时，其速度快慢与介质的弹性模量、剪切模量和密度等因素有关。介质密度越大、强度越高，对应模量越大，对应波速越高、衰减越小；反之，破碎疏松介质的波速较低，对应衰减较大。

根据弹性理论，弹性模量E与纵波波速v_p的平方成正比，如式(7.1-1)所示；剪切模量G与横波波速v_s的平方成正比，如式(7.1-2)所示。

$$E=r\cdot v_p^2 \tag{7.1-1}$$

$$G=\rho\cdot v_s^2 \tag{7.1-2}$$

式中，r为常数，ρ为介质密度。

因而波速可作为混凝土强度和缺陷评价的定量指标，用于混凝土浇筑质量的评价。表7.1-2给出了混凝土波速与强度等级的试验结果对照表[110]。

混凝土波速与强度等级的试验结果对照表 **表7.1-2**

混凝土强度等级	轴心抗压强度标准值f_{ck}(MPa)	轴心抗压强度设计值f_c(MPa)	弹性模量E_c(GPa)	纵波波速v_s(km/s)
C15	10.00	7.20	22.00	—
C20	13.40	9.60	25.50	—
C25	16.70	11.90	28.00	3.30
C30	20.10	14.30	30.00	3.70
C35	23.40	16.70	31.50	3.90
C40	26.80	19.10	32.50	4.05

续表

混凝土强度等级	轴心抗压强度标准值 f_{ck}(MPa)	轴心抗压强度设计值 f_c(MPa)	弹性模量 E_c(GPa)	纵波波速 v_s(km/s)
C45	29.60	21.10	33.50	4.20
C50	32.40	23.10	34.50	4.30
C55	35.50	25.30	35.50	4.40
C60	38.50	27.50	36.00	4.50

声波 CT 无损检测方法适用于工程介质力学强度的分布检测，在工程检测领域常被用于探查大体积混凝土强度、空洞、不密实区等结构缺陷。具有分辨率高、可靠性好、图像直观等特点，越来越广泛地应用于工程结构检测和工程病害诊断。

2. 混凝土质量评价方法

混凝土的波速是分布参数，不同部位波速不同，因而需要选定几项统计参数作为混凝土质量评价的指标。根据研究结果与实际应用，一般可选择下列 4 项参数作为定量指标，分别为平均波速 v_a、波速离散度 R_b、合格率面积比 R_s 和最大缺陷尺度 S_L。

(1) 平均波速

平均波速 v_a 是表征平均强度的重要指标，用于衡量平均强度是否达到设计标准。计算式见式(7.1-3)：

$$v_a=\frac{1}{M}\sum_{j=1}^{M}v_j \tag{7.1-3}$$

式中，v_j 为 CT 剖面内单元节点位置的波速，M 为 CT 剖面内单元节点总数。当声波 CT 剖面内的平均波速达到或超过设计强度时，表明混凝土强度达到了设计标准。

本章节所需检测的钢管混凝土构件中的混凝土强度等级为 C60，对应平均波速应不小于 4500m/s。

(2) 波速离散度

波速离散度 R_b 定义为速度均方差 σ 与平均波速 v_a 的比值，是表征钢管混凝土浇筑质量离散性大小的重要指标。离散度大表示浇筑质量不均匀，混凝土密实性差异较大，受力时容易造成应力集中。反之，离散度小表明浇筑质量均一。CT 剖面的波速离散度计算式如式(7.1-4) 所示：

$$R_b=\frac{\sigma}{v_a} \tag{7.1-4}$$

$$\sigma=\sqrt{\frac{\sum_{j=1}^{M}(v_j-v_{\mathrm{a}})^2}{M}} \tag{7.1-5}$$

本节离散度控制在9%以内，即可认为钢管混凝土构件的混凝土质量均一。

（3）合格率面积比

合格率面积比R_s定义为强度达到设计标准的面积所占的比率。合格率面积比越大表明混凝土质量越好。本节所需检测的混凝土为C60，即波速等于和超过4500m/s的面积所占的比率。

这个面积比率达到或超过80%为合格，低于此数值为不合格。

（4）最大缺陷尺度

混凝土质量评价的第4项参数是最大缺陷尺度S_L。所谓缺陷是指波速低于设计强度85%的疏松混凝土。松散混凝土在CT剖面上连续分布的面积如果过大，对钢管混凝土构件的承载力会产生极为不利的影响。对于本章节所需检测的钢管混凝土构件，最大箱形截面为750mm×750mm，壁厚为40mm，因而目前初步将最大缺陷面积设定在0.01m^2，小于该数值认为合格，超过该数值认为不合格。

对于C60混凝土，最大缺陷的面积是平均波速小于4300m/s（即强度小于C50）连续的面积。

3. 检测结果表示方法

根据前述的评价标准，对于每个CT剖面的检测结果，分别给出声波速度分布图、速度分布直方图、混凝土强度分布图和缺陷的位置与尺度等参数。将这些结果汇聚成一张图表。

（1）波速分布图

波速分布图是CT检测的主要结果，是后续分析的基础。

（2）速度直方图

速度直方图是以统计学方法对波速分布图像进行分析和表述。它表征具有不同波速的混凝土的强度，即不同强度混凝土的面积比例，承载着混凝土质量评价的重要信息。

直方图的右侧标有平均波速和离散度两个重要参数，他们是评价混凝土质量的重要指标。平均波速高表示混凝土弹性模量高，抗压强度大，其值超过4500m/s时，判定混凝土平均强度合格。离散度用于表示混凝土的均匀性，离散度小表示混凝土浇筑质量均匀，其值小于9%时认为钢管混凝土结构模型质量均匀。

（3）强度分布图

强度分布图用于表示不同强度混凝土的分布位置，它与速度直方图表示的内容相似，但表示的方法不同。

图的下方列有三种不同强度等级的混凝土的分布面积，C60 混凝土的面积在 80%以上为合格，低于该数值判为不合格。强度低于 C50 的混凝土的面积不应大于 10%，否则可以判为不合格。

（4）缺陷尺度

缺陷尺度参数是以列表的形式表示 CT 剖面内强度低于设计强度 85%的疏松混凝土连片的最大尺度，其结果与强度分布图中的结果一致。设计强度为 C60 的混凝土中，强度低于 C50 的区域被认为低强度的松散区，称其为缺陷区。表中列有缺陷的坐标位置、尺度大小。如果缺陷的面积超过 0.01m^2，可判其为内部缺陷。

使用上述 4 种参数对钢管混凝土分别进行评价，只要有 1 项不满足时，应根据具体情况综合判定。

7.2 混凝土密实度检测

由于本节所述钢管混凝土斜柱构件截面较大、每节段浇灌高度较大且构件内有多处节点加强肋板，施工时采用自密实混凝土，并通过高抛法灌注，同时考虑在斜交网格节点处进行局部振捣处理。

为保证钢管及斜交网格节点内部混凝土密实度，在实际工程浇灌前，针对中部平面斜交网格节点、角部空间斜交网格节点两种工况，采用足尺模型进行混凝土浇灌模拟试验，检测分析并获得其内部混凝土密实度。由于钢板厚度较厚（40mm），常规柱外超声波检测难以穿透、检测效果较差，本节采用声波 CT 法进行成像检测。

7.2.1 钢管混凝土斜柱足尺试验模型

1. 模型位置选取

考虑中部平面斜交网格节点（X 形）和角部空间斜交网格节点（K 形）两种，位置选取如下：

（1）中部平面斜交网格节点 A：取 2～6 层范围的中部 2 根斜柱及对应 6 层斜交网格节点，位置如图 7.2-1 所示；

（2）角部空间斜交网格节点 B：取 6～10 层范围的角部 2 根斜柱及对应 10 层斜交网格节点，位置如图 7.2-1 所示。

斜柱构件截面为箱形 750mm×750mm，厚度为 40mm，内部浇筑 C60 混凝

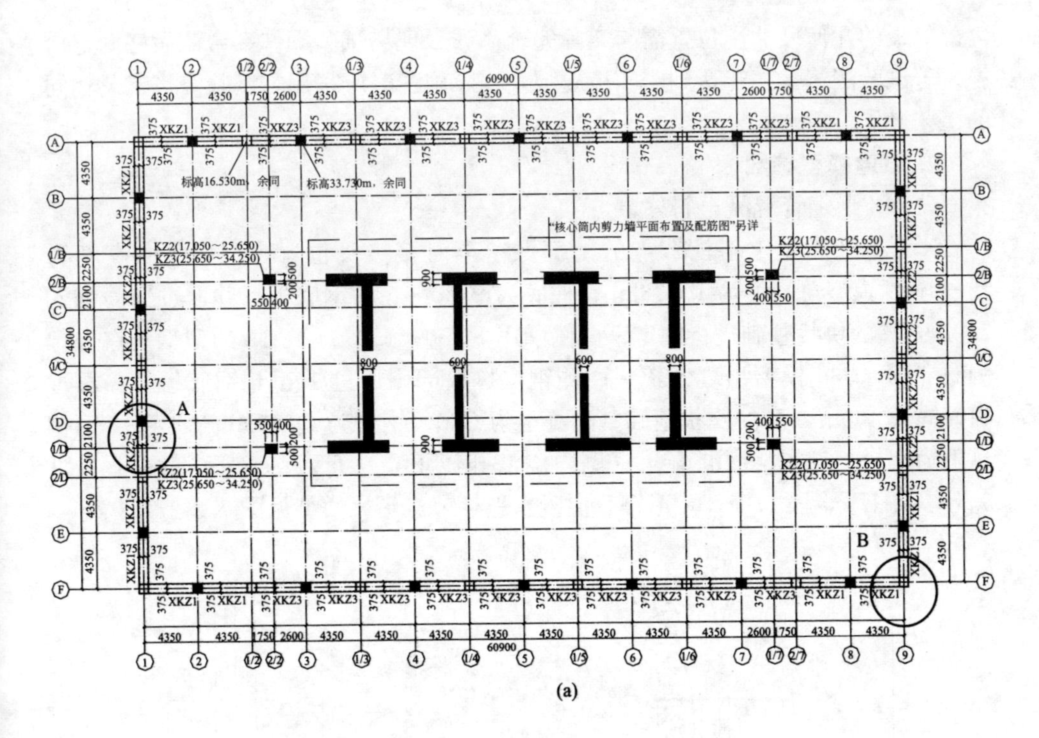

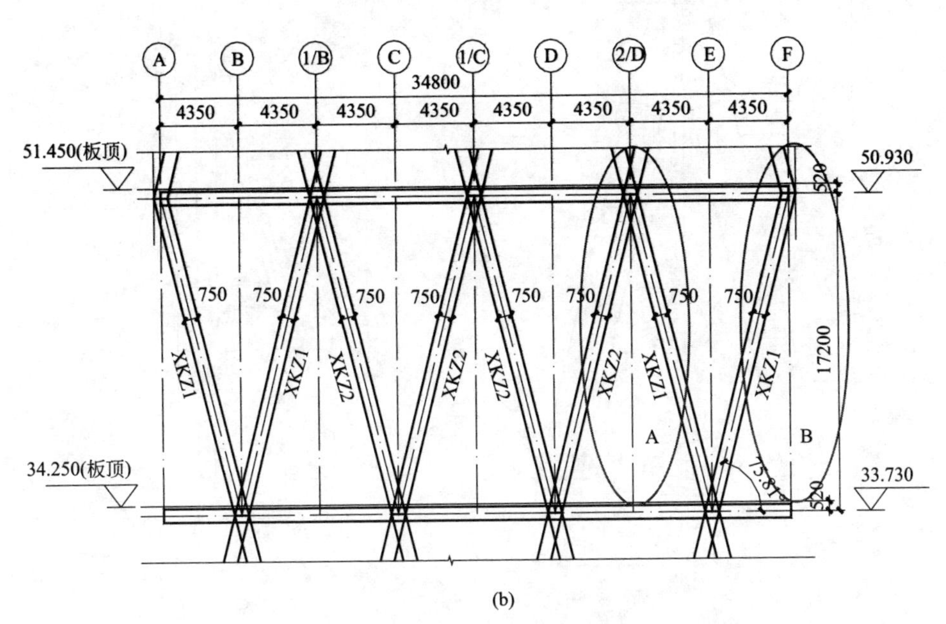

图 7.2-1　中部平面和角部空间斜交网格节点的位置

(a) 平面位置；(b) 剖面位置

土，根据实际尺寸制作 1∶1 的全尺寸混凝土浇筑试验模型。斜柱构件、节点及内部隔板的几何尺寸、位置需与实际完全一致。现场试验操作平台需做好固定措施。若试验浇筑工艺能达到密实度要求，实际施工时应采用与试验浇筑工艺相同的工艺操作。

2. 试验模型参数

(1) X形钢管混凝土斜柱节点

X形钢管混凝土斜柱节点的上部保留至对接接头位置，上部竖向高度为2.134m，模型总高度为10.762m，柱底为厚30mm的钢底板，并通过锚筋锚入700mm高的块状基础进行固定。两侧采用H300×150×12×12的型钢斜撑进行侧向支撑，防止模型出现倾覆；两侧钢支撑底部则通过15mm钢底板，并通过锚筋锚入400mm高的块状基础。混凝土为C30，钢材为Q345B；X形节点钢材总重约为8.2t，需浇灌混凝土（侧向浇灌孔以下）总重约为29t；钢柱上半段5.4t，钢柱下半段5.4t，X形钢管混凝土斜柱节点足尺模型见图7.2-2。

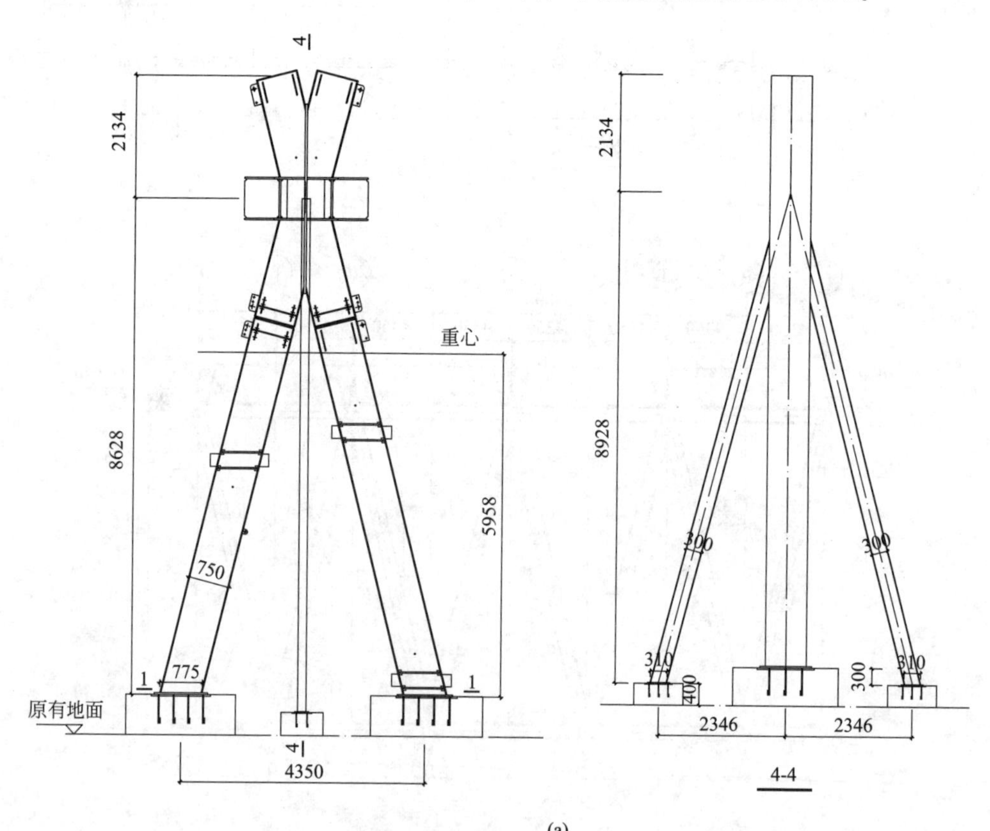

图7.2-2　X形钢管混凝土斜柱节点足尺模型（一）

(a) 模型侧视图

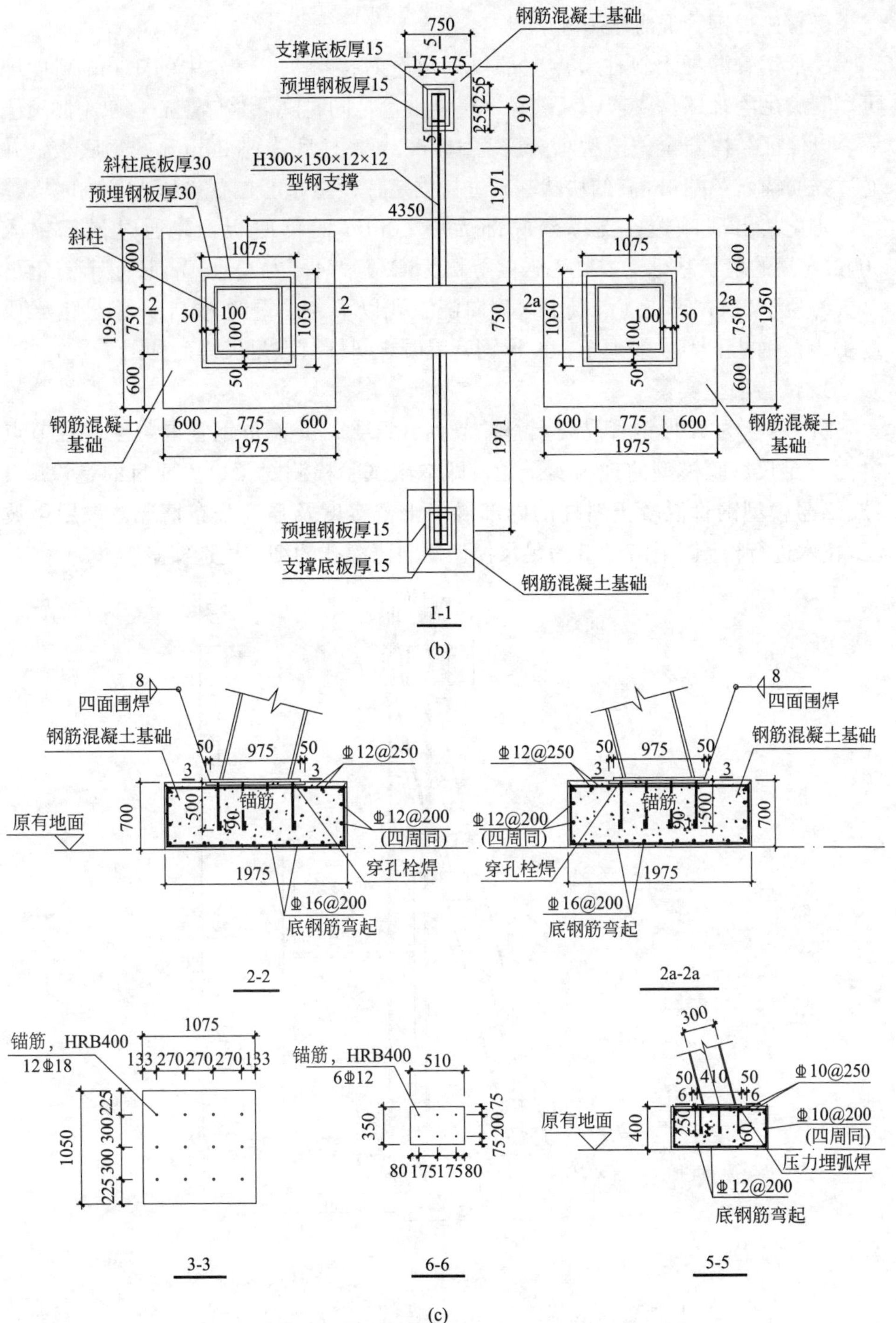

图 7.2-2　X 形钢管混凝土斜柱节点足尺模型（二）

（b）模型俯视图；（c）基础做法

（2）K 形钢管混凝土斜柱节点

K 形钢管混凝土斜柱节点上部仅保留至对接接头 3.4m 中的 1.0m 高度即可，既满足灌浆试验要求，又减轻了整体重量，同时降低整体重心，减小倾覆概率，以保证结构安全。模型总高度为 10.623m，柱底为厚 30mm 的钢底板，并通过锚筋锚入 700mm 高的块状基础进行固定；模型重心位置设置方形临时支撑架，防止其出现倾覆；支撑架底部为厚 20mm 的钢底板，并通过锚筋锚入 500mm 高的块状基础。混凝土强度等级为 C30，钢材为 Q345B；K 形节点钢材总重约为 14.5t，需浇灌混凝土（侧向浇灌孔以下）总重约为 41t；钢柱上半段重 4.6t，钢柱下半段重 4.6t，K 形钢管混凝土斜柱节点足尺模型见图 7.2-3。

3. 试验模型实景

图 7.2-4 为 X 形钢管混凝土斜柱节点（2 号）和 K 形钢管混凝土斜柱节点（1 号）足尺试验模型的现场实景图，即本次试验检测对象，主要目的是检测 1 号、2 号模型钢管混凝土斜柱的内部混凝土密实度及强度分布情况，采用声波 CT 技术进行检测。图 7.2-5 为足尺模型侧向浇灌孔的细部构造实景图。

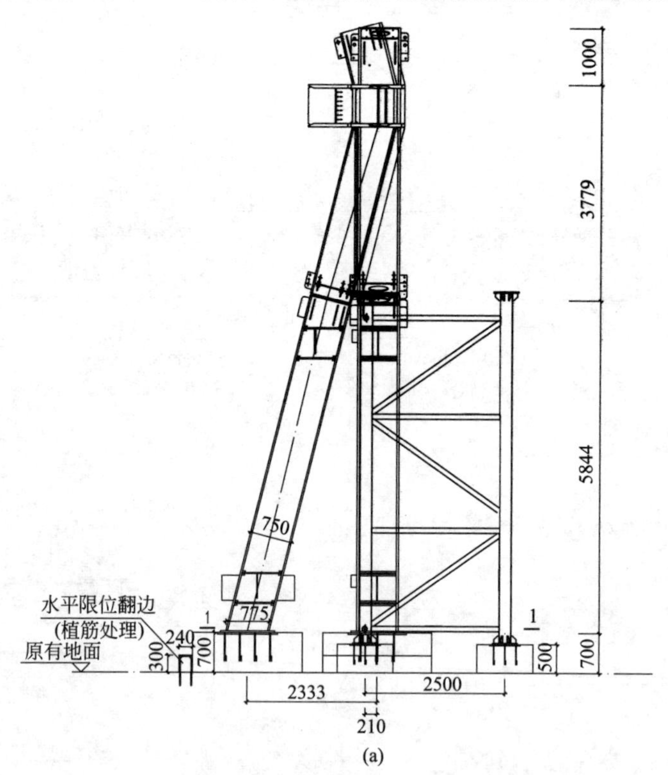

图 7.2-3　K 形钢管混凝土斜柱节点足尺模型（一）

（a）模型侧视图

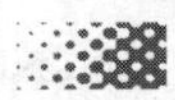

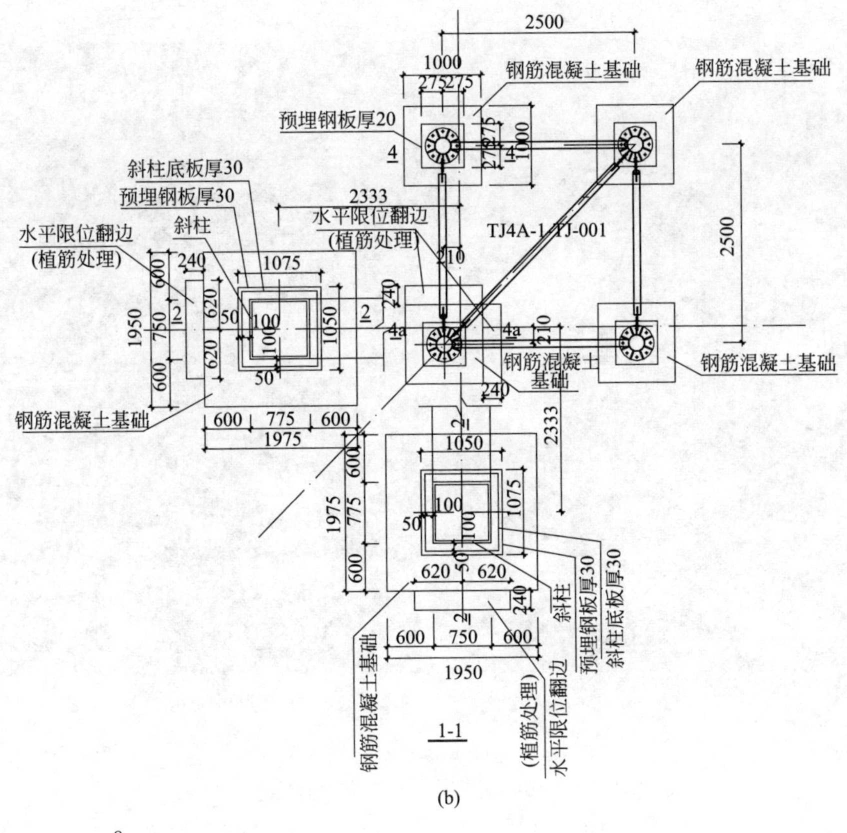

(b)

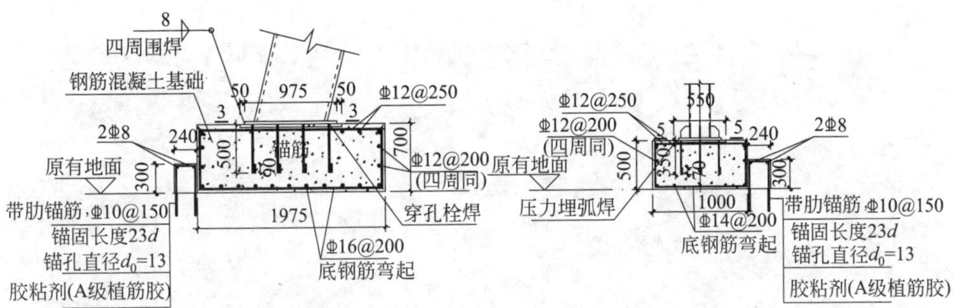

注：1.采用化学植筋的后锚固连接做法，锚筋采用HRB400带肋钢筋。
2.植筋胶型号选用“HIT RE500”,为A级胶。

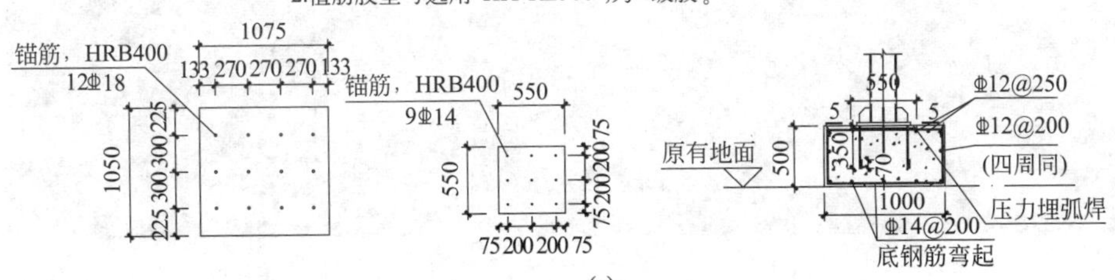

(c)

图 7.2-3 K形钢管混凝土斜柱节点足尺模型（二）

（b）模型俯视图；（c）基础做法

(a)

(b)

图 7.2-4 足尺试验模型的现场实景图

（a）X形节点试验模型装置；（b）K形节点试验模型装置

(a)

(b)

图 7.2-5 足尺模型侧向浇灌孔的细部构造实景图

（a）X形节点；（b）K形节点

4. 检测仪器及测线布置

（1）检测仪器

本次检测采用北京同度工程物探技术有限公司开发的声波CT检测仪和BCT仪器系统。该套仪器包括主机与检波器电缆，采样频率最大1.0MHz，24位A/D；检波器采用独立检波器，见图7.2-6。分析软件采用配套的工程CT分析软件系统，具有走时读取、延时校正、射线追踪和速度计算等模块。

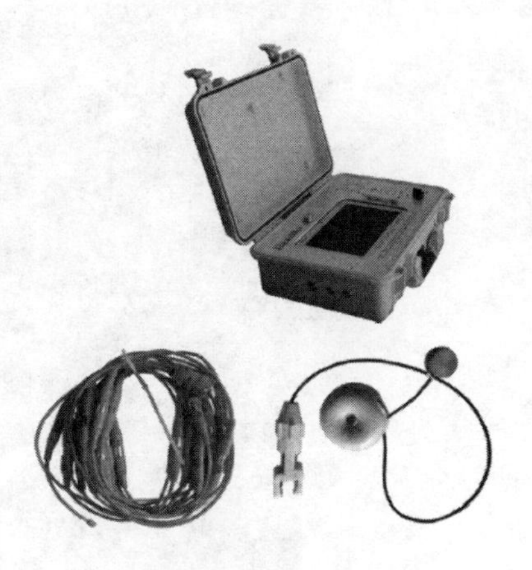

图7.2-6 BCT检测系统、独立检波器、插拔线

（2）测线布置

图7.2-7为本章节采用的两种测线布置方式。第一种方式采用两个排列，每个排列均包含30个激发点和30个检波器，敲击点与接收点的间距均为0.05m。第二种方式同样为两个排列，每个排列包含26个激发点和26个检波器，敲击点与接收点的间距均为0.05m。

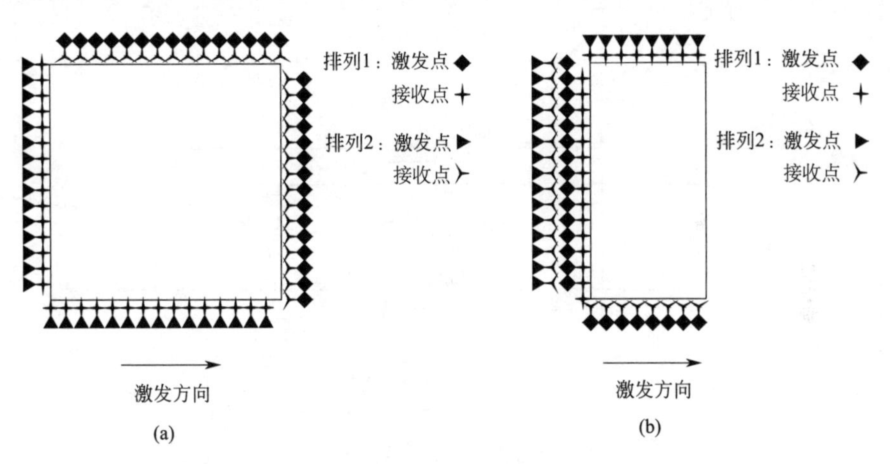

图7.2-7 测线布置方式

(a) 测线布置（一）；(b) 测线布置（二）

超声CT成像检测分析时，分析结果的准确性取决于各个检测面的射线密度和射线正交性，图7.2-7给出的第一种测线布置方案较好地满足了这两方面的要求，第二种测线布置结果相对较差但操作简便，计算结果作为参考。图7.2-8为K形节点试验模型测线布置实景图。

图 7.2-8　K 形节点试验模型测线布置实景图

7.2.2　试验模型检测结果分析

1. 斜柱检测横截面位置

图 7.2-9 为斜柱横截面的检测位置，其中：

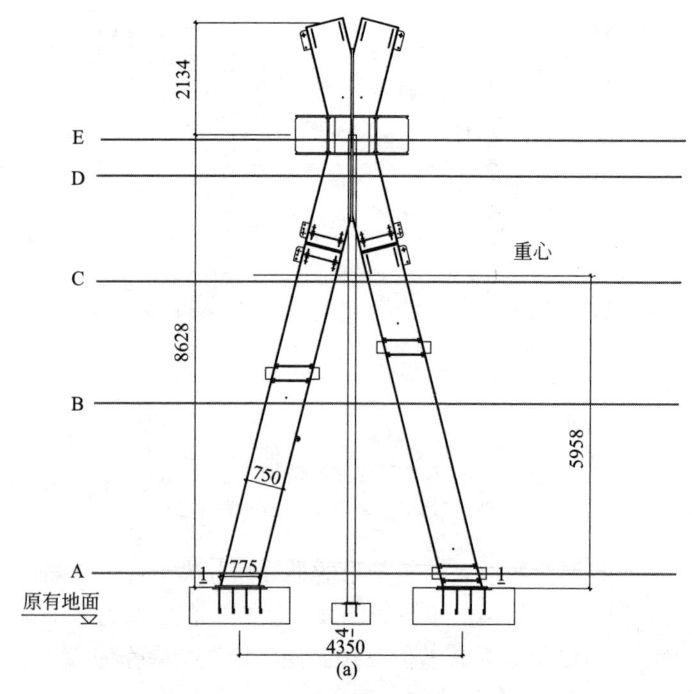

图 7.2-9　斜柱横截面的检测位置（一）

（a）X 形节点

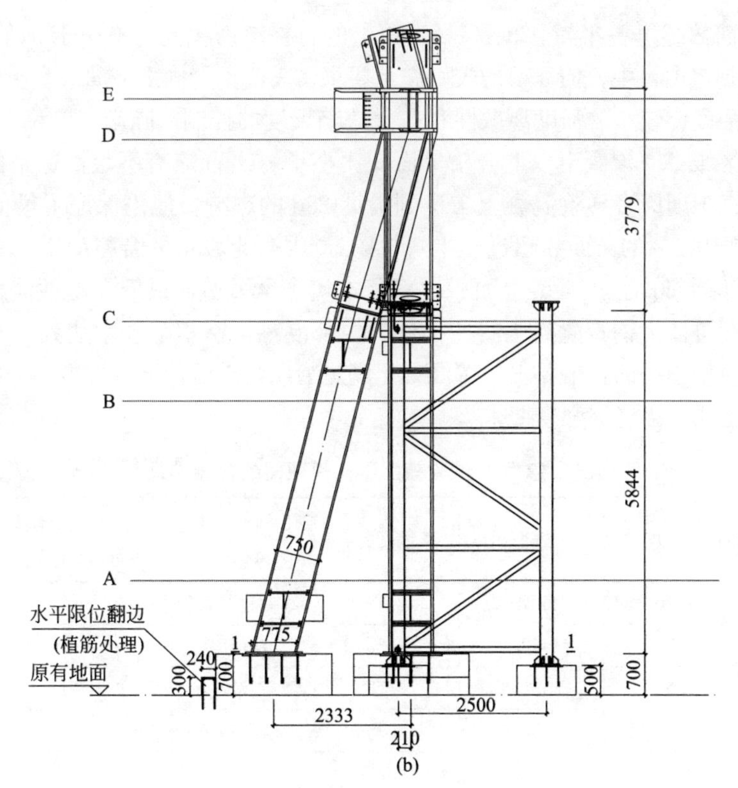

图 7.2-9 斜柱横截面的检测位置（二）

(b) K 形节点

A——斜柱底部附近的横截面，有横隔板时取其下方附近；

B——斜柱中间段的下横隔板下方附近；

C——斜交网格节点下侧斜柱接头的下横隔板下方附近；

D——斜交网格节点的下翼缘板下方附近；

E——斜交网格节点的上翼缘板下方附近（该处检测若有困难也可不考虑）。

2. 斜柱横截面检测结果

采用声波 CT 检测技术，对宁波国华金融大厦项目的钢管混凝土斜柱足尺试验模型的混凝土质量进行检测。本章节检测工作由杭州华新检测技术股份有限公司于 2017 年 8 月 23 日完成，采用声波 CT 检测技术，检测结果根据其提供的《宁波国华金融大厦-钢管混凝土实体模型混凝土质量 BCT 检测技术咨询报告》HXT-BCT-2017001 摘录整理而成。

本项目共检测了 X 形（2 号）、K 形（1 号）试验模型不同横截面的检测结果见表 7.2-1、表 7.2-2。可知，所检测部位混凝土的平均波速（大于 4500m/s）、离散度（小于 9%）、内部有无缺陷这 3 项均满足要求；C60 混凝土以上的合格率面积比，除个别截面（北 2、北 4、南 4）外均不小于 70%（其中不小于

75%的截面数超过一半)；C50混凝土以上的合格率面积比均不小于97%。

上述判定项目中，前3项均较好满足要求，表明钢管内部浇灌混凝土已具备良好的平均强度、较小的强度离散性和最大缺陷尺度的控制。除南1和南5区域外，其他检测区域C60混凝土以上合格率面积比小于80%而略有不足，这是由于实际检测时施工工期原因导致混凝土未达到龄期28d的影响，但仍保证了最低为70%(其中不小于75%的截面数超过一半)；且C50混凝土以上的合格率面积比均已达到97%以上，即高强度混凝土面积比率基本实现全覆盖，最低强度性能覆盖率有保障。因而可认为钢管混凝土斜柱构件的内部混凝土密实度基本达到了C60混凝土强度和质量均一的合格要求。待混凝土满足龄期要求后，可考虑再取个别横截面进行二次检测，以确保强度要求。

X形(2号)试验模型不同横截面的检测结果　　表7.2-1

检测区域	距地面高度(m)	平均波速(m/s)	离散度(%)	≥C60混凝土合格率面积比(%)	≥C50混凝土合格率面积比(%)	内部缺陷
北1	1.70	4537.2	2.10	71.09	97.66	无
北2	4.50	4552.7	2.23	75.69	99.22	
北3	6.00	4532.8	1.78	75.98	98.82	
北4	8.00	4532.1	1.66	75.39	98.43	
北5	9.00	4531.3	1.27	71.52	100	
南1	1.85	4577.9	2.11	81.96	99.61	
南2	4.50	4540.8	1.85	72.44	99.61	
南3	6.00	4555.6	1.95	72.55	100	
南4	8.00	4531.1	1.35	70.31	100	
南5	9.00	4564.5	1.48	83.65	100	

K形(1号)试验模型不同横截面的检测结果　　表7.2-2

检测区域	距地面高度(m)	平均波速(m/s)	离散度(%)	≥C60混凝土合格率面积比(%)	≥C50混凝土合格率面积比(%)	内部缺陷
北1	1.95	4452.4	2.34	74.51	100	无
北2	5.00	4516.3	1.18	63.39	100	
北3	6.05	4550.9	1.89	76.47	98.82	
北4	9.10	4513.3	1.23	60.05	100	
南1	1.75	4536.2	1.27	77.25	100	
南2	5.00	4548.3	1.87	77.56	99.61	
南3	6.05	4549.1	2.00	77.33	97.66	
南4	9.10	4519.1	1.23	69.02	100	
南5	10.00	4538.8	1.43	75.86	100	

以南侧面为例，图7.2-10、图7.2-11分别给出了X形（2号）和K形（1号）节点试验模型在不同高度位置横截面处钢管内部混凝土的波速分布云图、强度分布云图的平面CT成像结果。

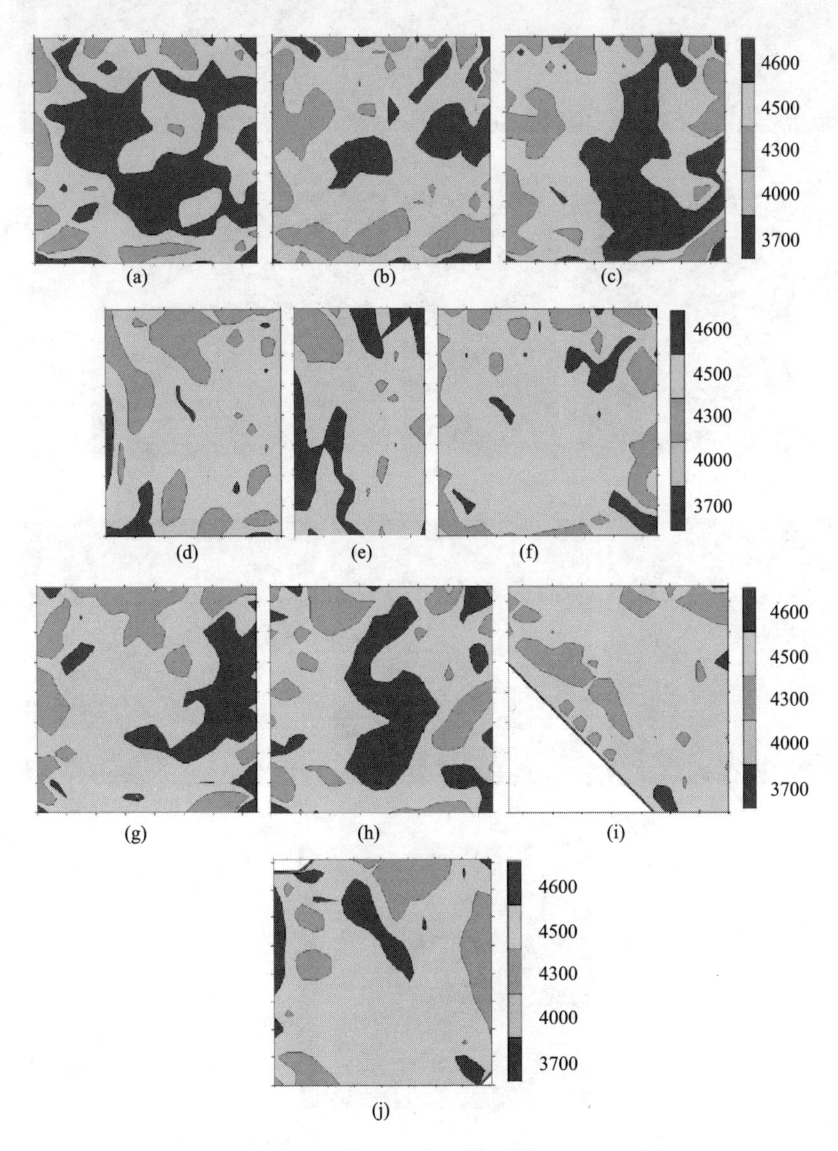

图7.2-10　X形（2号）节点试验模型在不同高度位置横截面处钢管内部混凝土的波速分布云图平面CT成像结果

(a) 2号南1；(b) 2号南2；(c) 2号南3；(d) 2号南4；(e) 2号南5；(f) 1号南1；(g) 1号南2；(h) 1号南3；(i) 1号南4；(j) 1号南5

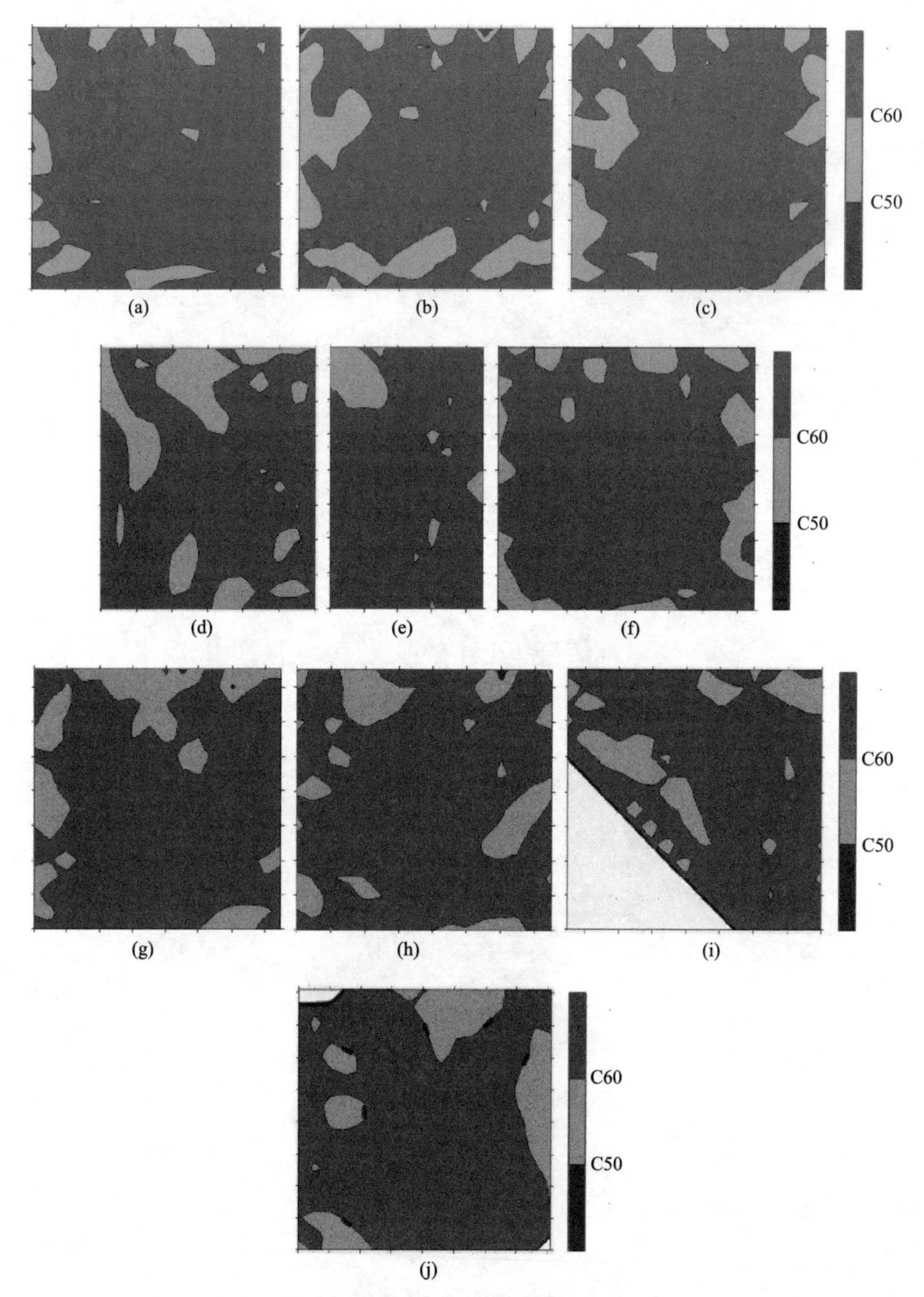

图 7.2-11　K 形（1 号）节点试验模型在不同高度位置横截面处
钢管内混凝土的强度分布云图平面 CT 成像结果

（a）2 号南 1；（b）2 号南 2；（c）2 号南 3；（d）2 号南 4；（e）2 号南 5；
（f）1 号南 1；（g）1 号南 2；（h）1 号南 3；（i）1 号南 4；（j）1 号南 5

3. 模型切割剖断检测

作为一种补充检测方法，可进一步将试验模型切割开，更为直观地查看钢管内部混凝土密实度情况。模型剖断检测的切割面位置如图 7.2-12 所示，即：

（1）X 形节点：沿竖向对称面（切割面 1）进行切割，将节点分成两部分；

（2）K 形节点：沿图示竖向两个切割面（切割面 1、切割面 2 即轴线上的斜柱对称面）将角部节点及斜柱进行切割，分成四部分。

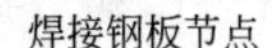

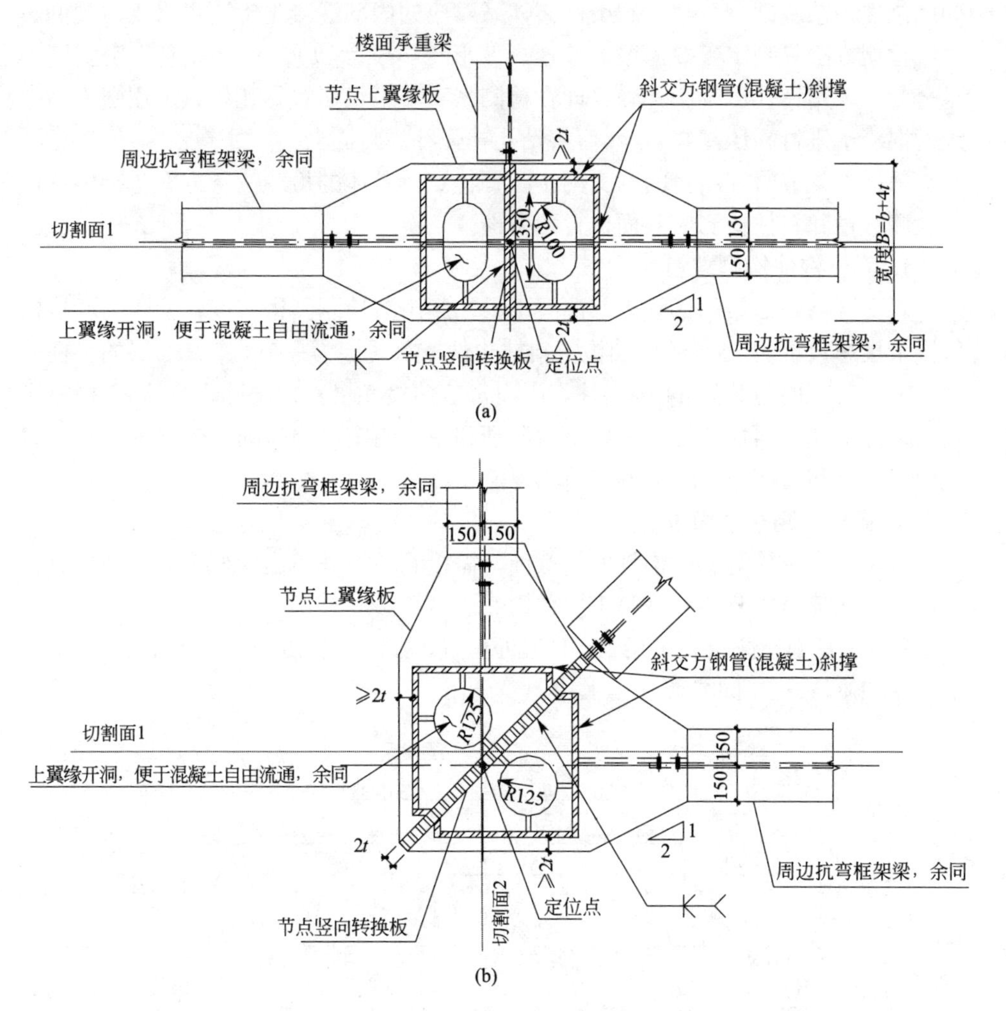

图 7.2-12　模型剖断检测的切割面位置

（a）X 形节点；（b）K 形节点

4. 其他措施

一般的竖直钢管混凝土柱，当自密实混凝土下抛高度超过 4m 时，可通过自重及冲击力达到自密实效果。本章节所述的斜交网格由于斜度引起的摩擦以及斜交网格节点位置的较多内部隔板，考虑每两层位置开浇灌孔，同时在斜交网格节点处辅助以振捣法，以达到充分的自密实效果。

7.2.3 斜交网格体系检测布置方案

由第7.2.2节所述可知，项目所采用的浇灌工艺可有效达到钢管混凝土斜柱及斜交网格节点内部混凝土的设计强度和密实度要求。出于经济考虑，在采用相同的浇灌工艺基础上，整个斜交网格体系对应的内部混凝土检测仍采用常规的超声波检测方法（判定参数一般为波速、波形等声学参数）；对于混凝土密实度不足之处，采用钻孔压浆法补强（即在检测密实度不足位置钻孔后，采用强度高一级的混凝土进行高压注浆），然后将钻孔补强补焊封固。

根据本章节研究项目的斜交网格布置特点，具体的检测位置方案包括斜柱构件检测数量和斜柱检测横截面位置两方面。

1. 斜柱构件检测数量

斜交网格外框架的钢管内部混凝土采用超声波检测其密实度，检测的斜柱构件数量按总数量的10%进行抽检。斜柱构件按每4层为一节，1～18层的斜柱共计5节，每节周边共计44根斜柱，因而每节抽检5根斜柱构件，共计25根检测斜柱构件；抽检斜柱的平面位置可由监理和甲方商定，但需同时包含中部平面斜交网格节点和角部空间斜交网格节点。

2. 斜柱检测横截面位置

采用超声波检测斜柱构件的横截面，需检测的横截面位置分以下几种情况。

（1）底部第1节斜柱（第1层、第2层）：

斜柱横截面检测位置包括A～E五处位置，如图7.2-13所示，图中t_1～t_4，t，b_1～b_4，b，B_0～B_2同图4.1-1。其中：

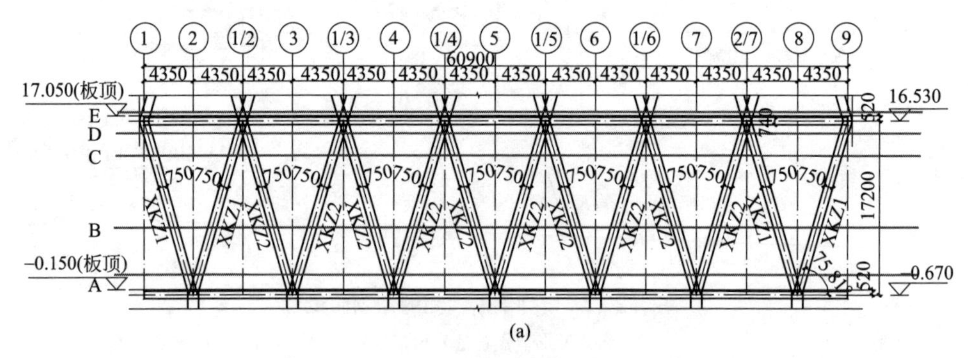

图7.2-13　底部第1节斜柱的检测横截面位置（一）

（a）竖向横截面位置

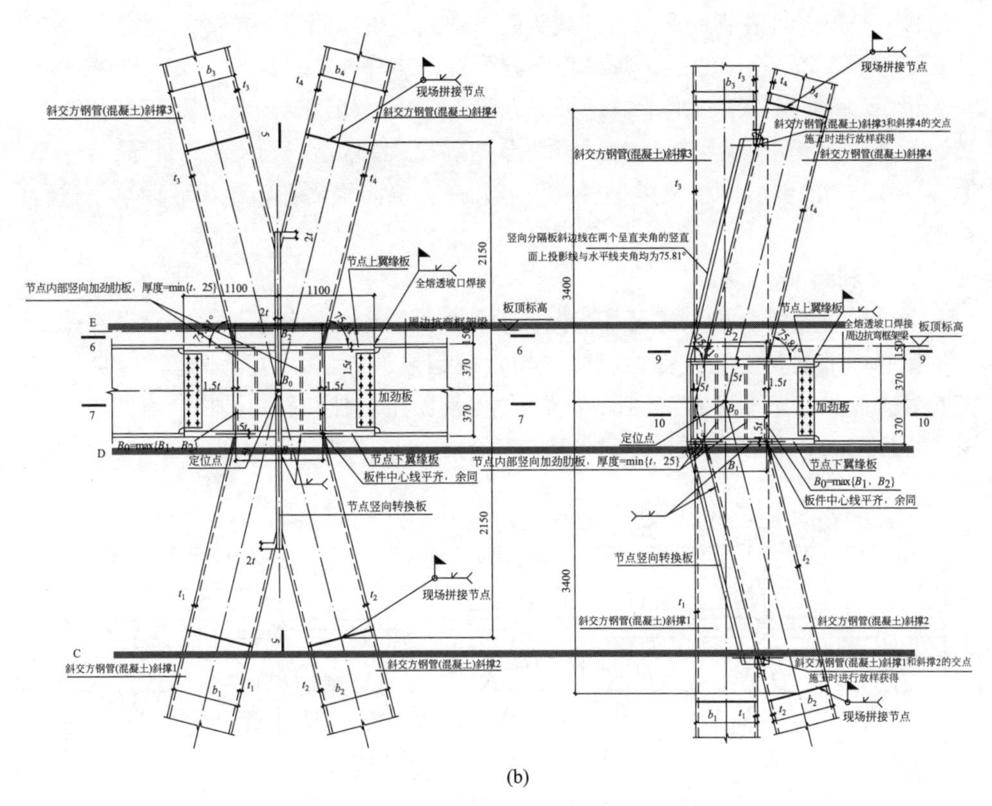

(b)

图 7.2-13　底部第 1 节斜柱的检测横截面位置（二）

（b）斜交网格节点附近横截面细部位置

A——底部 Y 形斜交网格节点上侧斜柱接头的上横隔板上方附近；

B——连接雨篷钢梁位置的斜柱下横隔板下方附近，无雨篷连接钢梁斜柱取同一标高位置；

C——斜交网格节点下侧斜柱接头的下横隔板下方附近；

D——斜交网格节点的下翼缘板下方附近；

E——斜交网格节点的上翼缘板下方附近（该处检测若有困难，可替换为上翼缘板上方附近）。

（2）上部第 2～第 5 节斜柱：

连接 8.6m 楼层（相对节点层起算）钢梁的斜柱内隔板附近开有侧向浇灌孔，该位置可不进行超声波检测。检测横截面位置包括 A～F，六处位置，如图 7.2-14 所示。其中：

A——斜交网格节点上侧斜柱接头的下横隔板下方附近；

B——连接 4.3m 楼层（相对节点层起算）钢梁的斜柱下横隔板下方附近；

C——连接 12.9m 楼层（相对节点层起算）钢梁的斜柱下横隔板下方附近；

D——斜交网格节点下侧斜柱接头的下横隔板下方附近；

E——斜交网格节点的下翼缘板下方附近；

F——斜交网格节点的上翼缘板下方附近（该处检测若有困难，可替换为上翼缘板上方附近）。现场施工时，第 2 节的斜交网格节点采用横截面开孔浇灌，第 3～第 5 节的斜交网格节点上翼缘板上方开有侧向浇灌孔，该横截面可不进行检测。

3. 检测结果

通过前述相同浇灌工艺可基本保证钢管内部混凝土的密实度，本章节在施工后的钢管内部混凝土完整性检测时采用常规超声波方法，以节省造价并加快施工。经查验检测资料，检测结果均满足钢管混凝土斜柱和斜柱网格节点的内部混凝土强度 C60 和密实度质量的设计要求，此处不再罗列。

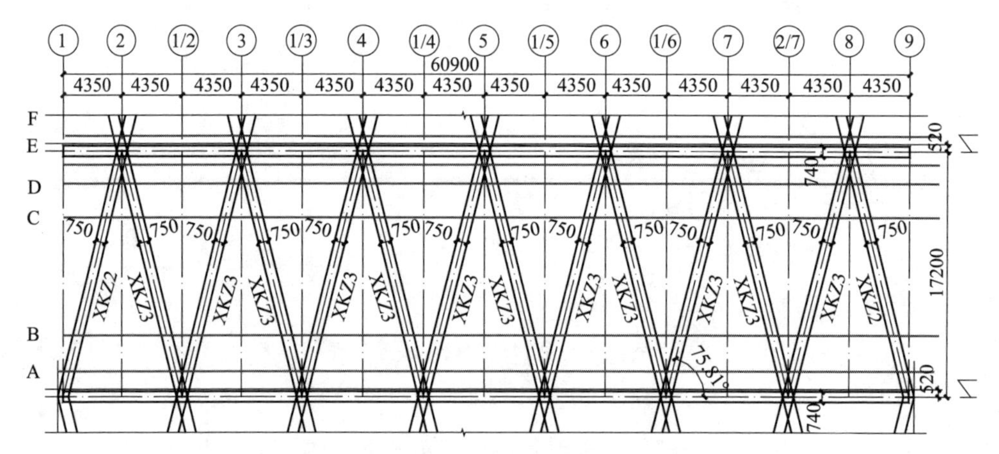

图 7.2-14　第 3～第 5 节斜柱的检测横截面位置

7.2.4　工程应用处理

斜柱网格体系由于柱子倾斜、斜交网格节点构造复杂和节点内部隔板较多等原因，实际工程中保证钢管内部混凝土的浇灌密实度主要涉及 2 个难点：一是混凝土浇灌工艺，二是密实度检测布置方案。

本章通过制作实体模型进行浇灌试验、布置实体模型横截面进行超声 CT 检测的方法，验证了混凝土浇灌工艺、密实度检测布置方案这 2 个难点的施工可行性和有效性，进而将其应用在实际工程结构中。实际工程应用时，一是确保混凝土浇灌工艺完全一致，二是横截面布置方案基本相同；如此施工完成后进行混凝土完整性检测，即可采用常规超声波检测方式（可靠性相比超声 CT 检测低一些）进行简化处理，以达到节省造价和加快施工作业的目的。

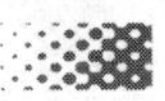

7.3　钢结构焊缝质量检测

本章节所述的斜交网格节点属于新型复杂焊接节点形式，节点拼装板件较多，内部构造复杂，对应焊接组装工艺具有一定的复杂程度。因而在加工实体斜交网格节点之前，首先通过缩尺模型试验对斜交网格节点的板件组装和焊缝焊接工艺进行工厂模拟，进而通过超声波探伤检测获得该焊接工艺的焊缝质量，基于此可对该焊接工艺进行改进完善以确保实际工程结构的安全可靠。

原先考虑采用缩尺模型分别进行焊缝焊接组装工艺试验和节点受力破坏试验。前者工作已达到预期效果，后者则由于一些原因而未能如期进行，节点受力性能主要通过第3章的节点“等效面积”设计原则和节点受力破坏的有限元分析模拟来保证。以下节点选取和模型参数均是基于这两方面试验的同时考虑。

7.3.1　斜交网格节点缩尺试验模型

1. 位置选取

斜交网格节点的位置选取应在：构件受力较大、构件截面变化和典型节点形式的位置处，根据SATWE整体结构模型内力分析结果进行选取，最终确定的4个试验节点位于结构的边部、角部和变化截面等典型、重要受力位置，如图7.3-1所示。

(1) 节点一（X形）：结构底部的典型中部节点，位于第2层沿建筑短向的中部，为平面节点形式，特点是位于底部、构件受力大；

(2) 节点二（K形）：结构底部的典型角部节点，位于第2层建筑的角部，为空间节点形式，特点是位于底部、构件受力大；

(3) 节点三（X形）：结构构件截面变化处的典型中部节点，位于第18层高度沿建筑矩形平面长边的中部，为平面节点形式，特点是构件截面变化、构件受力较大；

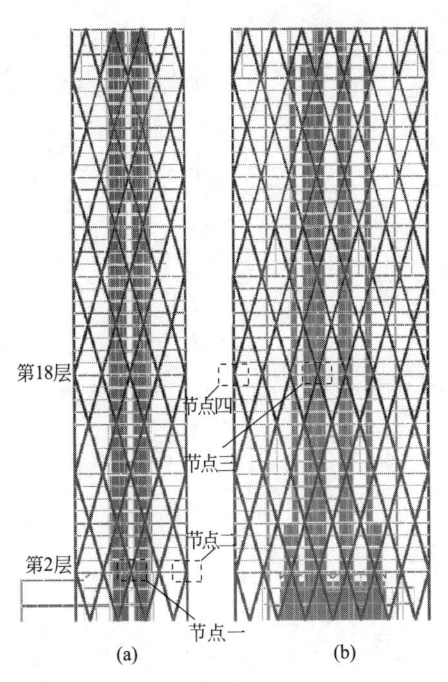

图7.3-1　典型斜交位置
(a) 东侧面（短边）；(b) 南侧面（长边）

(4) 节点四（K形）：结构构件截面变化处的典型角部节点，位于第18层建筑的角部，为空间节点形式，特点是构件截面变化、构件受力较大。

四个试验节点中，节点一和节点三为中部节点，节点构成与拓扑关系一致，但杆件截面尺寸不同；节点二和节点四为角部节点，同样，拓扑关系一致，截面尺寸不同。试件试验时不计内部混凝土的作用。

2. 模型参数

由于实际节点尺寸较大（最大约 6.4m），且单根杆件的设计轴力达到 15000kN 左右。出于经济性考虑和力学相似性原理，本章节采用斜交网格节点的缩尺模型进行焊接焊缝及组装试验，可基本反映实际情况。边部和角部试验节点分别采用缩尺比 1∶2.2 和 1∶2.5 的缩尺模型，对应轴力按平方比例关系相应缩放。以 X 形节点（节点一）和 K 形节点（节点二）为例，分别如图 7.3-2 和图 7.3-3 所示。

（1）X 形节点（节点一）

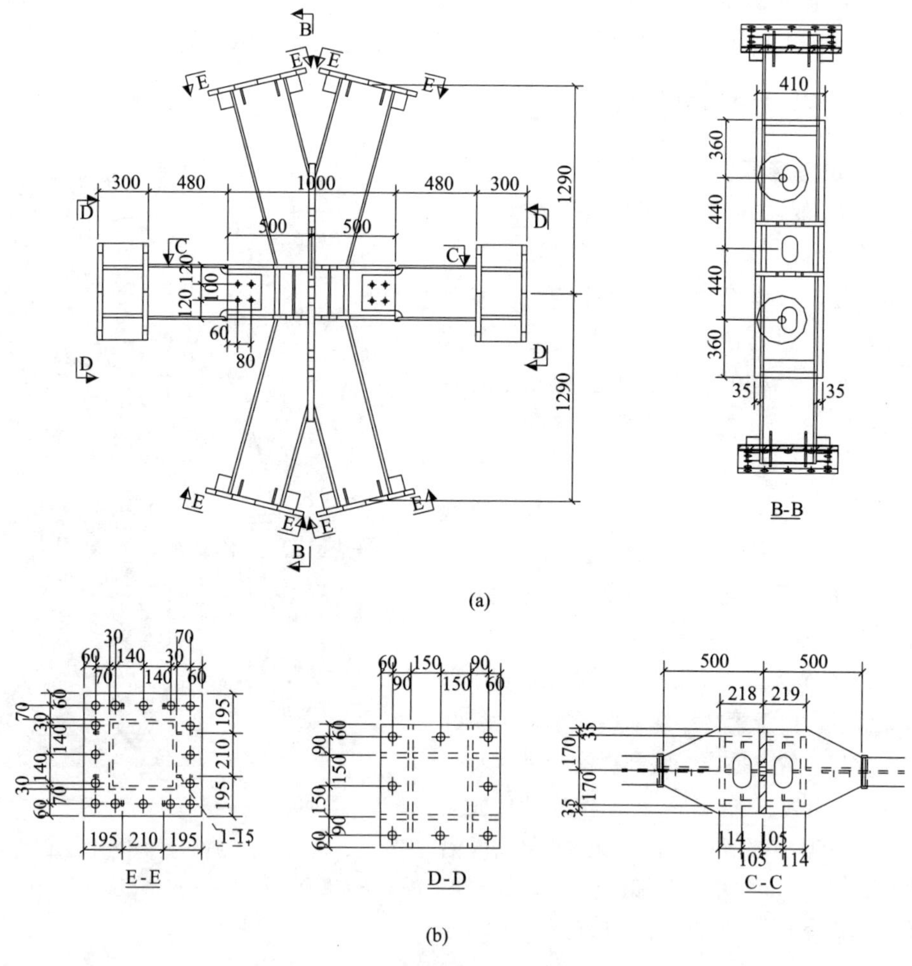

图 7.3-2　X 形斜交网格节点缩尺模型

（a）整体侧视图；（b）局部详图

该试验节点总高为2.58m，钢结构总重量约为2.314t，Q345B钢材，见图7.3-2。该模型端部设置了30mm厚的加载钢板（为节点受力试验加载用）。

（2）K形节点（节点二）

该试验节点总高为2.50m，钢结构总重量约为3.1352t，Q345B钢材，见图7.3-3。该模型端部设置30mm钢板组成的加载箱（为节点受力试验加载用）。

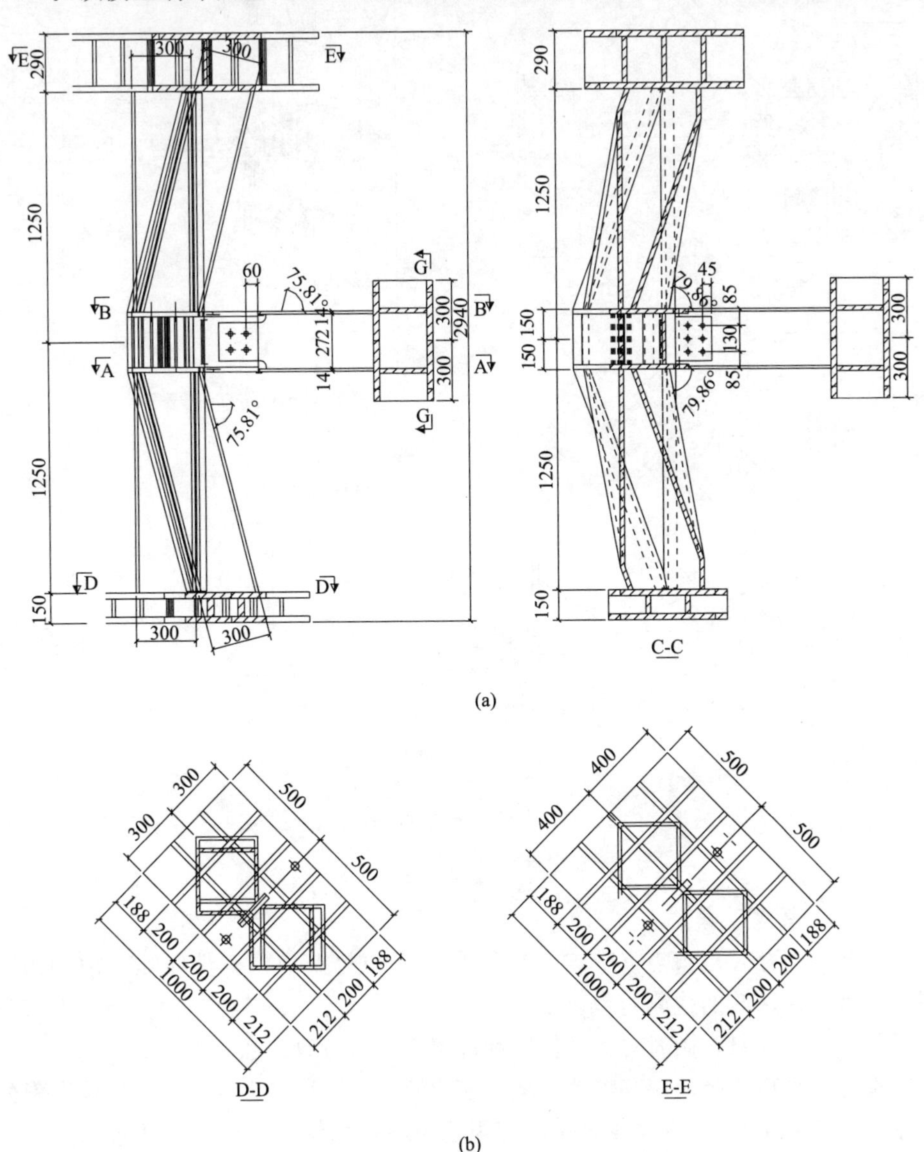

图7.3-3 K形斜交网格节点缩尺模型（一）

（a）整体侧视图；（b）局部详图

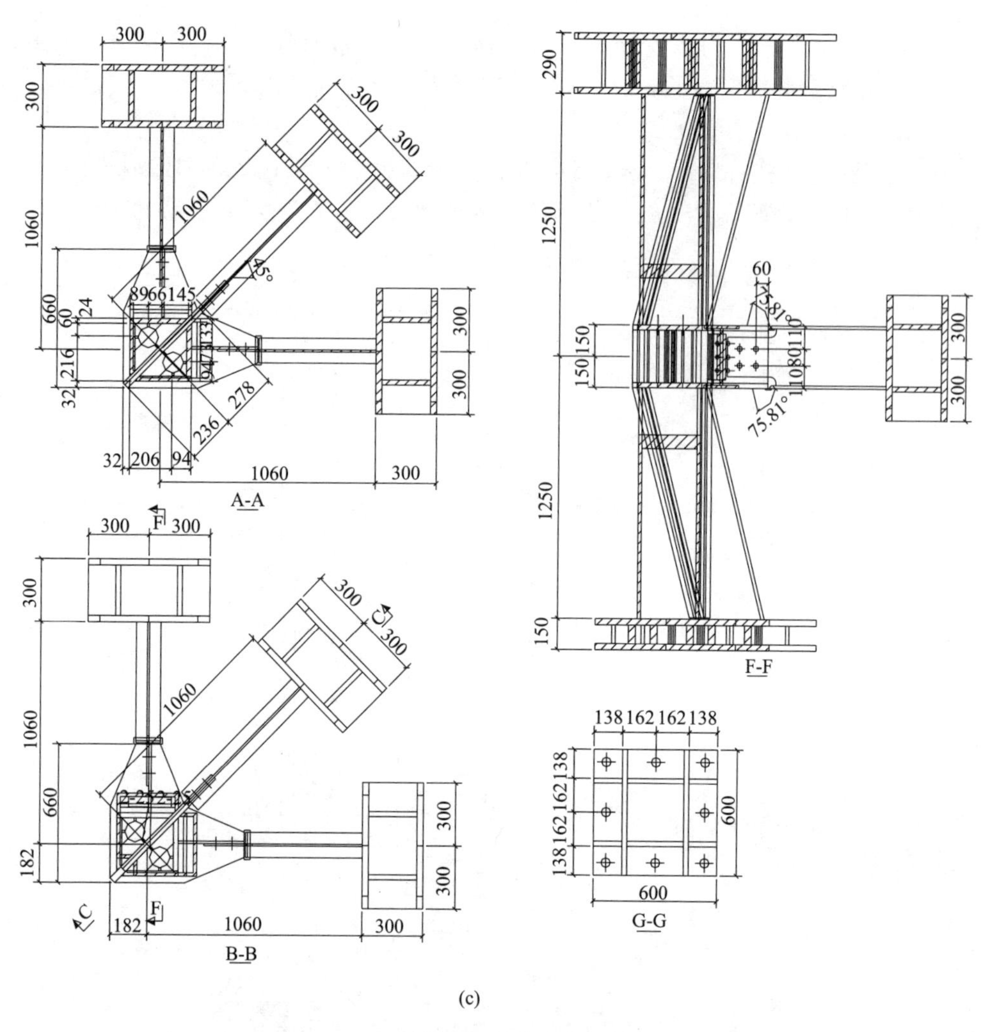

(c)

图 7.3-3　K 形斜交网格节点缩尺模型（二）
(c) 局部详图（二）

3. 缩尺模型实景

图 7.3-4 为 X 形节点（节点一）和 K 形节点（节点二）整体缩尺模型的实景图，即本次试验的检测对象。主要目的是检测节点一、节点二模型斜交网格节点的焊接焊缝质量，同时对板件拼装和焊接工艺进行改进和完善。

模型的焊接拼装制作和焊缝缺陷探伤检测工作由浙江省×××钢结构有限公司于 2015 年 11 月 27 日完成，采用常规超声波探伤检测方法。由此总结并获得的该类斜交网格节点的焊接工艺及拼装相关注意点，为后续宁波国华金融大厦项目实际工程施工工艺提供了参考，为该项目斜交网格节点焊接质量提供了有效保证。

(a)

(b)

图 7.3-4 整体缩尺模型的实景图

(a) X形节点（节点一）；(b) K形节点（节点二）

4. 超声波探伤检测

以X形斜交网格节点（节点一）为例，图7.3-5为斜交网格节点缩尺模型焊缝探伤实景图，焊接工艺及焊缝质量均满足设计强度和规范要求。

图 7.3-5 斜交网格节点缩尺模型焊缝探伤实景图

5. 斜交网格节点板件拼装顺序

根据斜交网格节点缩尺模型的焊接焊缝工艺及拼装试验，以及超声波探伤检测结果。总结分析获得以下合理可行的斜交网格节点板件拼装顺序工艺原则。

(1) X形节点（节点一、节点三）中杆件1-3的四块板件拼接顺序：

1) 板件1、板件2与竖向转换板的全熔透坡口焊，壁厚≥20mm时采用相应图集的节点做法；

2）板件3与竖向转换板的全熔透坡口焊，板件 3 与竖向转换板夹角较小，因而采用内侧切全熔透坡口焊＋外侧辅助坡口焊接，见图 7.3-6（a），参考相应图集的节点做法；内侧全熔透焊缝应在焊接板件 4 之前完成其检测工作并达到二级焊缝要求；

3）板件4与其他板件为全熔透焊。

（2）K 形节点（节点二、节点四）中杆件 1-3 的四块板件拼接顺序：

1）板件2、板件 3 与竖向转换板的全熔透坡口焊，板件 2、板件 3 与竖向转换板夹角较小，因而采用内侧切坡口全熔透焊＋外侧辅助坡口焊接，见图 7.3-6（b），参考相应图集节点做法；内侧全熔透焊缝应在焊接板件 1 之前完成其检测工作并达到二级焊缝要求；

2）板件4、板件 1 与其他板件为全熔透焊，如图 7.3-6 所示，图中 t_1～t_4，t，b_1～b_4，b，B_0～B_2 同图 4.1-1。

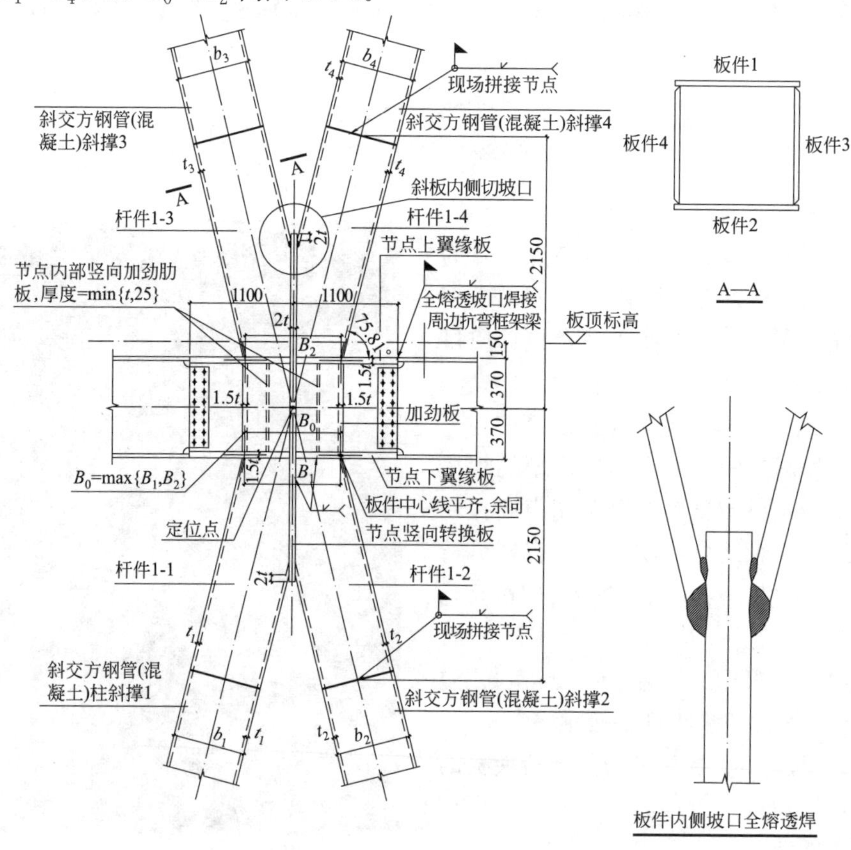

(a)

图 7.3-6　斜交网格节点板件拼装顺序（缩尺模型）（一）

(a) X形节点（节点一）

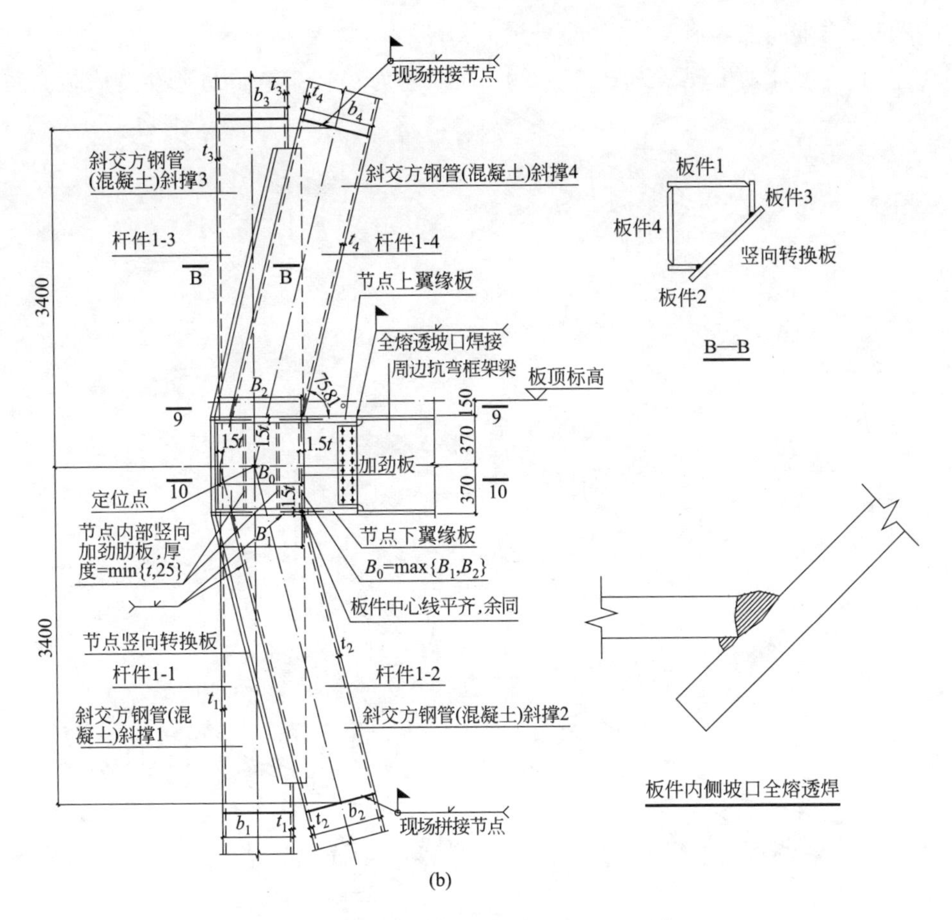

图 7.3-6 斜交网格节点板件拼装顺序（缩尺模型）（二）
(b) K形节点（节点三）

7.3.2 实际斜交网格节点焊接流程

宁波国华项目的实际钢结构加工制作由中建科工集团有限公司完成，实际焊接及拼装工艺在此基础上有所改进和完善[111、112]。该部分工作于 2016 年 7 月 5 日完成，实际 X 形节点和实际 K 形节点焊接拼装流程如图 7.3-7、图 7.3-8 所示。

1. X 形节点

(1) 拉板规格为 PL80×910，材质均为 Q345B-Z35，两侧水平的 H 形牛腿规格为 PL60×910，材质为 Q345B-Z25。牛腿自身拼接焊缝要求为全熔透二级焊缝，翼腹板之间采用双面坡口形式（一侧焊接，另外一侧清根），牛腿翼板与拉板之间的焊缝要求为全熔透二级焊缝，采用双面坡口焊接，两侧牛腿对称焊接，防止焊接产生局部变形；

（2）内侧加劲板规格为 PL25×89，材质均为 Q345B，与 H 形牛腿腹板之间

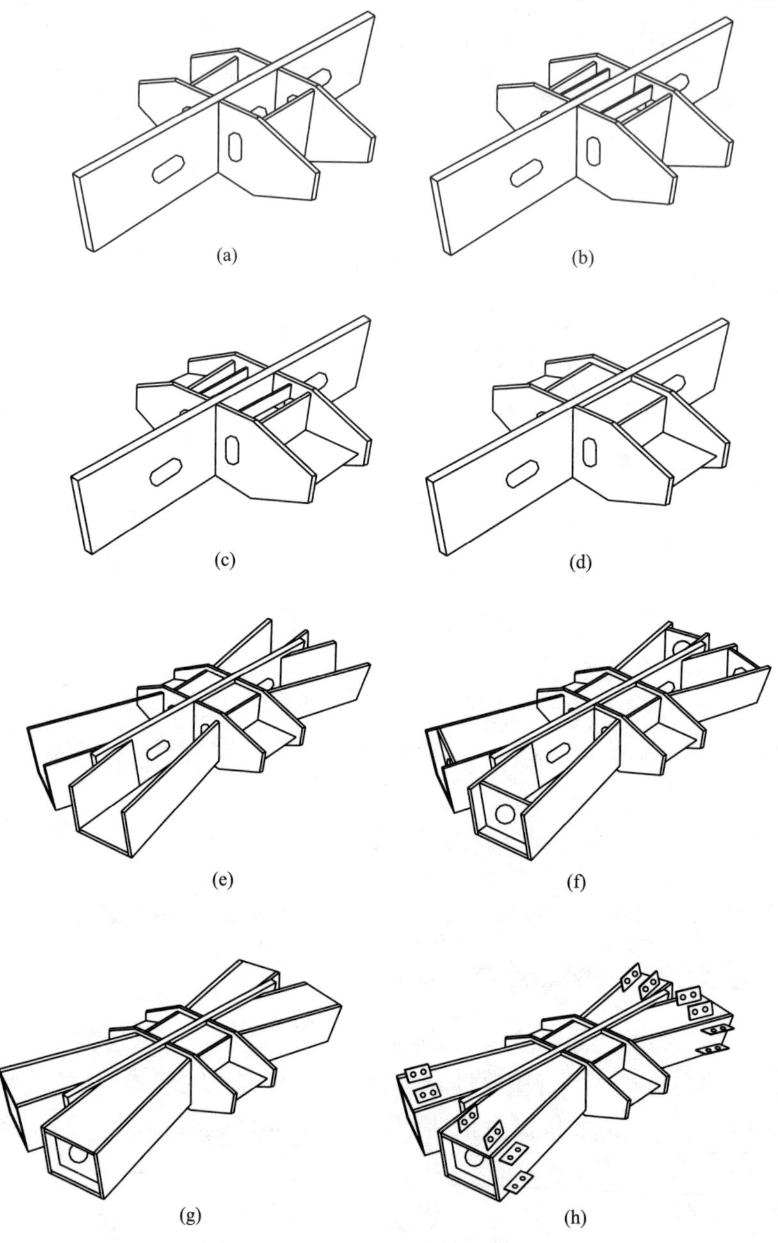

图 7.3-7　实际 X 形节点焊接拼装流程（一）

（a）步骤（1）；（b）步骤（2）；（c）步骤（3）；（d）步骤（4）；（e）步骤（5）；
（f）步骤（6）；（g）步骤（7）；（h）步骤（8）

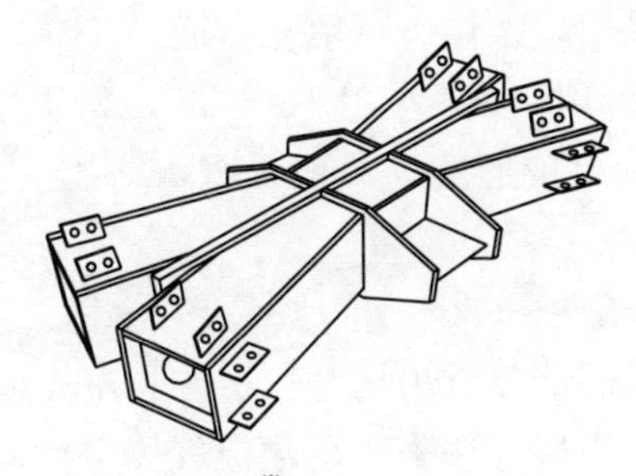

(i)

图7.3-7 实际X形节点焊接拼装流程（二）

(i) 步骤（9）

的T接焊缝要求为三边部分熔透，坡口形式为双面坡口，定位时注意加劲板与牛腿翼腹板之间的垂直度，无误后进行焊接，先焊接正面后将构件进行180°翻身，再焊接反面坡口；

(3) 牛腿腹板规格为PL28×618，材质均为Q345B，两侧水平的H形牛腿腹板焊接方法与内侧加劲板焊接要求和方法一致；

(4) 外侧封板规格为PL60×387×620，材质为Q345B-Z25，该封板与本体的拉板、牛腿翼腹板之间的焊缝要求为全熔透二级焊缝，封板焊接形式采用单面坡口衬垫焊，焊接方法为GMAW。焊接时为保证节点区域不出现较大变形，应对称焊接，先焊接正面，达到坡口深度 $t/3$ 后，对构件进行180°翻身，焊接反面，坡口深度达到 $2t/3$ 后，再对构件进行180°翻身，进行正面坡口填充盖面，最后反面坡口焊接；

(5) 箱形牛腿规格为PL20×750、PL30×750、PL40×750，材质为Q345B、Q345B-Z15，箱形牛腿自身焊缝要求为全熔透二级焊缝，焊接形式采用单面坡口衬垫焊，焊接方法为GMAW+SAW，注意此U形箱体焊接时内部可加设临时支撑防止变形。将焊接合格的U形箱体与本体组立焊接，焊缝要求为全熔透二级，考虑到两侧翼板与本体之间存在自然角度，采用内焊外清根形式，底侧腹板与本体采用单面坡口衬垫焊，焊接方法为熔化极气体保护焊(GMAW)，焊接时应对称焊接；

(6) 封板规格为PL16×670，材质为Q345B，与箱形牛腿角接焊缝要求为部分熔透，焊接形式采用单面坡口，焊接方法为GMAW，隔板规格为PL16，材质为Q345B，焊缝要求为单面角焊缝，焊接方法为GMAW；

(7) 箱形牛腿腹板的规格为PL20×710、PL30×690、PL40×670，材质分别为Q345B、Q345B-Z15，牛腿腹板与牛腿翼缘、本体之间的焊缝要求为全熔透二级焊缝，考虑到箱形牛腿内侧空间较小，无法进行焊接，对此处的焊接形式为单面坡口衬垫焊，焊接方法为GMAW+SAW。在腹板定位前需将栓钉植焊合格后方可进行下道工序，腹板定位后需对箱形牛腿进行气体保护焊对称焊接，焊缝

深度达到板厚的 $t/3$ 后采用埋弧焊进行填充盖面；

（8）节点两端的吊装耳板规格为PL16×135，材质为Q345B，与本体之间T接焊缝要求为部分熔透，焊接形式为单面坡口，焊接方法为熔化极气体保护焊（GMAW）；

（9）加劲板规格为PL18×580、PL12×570，材质均为Q345B，其中18mm板厚的零件与本体之间的焊缝要求为部分熔透，12mm板厚的零件与本体之间的焊缝要求为双面角焊缝，焊接方法采用熔化极气体保护焊（GMAW）。

2. K形节点

实际K形节点焊接拼装流程如图7.3-8所示。

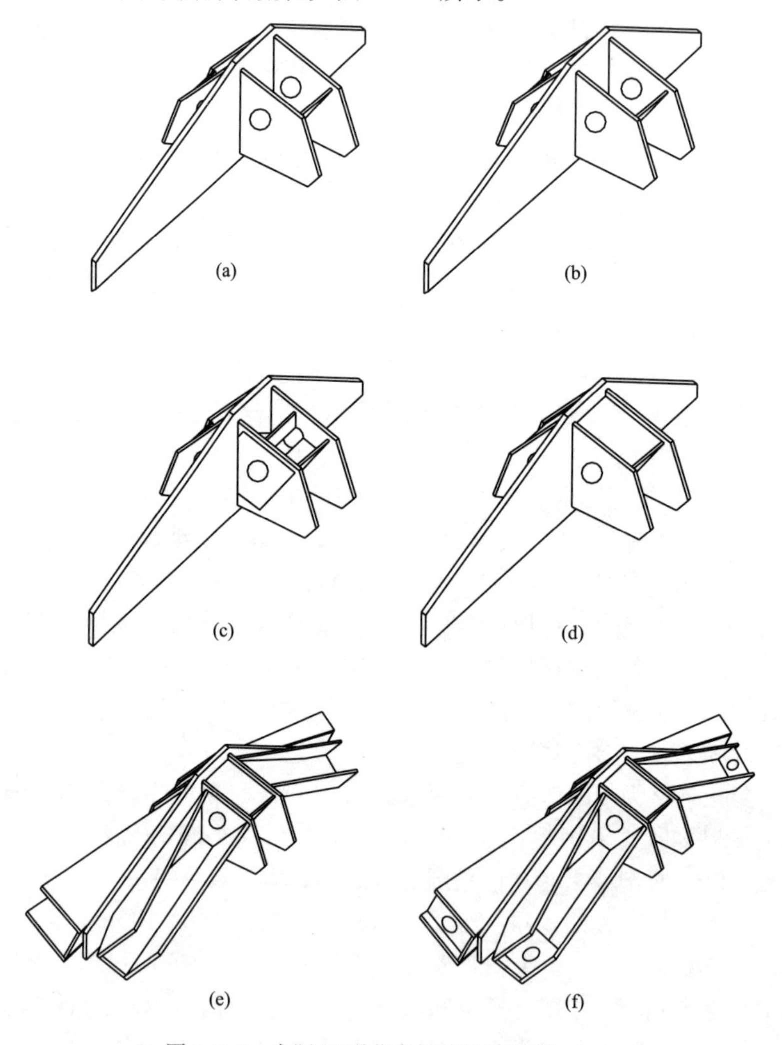

图7.3-8　实际K形节点焊接拼装流程（一）

(a) 步骤（1）；(b) 步骤（2）；(c) 步骤（3）；(d) 步骤（4）；(e) 步骤（5）；(f) 步骤（6）

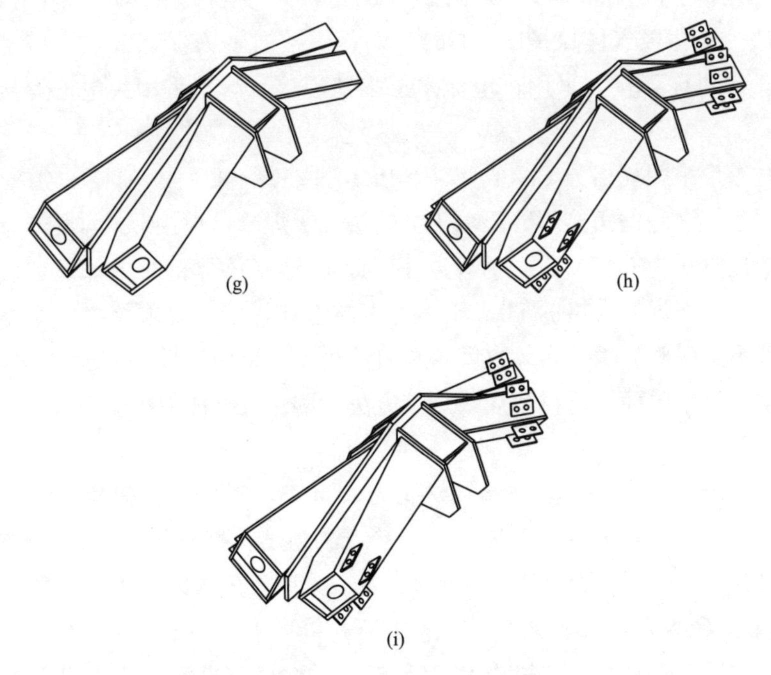

(g)　　(h)

(i)

图7.3-8　实际K形节点焊接拼装流程（二）
(g) 步骤 (7)；(h) 步骤 (8)；(i) 步骤 (9)

(1) 中间拉板规格为PL80×1358，材质均为Q345B-Z35，两侧水平的H形牛腿规格为PL60×1358，材质均为Q345B-Z25。牛腿自身拼接焊缝要求为全熔透二级焊缝，翼腹板之间采用双面坡口形式（一侧焊接，另外一侧清根），待牛腿小合拢合格后与拉板进行定位焊接。此处牛腿翼板与拉板之间的焊缝要求为全熔透二级焊缝，采用双面坡口焊接，两侧牛腿对称焊接，以防止焊接产生局部变形；

(2) 内侧加劲板规格为PL25×74，材质均为Q345B，牛腿内侧劲板与H形牛腿腹板之间的T接焊缝要求为三边部分熔透，坡口形式为单面坡口，焊接方法为熔化极气体保护焊（GMAW）；

(3) 牛腿腹板规格为PL28×644，材质均为Q345B，牛腿边侧腹板与牛腿翼腹板之间的焊缝要求为部分熔透，坡口形式为双面坡口，焊接方法为熔化极气体保护焊（GMAW）；定位时注意劲板、牛腿边侧腹板与牛腿翼腹板之间的垂直度，确认无误后进行焊接；

(4) 外侧封板规格为PL60×620×741，材质为Q345B-Z25，该封板与本体的拉板、牛腿翼腹板之间的T接、角接焊缝要求为一圈全熔透二级焊缝，考虑构件操作空间位置窄小，对此位置的封板焊接形式采用单面坡口衬垫焊，焊接方法为熔化极气体保护焊（GMAW）；焊接时，为保证节点区域不出现较大变形，应对称焊接，采用小电流多层多道焊接，严禁采用大电流焊接造成构件变形；

（5）箱形牛腿规格为PL40×670、PL40×750，材质为Q345B-Z15，箱形牛腿自身翼腹板之间的角接焊缝要求为全熔透二级焊缝，焊接形式采用单面坡口衬垫焊，焊接方法为GMAW+SAW，注意此U形箱体焊接时内部可加设临时支撑防止变形，将焊接合格的U形箱体与本体组立焊接，要求焊缝为全熔透二级焊缝，考虑到两侧翼板与本体之间存在自然角度，采用内焊外清根的形式，边侧腹板与本体采用单面坡口衬垫焊，焊接方法为熔化极气体保护焊（GMAW），焊接时应对称焊接；

（6）封板规格为PL16×670，材质为Q345B，与箱形牛腿角接焊缝要求为部分熔透，焊接形式采用单面坡口，焊接方法为熔化极气体保护焊（GMAW），隔板规格为PL16，材质为Q345B，焊缝要求为单面角焊缝，焊接方法为熔化极气体保护焊（GMAW）。焊接完成后对封板焊缝磨平处理；

（7）箱形牛腿腹板的规格为PL40×670，材质为Q345B-Z15，牛腿腹板与牛腿翼缘、本体之间的焊缝要为全熔透二级焊缝。考虑箱形牛腿内侧空间较小，无法焊接，对此处的焊接形式为单面坡口衬垫焊，焊接方法为GMAW+SAW，在腹板定位前需将栓钉植焊合格后方可进行下道工序，腹板定位后需对箱形牛腿进行气体保护焊对称焊接，焊缝深度达到板厚的三分之一后采用埋弧焊进行填充盖面；

（8）节点两端的吊装耳板规格为PL16×135，材质为Q345B，与本体之间T接焊缝要求为部分熔透，焊接形式为单面坡口，焊接方法为熔化极气体保护焊（GMAW）；

（9）加劲板规格为PL18×650，材质为Q345B，零件与本体之间的焊缝要求为部分熔透，焊接方法采用GMAW。定位前将构件进行180°翻身，注意连接劲板与本体之间的垂直度，确认无误后进行焊接。

7.3.3 斜交网格体系检测方案及结果

焊缝内部缺陷的超声波探伤，根据项目特点和规范要求，采用每4层为一个分块进行检测，钢板强度为Q345B。每块检测时，随机抽检总焊缝数3%，且不少于3处检测，如表7.3-1所示。

焊缝随机抽检 表 7.3-1

位置	楼层构件	标高	工厂焊缝		现场焊缝	
			一级	二级	一级	二级
主楼地上	1 层～11.6 m 夹层	−0.15～17.50m	466(14)	1322(40)	192(6)	90(3)
	2～5 层	17.50～34.25m	496(15)	1644(50)	192(6)	166(5)
	6～9 层	34.25～51.55m	588(18)	1658(50)	192(6)	126(4)
	10～13 层	51.55～68.65m	586(18)	1660(50)	192(6)	156(5)
	14～17 层	68.65～85.85m	526(16)	1576(48)	192(6)	150(5)
	18～21 层	85.85～103.05m	586(18)	1778(54)	192(6)	144(5)
	22～25 层	103.05～120.25m	586(18)	1828(55)	192(6)	144(5)
	26～29 层	120.25～137.45m	478(16)	1596(48)	192(6)	138(5)
	30～33 层	137.45～154.65m	486(16)	1520(46)	192(6)	140(5)
	34～37 层	154.65～171.85m	595(18)	1650(50)	388(12)	88(3)
	38～41 层	171.85～189.05m	456(14)	1320(40)	192(6)	126(4)
	42～顶层	189.05～206.10m	452(14)	1180(36)	192(6)	92(3)
裙楼	—	23.55～29.05m	—	92(3)	—	72(3)

注：括号外为实际焊缝数量，括号内为按 3%且不少于 3 处的抽检数量。

7.4 使用阶段的健康监测

结构健康监测技术（SHM）是用探测到的响应，结合系统的特性分析，来评价结构损伤的严重性以及定位损伤位置。总体监测目标是保障结构的安全运营，获得结构整体内在使用状态的变化。

7.4.1 监测总体设计思路

总体设计思路是建立在自动化数据采集的基础上，通过监测环境荷载变化(如地震、风致效应作用)，结构整体变形（如顶部水平位移），重要部位节点和构件的应力变形（如特殊节点的应力变形）等来掌控结构的工作状态。通过监测结构在超常规荷载作用下的对应响应来推测其力学特性的变化，同时对其损伤程度进行评价；通过持续监测来获得结构的长期作用效应[113-116]。

结构健康监测在土木工程中的最初应用是在大跨桥梁结构领域，通过实时及长期监测结构在正常运行和超负荷时的响应，可有效掌控其损伤累积程度，从而保障结构安全性能。超高层建筑是现代化城市公共建筑领域的重要结构类型，由于其较高的安全重要性，健康监测越来越广泛应用于超高层结构中。

不同于大跨桥梁领域，超高层建筑一般为竖向长悬臂结构，对应健康监测和内容具有自身的特点，相关研究及应用集中在常规的框筒结构体系中，在斜交网格体系中的应用尚未有相关文献。本章节根据斜交网格体系超高层结构的自身特性以及抗风抗震性能等特点，对其使用阶段的结构健康监测项目类别及布置方案做初步分析，以期为后续的正常安全使用提供基础。

7.4.2 监测项目类别及布置方案

斜交网格体系是一种新型的超高层结构体系，斜交网格节点是其受力核心部位，整体具有较强的抗侧力性能，其涉及的健康监测项目主要包括关键位置应力应变监测、塔楼顶部水平位移监测、动特性监测、荷载监测等，其中斜交网格节点关键位置的应力应变监测、塔楼顶部水平位移监测是保障结构安全的较为关键的两项内容。

1. 关键位置应力应变监测

斜交网格节点是斜交网格体系结构受力的最关键位置，设计时按小震弹性、中震弹性、大震不屈服进行设计，使用阶段应实时监测其应力应变的变化，以避免突加荷载等的出现导致斜交网格节点的破坏，进而引起整个体系的结构破坏。

根据塔楼的对称性，可采用应变传感器进行布置，分别布置在 2 层、10 层、18 层、26 层、34 层、42 层等 6 个楼层（斜交网格节点层），分别考虑中部平面斜交网格节点和角部空间斜交网格节点，后者由于斜柱构件受力后具有向外拉的特性，会引起楼板的较大内部应力，应作为应力应变健康监测的重点位置。空中花园层，由于局部缩进，存在通高斜柱，对应斜交网格节点也应作为应力应变监测的重点位置。

2. 塔楼顶部水平位移监测

超高层塔楼顶部水平位移监测与控制是超高层健康监测的一项重要内容。斜交网格体系由于抗侧刚度较大，相对传统框架-核心筒结构体系，顶部水平位移相对会小一些，但仍不可忽视。超高层结构顶部水平位移监测主要采用倾斜仪和全球定位系统（GPS）完成。该项目塔楼竣工后，拟考虑将 GPS 安装在塔楼顶部无遮挡处，采用自动化连续在线方式对塔楼的三维位移进行实时监测。设置合适的基准站对 GPS 接收信号进行校准。

3. 动力特性监测

在风荷载、地震作用下，结构会有不同程度的损伤，而超高层建筑又是风致敏感建筑，因而动力特性监测也是一项必备的内容。动力特性监测主要记录结构在动载下的速度和加速度响应，一般采用振动传感器（如：加速度传感器）来完成。塔楼竣工后，拟考虑分别在塔楼的第 2 层、第 10 层、第 18 层、第 26 层、第 34 层、第 42 层 6 个楼层设置加速度传感器，每个楼层布置一个双向加速度传

感器，测试楼层两个水平方向的振动，并通过振动识别结构模态参数。

4. 荷载监测

主要包括地震作用和风荷载这两类动力荷载，对应监测仪器有地震观测仪、风速仪、风压计。由于地处宁波和超高层的风致响应特性，风压监测是荷载监测里的重点项目，可在塔楼幕墙四周表面安装风压传感器。拟考虑分别在塔楼的第 2 层、第 10 层、第 18 层、第 26 层、第 34 层、第 42 层 6 个楼层设置风压传感器，每个楼层设置 4 个（对应矩形平面外形的四个侧面），采用自动化连续在线监测。

5. 其他监测

其他相关监测项目根据项目具体需要布置，主要包括重要构件或部位的温度、挠度、裂缝、耐久性等监测。

参考文献

[1] 张崇厚，赵丰．高层网筒结构体系的基本概念［J］．清华大学学报（自然科学版），2008，48（9）：19-23.

[2] 史庆轩，任浩，王斌，等．高层斜交网格筒结构体系抗震性能分析［J］．建筑结构，2016，46（4）：8-14.

[3] Jinkoo KIM，Young-Ho LEE. Seismic performance evaluation of diagrid system buildings［J］. The Structural Design of Tall and Special Buildings，2012，21（10）：736-749.

[4] 甄伟，盛平，王铁，等．北京保利国际广场主塔楼结构设计［J］．建筑结构，2013，43（17）：75-80.

[5] 余永辉，杨汉伦，周定．广州新电视塔结构设计及难点分析［J］．广东土木与建筑，2010，4（4）：3-5.

[6] 方小丹，韦宏，江毅，等．广州西塔结构抗震设计［J］．建筑结构学报，2010，31（1）：47-55.

[7] Alessandro B，Neville M，Mark S，等．深圳中信金融中心项目结构体系优化设计［J］. 建筑结构学报，2016，37（S1）：158-164.

[8] 容柏生．国内高层建筑结构设计的若干新进展［J］．建筑结构，2007，37（9）：1-5.

[9] 傅学怡，吴兵，陈贤川，等．卡塔尔某超高层建筑结构设计研究综述［J］．建筑结构学报，2008，29（1）：1-9.

[10] 张崇厚，赵丰．高层斜交网筒结构体系抗侧性能相关影响因素分析［J］．土木工程学报，2009，42（11）：41-46.

[11] 滕军，郭伟亮，容柏生，等．高层建筑斜交网格筒结构抗震概念分析［J］．土木建筑与环境工程，2011，33（4）：1-6.

[12] Moon KS. Optimal grid geometry of diagrid structures for tall building［J］. Architectural Science Review，2008，51（3）：239-251.

[13] 郭伟亮，滕军．超高建筑斜交网格筒力学性能研究［J］．西安建筑科技大学学报（自然科学版），2010，42（2）：174-179.

[14] 韩小雷，唐剑秋，黄艺燕，等．钢管混凝土巨型斜交网格筒体结构非线性分析［J］．地震工程与工程振动，2009，29（4）：77-84.

[15] 郭伟亮，滕军，容柏生，等．高层斜交网格筒-核心筒结构抗震性能分析［J］．振动与冲击，2011，30（4）：150-155.

[16] Moon KS，Connor JJ，Femandez JE. Diagrid structure system for tall buildings：Character and methodology or preliminary design［J］. The Structural Design of Tall and Special Buildings，2007，16（2）：205-230.

[17] Leonard J. Investugation of shear lag effect in high-rise building with diagrid system［D］. Cambridge：Massaehusetts Institute of Technology，2007.

[18] 周健，汪大绥．高层斜交网格结构体系的性能研究［J］．建筑结构，2007，37（5）：87-91.

[19] 王传峰，谢伟强，韩小雷，等．斜交网格结构体系的应用现状［C］．庆祝刘锡良教授八十

华诞暨第八届全国现代结构工程学术研讨会论文集，北京：工业建筑杂志社，359-362.

[20] 史庆轩，任浩，戎翀．高层斜交网格筒结构体系剪力滞后效应研究［J］．建筑结构，2016，46（4）：1-7.

[21] 刘成清，周庆林．斜交网格不同结构形式的侧移规律研究［J］．钢结构，2017，32（5）：11-14.

[22] 张崇厚，桑盛山．扭曲体型高层网筒结构体系的结构布置及基本性能［J］．清华大学学报（自然科学版），2012，52（8）：1090-1095.

[23] 刘尚伦，陈雷，甄伟．望京国际广场巨型斜交网格节点有限元分析［J］．四川建筑科学研究，2014，40（2）：61-64.

[24] 刘成清，倪向勇，赵世春．高层斜交网格结构斜交柱节点抗震性能研究［J］．铁道科学与工程学报，2015，12（3）：600-608.

[25] 韩小雷，黄超，方小丹，等．广州西塔巨型斜交网格空间相贯节点试验研究［J］．建筑结构学报，2010，31（1）：63-69.

[26] 曹正罡，严佳川，周威，等．中石油大厦斜交网格X型节点试验研究［J］．土木工程学报，2012，45（3）：42-48.

[27] 季静，方小丹，韩小雷，等．钢管混凝土空间相贯节点试验与研究［J］．工程力学，2009，26（5）：102-109.

[28] 李祚华，滕军，陈亮军，等．斜交网格筒结构角部X形节点受力影响分析及实测验证［J］．建筑科学，2015，31（1）：86-93.

[29] 黄超，韩小雷，王传峰，等．斜交网格结构体系的参数分析及简化计算方法研究［J］. 建筑结构学报，2010，31（1）：70-77.

[30] 方小丹，韩小雷，韦宏，等．广州西塔巨型斜交网格平面相贯节点试验研究［J］．建筑结构学报，2010，31（1）：56-62.

[31] 史庆轩，吴超峰，王峰，等．高层斜交网格-RC核心筒结构地震反应能量分析［J］．工程抗震与加固改造，2016，38（6）：9-17.

[32] ASCE 7-10 Minimum design loads for buildings and other structures［S］. Reston，VA：American Society of Civil Engineers，2010.

[33] 中华人民共和国住房和城乡建设部．建筑抗震设计规范（2016年版）：GB 50011—2010［S］．北京：中国建筑工业出版社，2016.

[34] 左琼，罗开海．我国《建筑抗震设计规范》基底剪力系数研究［J］．建筑结构学报，2012，33（6）：29-34.

[35] 纪晓东，刘丹，钱稼茹．中美规范RC剪力墙抗震设计对比研究［J］．地震工程与工程震动，2014，34（S）：424-433.

[36] 胡好，赵作周，钱稼茹．高烈度地区框架-核心筒结构中美抗震设计方法对比［J］．建筑结构学报，2015，36（2）：1-9.

[37] 徐建彬，黄亚均，杨维国，等．超高层立面斜交网格钢结构安装施工关键技术研究［J］．工程质量，2016，34（2）：48-52.

[38] 张明亮，向思宇，胡习兵，等．滨江金融大厦T1塔楼钢结构吊装施工技术［J］．建筑

技术，2019，50（4）：470-472.
［39］ 郝红福，张兴奇，叶明飞，等．斜交网格超高层钢结构施工操作平台设计与应用［J］．建筑技术，2016，45（23）：86-88.
［40］ 骆松，李珏，黄亚均，等．超高层建筑钢结构斜交网格施工中的爬升平台设计与应用［J］．建筑施工，2019，41（10）：1859-1861.
［41］ 李静宇，窦远明，宋长柏，等．非破损方法检测高强度混凝土的应用研究［J］．河北工业大学学报，2006，35（2）：32-36.
［42］ 郭锋，杨勇，孙锐，等．声波 CT 技术在混凝土结构中的运用［J］．工程地球物理学报，2013，10（2）：256-258.
［43］ 陈斌．高层民用建筑钢结构焊缝超声波检测［J］．四川建材，2018，44（6）：22-23.
［44］ 熊海贝，张俊杰．超高层结构健康监测系统概述［J］．结构工程师，2010，26（1）：144-150.
［45］ 李宏男，高东伟，伊廷华．土木工程结构健康监测系统的研究状况与进展［J］．力学进展，2008，38（2）：151-165.
［46］ 刘成清，段苏栗，方登甲，等．高层 CFST 斜交网格筒结构延性影响因素分析［J］．建筑结构，2021，51（13）：37-44.
［47］ 史庆轩，张 锋．高层框架-斜交网格结构协同受力性能研究［J］．工程力学，2020，37（2）：44-49.
［48］ 刘成清，廖文翔，方登甲，等．高层建筑斜交网格筒结构抗侧移性能及弹塑性分析［J］．工业建筑，2020，50（11）：57-64.
［49］ 王峰，史庆轩，王朋，等．高层斜交网格筒结构受力层间位移的计算及其应用［J］．建筑结构学报，2019，40（8）：181-190.
［50］ 曾志和，潘卫球，施永芒．某金融大厦斜交外网格塔楼结构设计［J］．广东土木与建筑，2019，26（9）：8-12.
［51］ 王震，杨学林，冯永伟，张陈胜．宁波国华金融大厦超高层斜交网格体系设计［J］．建筑结构，2019，49（3）：9-14.
［52］ 中华人民共和国住房和城乡建设部．建筑结构荷载规范：GB 50009—2012［S］．北京：中国建筑工业出版社，2012.
［53］ 中华人民共和国住房和城乡建设部．高层建筑混凝土结构技术规程：JGJ 3—2010［S］．北京：中国建筑工业出版社，2011.
［54］ 中华人民共和国住房和城乡建设部．超限高层建筑工程抗震设防专项审查技术要点建质〔2015〕67 号．北京：中华人民共和国住房和城乡建设部，2015.
［55］ 中国工程建设标准化协会．矩形钢管混凝土结构技术规程：CECS 159—2004［S］．北京：中国计划出版社，2004.
［56］ Gupta B，Kunnath SK. Adaptive spectra-based pushover procedure for seismic evaluation of structures［J］. Earthquake Spectra，2000，16（2）：367-392.
［57］ Bertero RD，Bertero VV. Performance-based seismic engineering：the need for a reliable conceptual comprehensive approach［J］. Earthquake Engineering & Structural Dynam-

ics，2002，31（3）：627-652.

[58] 刘军进，张晋，吕志涛．静力弹塑性分析（Push-Over）方法在模拟伪静力试验方面的应用［J］．建筑结构，2002，32（8）：63-65.

[59] 方鄂华．高层建筑钢筋混凝土结构概念设计［M］．北京：机械工业出版社，2004.

[60] 杨学林．复杂超限高层建筑抗震设计指南及工程实例［M］．北京：中国建筑工业出版社，2014.

[61] 中华人民共和国住房和城乡建设部．混凝土结构设计规范（2015 年版）：GB 50010—2010［S］．北京：中国建筑工业出版社，2015.

[62] 吴哲昊，张群力，王天裕，等．弯扭斜交网格结构参数化设计中的几何学理论与方法［J］．土木建筑工程信息技术，2021，13（3）：137-147.

[63] 郝立娟．关于斜交网格结构最优节点高度的研究［J］．佳木斯大学学报（自然科学版），2019，37（2）：171-174.

[64] 王震，杨学林，程俊婷，等．多层 RC 斜交网格-剪力墙体系设计及形式扩展研究［J］. 建筑结构，2019，49（S2）：12-17.

[65] 王震，杨学林，冯永伟，等．超高层结构中不同斜交网格体系的抗侧性能影响研究［J］．建筑结构，2020，50（1）：38-43.

[66] Moon KS. Stiffness-based design methodology for steel braced tube structures：a sustainable approach［J］．Engineering Structures，2010，32（10）：3163-3170.

[67] 张小东，刘界鹏．大连中国石油大厦结构方案优化设计［J］．建筑结构学报，2009，30（S1）：27-33.

[68] 方小丹，曾宪武，韦宏，等．珠江新城西塔巨型斜交网格外筒节点设计研究［J］．建筑结构，2009，39（6）：9-14.

[69] Moon K S. Diagrid structures for complex-shaped tall buildings［J］．Procedia Engineering，2011，14：1343-1350.

[70] 贾连光，杜钦钦，李庆钢，等．斜交网格结构铸钢节点承载力有限元分析［J］．沈阳建筑大学学报（自然科学版），2011，27（5）：852-858.

[71] Genduso B. Structural redesign of a perimeter diagrid lateral system［D］．Penn state：Penn state university，2004.

[72] 章友浩，朱博莉，郭彦林，等．双曲面斜交网格筒相贯节点受力性能试验研究［J］．建筑结构学报，2022，43（3）：159-171.

[73] 曹正罡，张小冬，周威，等．斜交网格筒体超高层结构 DK 形混凝土节点试验研究［J]. 建筑结构，2018，48（12）：13-17.

[74] 王震，杨学林，冯永伟，等．超高层钢结构中斜交网格节点有限元分析及应用［J］．建筑结构．2019，49（10）：46-50.

[75] 钟善桐．钢管混凝土结构（第三版）［M］．北京：清华大学出版社，2003.

[76] 方登甲，刘成清，杨鲸津．高层建筑钢斜交网格筒结构地震易损性分析［J］．哈尔滨工程大学学报，2021，42（7）：1063-1069.

[77] 赵帆，陈长嘉，刘博．超高层斜交网格筒体结构减震设计研究［J］．建筑结构，2019，

49（S2）：437-444.

［78］ 李天翔，Yang T. Y，童根树．双防线可恢复性能斜交网格结构耗能机制和抗震性能研究［J］．世界地震工程，2019，35（3）：37-44.

［79］ 史庆轩，王峰，桑丹，等．钢管混凝土斜交网格筒结构抗震性能研究［J］．振动与冲击，2018，37（7）：77-84.

［80］ NEHRP Recommended Seismic Provisions for New Buildings and Other Structures（FEMA P-1050-1）2015 Edition［R］．Washington，D. C：Building Seismic Safety Council，2015.

［81］ 瞿浩川，杨学林，冯永伟，王震．基于高层结构的中美抗震设计规范对比分析［J］．建筑结构，2018，48（S2）：163-168.

［82］ 瞿浩川，王震，杨学林，冯永伟．超高层斜交网格-RC 核心筒结构抗震性能研究［J］．建筑结构，2020，50（S2）：223-229.

［83］ 罗开海．建筑抗震设防标准和性能设计方法研究——中美欧抗震设计规范比较分析［D］．北京：中国建筑科学研究院有限公司，2005.

［84］ 罗开海，王亚勇．中美欧抗震设计规范地震动参数换算关系的研究［J］．建筑结构，2006，36（8），103-107.

［85］ ACI 318-14 Building Code Requirements for Structural Concrete and Commentary［S］．Farmington Hill，MI：American Concrete Institute，2014.

［86］ Quantification of Building Seismic Performance Factor（FEMA P695）［R］．Redwood City，CA：Applied Technology Council，2009.

［87］ NEHRP Recommended Provisions for Seismic Regulations for New Buildings and Other Structures（FEMA 450-1）2003 Edition［R］．Washington，D. C：Building Seismic Safety Council，2004.

［88］ ASCE 41-17 Seismic Evaluation and Retrofit of Existing Buildings［S］．Reston，VA：American Society of Civil Engineers/Structural Engineering Institute，2017.

［89］ 过镇海，时旭东．钢筋混凝土原理和分析［M］．北京：清华大学出版社，2003.

［90］ Prestandard and commentary for the seismic rehabilitation of buildings（FEMA 356）．Washington，D. C：Federal Emergency Management Agency，2000.

［91］ 中华人民共和国住房和城乡建设部．钢结构设计标准：GB 50017—2017［S］．北京：中国计划出版社，2017.

［92］ 中华人民共和国住房和城乡建设部．钢结构工程施工质量验收标准：GB 50205—2020［S］．北京：中国计划出版社，2020.

［93］ 中国建筑工程总公司．钢结构工程施工工艺标准［M］．北京：中国建筑工业出版社，2003.

［94］ 王杰，邓国璋．异形双曲斜交网格单层网壳高空安装关键技术［J］．建筑施工，2021，43（10）：2070-2072.

［95］ 胡燕，陈东，曹靖，等．外框斜柱竖向传力交汇点楼层处施工模拟分析［J］．河南城建学院学报，2021，30（3）：21-27.

［96］ 陈安英，朱光超，完海鹰，等．斜交网格钢框架-混凝土核心筒结构施工变形控制数值模拟［J］．工业建筑，2021，51（2）：76-82.

［97］ 王校，赵会贤，潘功赟，等．超高层网格式钢结构安装技术［C］．第四届高层与超高层建筑论坛暨2019中国建筑学会工程建设学术委员会年会，武汉，2019，41-43.

［98］ 王校，赵会贤，潘功赟，等．超高层网格式钢结构安装技术浅析［C］．钢结构与绿色建筑技术应用，中国建筑金属结构协会，2019，610-616.

［99］ 中国工程建设标准化协会．超声法检测混凝土缺陷技术规程：CECS 21—2000［S］. 北京：中国城市出版社，2000.

［100］ 中华人民共和国住房和城乡建设部．建筑结构检测技术标准：GB/T 50344—2019［S］．北京：中国建筑工业出版社，2004.

［101］ 罗骐先，王五平．桩基工程检测手册［M］．北京：人民交通出版社，2010.

［102］ 卜良桃，王宏明，贺亮．钢结构检测［M］．北京：中国建筑工业出版社，2017.

［103］ 王飞．超声法在大体积复杂钢管混凝土缺陷检测中的应用研究［D］．天津：天津大学，2013.

［104］ 陈松．方形截面的钢管混凝土超声法检测探讨［J］．混凝土，2008，3：105-106，110.

［105］ 刘生虎．超声波探伤技术在建筑钢结构焊缝检测中的应用［J］．住宅与房地产，2018，6：197.

［106］ 杨晓东．建筑钢结构焊接缺陷定量分析及对焊缝质量影响的研究［D］．西安：西安建筑科技大学，2009.

［107］ 屠秋军．超声波探伤在建筑钢结构检测中的应用核心探索［J］．百科论坛电子杂志，2018，19：179.

［108］ 范明坤，张启洲，夏宪友，等．声波CT在桥梁结构混凝土质量检测中的运用［J］．建筑科学，2011，26：74-75.

［109］ 张吉，师学明，陈晓玲，等．超声波CT技术在混凝土无损检测中的应用现状及发展趋势［J］．工程地球物理学报，2008，5（5）：596-601.

［110］ 徐邦学．混凝土结构无损检测与故障处理及修复加固技术手册［M］．北京：当代中国音像出版社，2004.

［111］ 唐宁，刘长永，谈晶晶，等．复杂米字形交叉转换连接节点加工制作技术［J］．焊接技术，2018，47（9）：106-108.

［112］ 刘长永，高如国，张锋，等．箱型复杂多角度交叉K形连接节点加工制作技术［J］．焊接技术，2018，47（9）：99-102.

［113］ 王宇．超高层建筑结构健康监测系统研究与设计［D］．哈尔滨：哈尔滨工业大学，2013.

［114］ 李铁，尹训强，王桂萱．超高层建筑实时健康监测系统的研究现状与进展［J］．大连大学学报，2017，38（3）：23-29.

［115］ 周康．超高层外框-核心筒混合结构健康监测与施工全过程模拟研究［D］．长沙：湖南大学，2016.

［116］ 梁强武，周泽宇．超高层建筑结构健康监测控制点的选择［J］．建筑施工，2018，40（9）：1664-1666.